作者简介

科勒博士
(Christian Körner)

科勒博士（Christian Körner），1949年生于奥地利萨尔茨堡，在奥地利因斯布鲁克大学获得博士学位，1989年起任瑞士巴塞尔大学植物研究所终身教授，是国际著名的高山生态学/植物学家。他发表过300多篇关于植物与环境关系的学术论文和20多本学术专著。同时，他终身致力于基础植物学的教学工作，诲人不倦，除在巴塞尔大学执教外，还每年在哈佛大学和麻省理工学院为本科生上课。1999年斯普林格出版社（Springer Verlag）出版了科勒博士里程碑式的著作《高山植物功能生态学》，2003年第二版，2008年中文版在中国由科学出版社出版发行。2011年其姊妹篇《高山树线——全球高海拔树木生长上限的功能生态学》再次由斯普林格出版社（Springer Verlag）出版。

译　者

本书译者，从左到右分别为石培礼、吴宁、易绍良、王金牛

青藏高原东缘海子山高山树线交错带景观，图中所示为鳞皮冷杉（*Abies squamata* Mast）林线、灌丛交错分布及上部的高寒草甸

四川西部稻城县亚丁自然保护区洛绒牛场的四川红杉树线交错带景观，图中所示为四川红杉（*Larix mastersiana* Rehd. et Wils.）群落

高山树线

全球高海拔树木生长上限的功能生态学

［瑞士］Christian Körner　著

吴　宁　石培礼　易绍良　王金牛　译

電子工業出版社

Publishing House of Electronics Industry

北京・BEIJING

内容简介

高山树线标志着树木生长的低温极限，广泛存在于世界范围的山地之间。作为《高山植物功能生态学》的姊妹篇，Christian Körner对从赤道到亚北极的树线分布现象进行了全球性综合分析，并基于树木生物学对此进行了功能解释。本书采用多学科方法探索了树木生长上限的森林格局、树木形态学、解剖学和气候学等主题，并在此基础上对树线位置的模型模拟、种群繁殖过程、发育、物候和进化等进行了阐述，归纳总结了树木生长过程中碳、水分和养分关系的生理学及胁迫生理学方面的证据，最后以树线历史（古生态学）和全球变化对现在和未来树线影响的分析结尾。书中有100多幅插图，其中大多数是彩色的，展示了世界各地的高山树线，书中还以图表和表格的形式为读者提供了丰富的科学信息。

本书适用于高等院校和科研单位的研究生、高年级本科生和相关科研人员，可作为生态学、林学、植物学、生物学、全球气候变化等领域的教材或参考书。

Translation from English language edition:

Alpine Treelines

by Christian Körner

版权贸易合同登记号　图字：01-2014-8169

图书在版编目（CIP）数据

高山树线：全球高海拔树木生长上限的功能生态学 / （瑞士）克里斯汀・科勒著；吴宁等译.
—北京：电子工业出版社，2017.7

书名原文: Alpine Treelines: Functional Ecology of the Global High Elevation Tree Limits

ISBN 978-7-121-32089-7

Ⅰ. ①高…　Ⅱ. ①克…　②吴…　Ⅲ. ①森林生态学　Ⅳ. ①S718.59

中国版本图书馆CIP数据核字（2017）第154067号

责任编辑：李　敏
印　　刷：北京捷迅佳彩印刷有限公司
装　　订：北京捷迅佳彩印刷有限公司
出版发行：电子工业出版社
　　　　　北京市海淀区万寿路173信箱　邮编 100036
开　　本：720×1 000　1/16　印张：20　字数：448千字
版　　次：2017 年 7 月第 1 版
印　　次：2017 年 7 月第 1 次印刷
定　　价：128.00 元

凡所购买电子工业出版社图书有缺损问题，请向购买书店调换。若书店售缺，请与本社发行部联系，联系及邮购电话：（010）88254888，88258888。

质量投诉请发邮件至zlts@phei.com.cn，盗版侵权举报请发邮件至dbqq@phei.com.cn。

本书咨询联系方式：010-88254753或limin@phei.com.cn。

中文版序言

山地就是大自然的一个“实验室”。在很短的空间距离内，我们就能够从亚热带来到极地世界，之间非常狭窄的植被地带展现出不断更替的梯度变化。这样的空间梯度完美地展示了植物与气候之间的相互作用关系。无论纬度如何变化，我们都能在没有受到人为干扰的山地森林上部边缘地带惊奇地发现全球一致的温度阈值，它导致植被从森林过渡到高山草甸。在大约 20 年前，当我撰写《高山植物生命》（中文版为《高山植物功能生态学》，科学出版社，2009）一书时，我不得不解释高山生命带的下限意味着什么，其实按定义来说就是山地森林的自然分布上限。那时，我注意到由于研究者工作地区的不同，常常导致文献中的解释出现许多不一致的地方，甚至是矛盾的。这就使我意识到需要从全球的视角对这一现象进行阐释。由于全球唯一一致的驱动因子是气候在海拔高度上的变化，所以要解释这一现象就需要将环境中的共性与一个局部区域表现出来的个性因素区别开来。在过去的 20 年间，我始终试图从生物学角度阐释树线现象，从树木缺失的局部原因中严格鉴别出与气候有关的自然因素，以便排除诸如火灾、伐木、滑坡和放牧等诸多外界干扰因素的作用。本书就是基于此观点的研究成果。

在过去的 15 年间，我有机会数次与中国的学者们一起在中国的崇山峻岭间开展合作研究。这使得我们有机会在从未涉及过的地区和物种上检验树线理论，一系列非常令人鼓舞的研究成果都被编入了该书之中。我对中国山地的险峻奇伟印象深刻。在这种地形上，村落、道路和桥梁及其他基础设施（如电缆及各种大坝、管线）环绕着山坡，仿佛形成了一道新的防护铠甲。但请别忘记了，对于山地来说其实没有什么比原始森林更好的防护层了，它可以保护山地免遭土壤侵蚀的破坏，甚至在很高的海拔高度上也能发挥作用。因此，了解高海拔树木的生活对于了解高海拔森林的稳定性是十分重要的，这对于山脚下低海拔地区的安全也是至关重要的。

在我撰写此书时，我在每一章开始时都力图让读者能够身临其境地去体验曾经有过的一些野外经历。因此，本书对于寒冷气候条件下树木和森林生态学的介绍也是很实用的。本书的目的在于从功能上理解树线，而非仅仅局限于现象的描述。与《高山植物功能生态学》一书不同，本书超越了生物气候学和生理生态学的范畴，囊括了种群生物学、繁殖生物学和进化等相关知识内容。因此，本书也可以作为那些对森林生物学和生态学感兴趣的广大读者的阅读资料。中国拥有世界上分布最高的森林，覆盖着广袤的山野，险峻的海拔梯度变化也为科学研究提供了绝佳的机遇。我非常感谢吴宁教授和他的团队能将该书翻译成中文，从而服务于更广大的读者。我希望本书可以帮助中国的研究者们，从而加深他们对于全球高海拔树线的理解。

Christian Körner

2014 年秋于瑞士巴塞尔

译者序

在时光的荏苒中，距离上次给科勒（Christian Körner）教授的专著《高山植物功能生态学》（科学出版社，2009）写译者序（于2007年）已经过去近十年了。在这近十年的时间里我们中国经历了怎样的飞速变化呢？除了举世瞩目的经济腾飞外，中国还经历了汶川地震、北京奥运、上海世博、马航失联、“一带一路”崛起及股市和房市的过山车。不仅如此，我们的书桌也在炫目的变化与焦躁不安中晃动，在不同的空间中位移，在创新与坚守、创业与传承、顶天还是立地的选择中，游弋着我们的焦点，在外在需求与内心渴望中跌宕。反观欧洲阿尔卑斯山下的科勒教授，却始终淡定而潜心于他的高山生态学。继那本对学界影响深远的《高山植物功能生态学》之后，他又于2012年再推力作，由Springer出版社出版了其姊妹篇《高山树线——全球高海拔树木生长上限的功能生态学》。不变的是心境，变化的是世界！

新书出版后我及时得到了《高山树线——全球高海拔树木生长上限的功能生态学》的电子版，这是与前书不同之处，也从一个侧面反映了过去10年世界的变化，我们已经步入了数字化的网络时代。随着世界的扁平化及中国青年一代学子的国际化，似乎再翻译此书的必要性已经大不如前。加之自己在各国间的飘忽不定，专心致志于此书的翻译似乎也需要更大的决心与定力。感谢朋友们的不断激励及众多学子的诉求，让我终于下决心再次将科勒教授的著作呈现给广大的中国读者，特别是那些对于西部高山生态学有特别爱好的青年学者，希望并相信该书在今后相当长的时期内都能成为青年学子们的经典参考书。

当我手敲键盘将这一决定告诉科勒教授时，他正在动身去高加索的路上，并以一种欣喜的态度表现出对中国同行特别是青年学者贯有的期许和鼓励，欣然允诺为译著作序。我坐在加德满都的窗前，凝望天边一线的喜马拉雅雪峰，阅读着科勒教授以一种全球的视野高屋建瓴地论述那雪线之下的条条树线时，我真正感受到了旋转尘世中的净土、为往圣继绝学的执着，以及凝视未来时那种不为凡尘所撼动的坚定。

“你可以到朗塘国家公园去，这个季节树线附近的杜鹃正是烂漫遍野。”2014年初夏，当我与科勒教授商谈完翻译之事后，他依然忘不了树线，鼓励我能从加德满都去喜马拉雅的深处看一下，从大自然中感受树线的魅力，这也许就是他借此书传递给我们的魅力，一种对科学的热爱与坚持。2015 年 1 月，在印度德拉敦（Dehradun）的一次国际山地林业研讨会上，我与科勒教授再次相遇，这使得我们能就翻译中的一些细节问题进行充分的讨论。他也再次表达了对于喜马拉雅地区进行高山研究的期许，因为这里毕竟有着世界上最高的林线和最丰富的高山生物多样性，而基础工作和长期监测又是那样奇缺。科勒教授的学术风格总是简约的，这在阅读本书时可以体会出来。与当前许多青年学者不同，他总是能从复杂纷繁的自然现象中发现根本性的、规律性的科学问题，并用最简单的方式表述出来，甚至所采用的研究方法和仪器设备都是那么简单明了，这是多数读者阅读本书后的感叹，也是最应该从大师那里学习的地方。生态学研究是从大自然中发现普适性规律，而非玩弄技巧把简单的现象复杂化。

本书的翻译工作是由石培礼博士、易绍良博士、王金牛博士与我本人共同完成的。每个人负责 3 章的最初翻译工作，然后由我负责全书的校对，其中易绍良博士还协助校对了第 11 章。石培礼博士在北京与出版社之间的联系和协调是至关重要的，他在本书的后期制作中付出了大量精力。易绍良博士和王金牛博士除了翻译工作之外，还分担了许多繁杂的编校和资料整理工作，从而保证了从翻译到校对过程的准确与及时。

本书的翻译出版得到了国家自然科学基金 NSFC-ICIMOD 国际合作与交流

项目（No.41661144045）的资助；翻译工作得到了国际山地综合发展中心（ICIMOD）、中国科学院地理科学与资源研究所和中国科学院成都生物研究所的大力支持；在翻译过程中，许多家人、友人和同事也给予了极大的关心与鼓励，在此一并致谢！

中文版中对于参考文献的作译者均采用了原文，多数小地名也使用了原文，这些都是为了让读者能够更方便地查找原文出处。一些关键的名词术语或在原著的关键词索引中出现的名词，也都进行了标注。在原书中所有的植物学名均予以保留，如果没有合适的中文种名对应，则翻译到属名。这些都是为了使中文版能够更准确地传达原著的本意。由于翻译者的学识和能力所限，本书所涉及的领域又是如此之广，其中不当和错误之处在所难免。为此，我们竭诚希望各位读者能够提出批评指正意见。

吴　宁

2016 年 4 月 16 日

于加德满都

前言

这是一本关于树木的书，是关于那些一人多高的直立木本植物——它们在大量其他植物能生长的寒冷气候条件下却无法生长的书。那么，是什么使得这些树木有别于其他植物呢？是什么使得它们在高海拔地区形成一个明显的界限，从而在远处看起来就像山区水库的湖岸线呢？本书试图从这种“远观”的视角，对这种全球性的现象进行生物学解释。

要理解一个全球性的现象，其理论的发展不能依赖区域性的特殊现象，如某些特定类群的出现，或某种特有的气候现象（如降雪或季节性），也不能被一些无所不在的假象所干扰蒙蔽。我们的任务是要阐明山区树木生长的全球性低温极限与某些重要的生物学原理之间的关联性。各种各样与树木特定气候边界相关的区域性重要控制因素，如动物采食、基质缺乏、火灾、雪崩、滑坡、风暴等，可以通过更多的区域水平上的论著来加以阐述。

科学的进步源于对理论的深化和从特殊性到普适性的提升。一旦一个学科领域已经有上百年数据的收集和整理，就需要拨开迷雾对这些数据的特性和共性之间的关系进行考量。与其他领域一样，树线的研究中历来存在着诸多偏颇，有地理学和系统发育方面的，也有数据采集本身的。

因为大多数数据来自寒温带针叶林，任何形式的性状、响应、生长条件的描述都必然反映出相关知识基础的某些不足，从而阻碍了对假设的检验和理论的抽象。我写这本书的目的就是试图克服这些偏颇，推动对所见分布格局的生物学理解，从而超越北半球温带地区的视野局限。然而，读者会注意到，有时这是很困难的，因为除了寒温带树线之外，其他地区的数据都相当匮乏。

对树线生物学进行综合性阐释的愿望基于我 20 世纪 90 年代后期的著作《高山植物功能生态学》的第 7 章（Springer 出版社，1999 年第一版，2003 年第二版）。我当时发现要对高山生命带的下限（树线）进行功能性解释是非常困难的，但自我开始写这本书的时候，很多新的研究已经浮出水面，特别是在过去的 6 年间开始集中涌现。

凡从事这样一个漫长而曲折任务的人都会理解，要让所有的章节都能跟上最新的参考文献是很困难的，我想我也不例外。我所能引用的文献其截止期限设定为 2011 年 5 月 1 日。然而，本书并不想对文献进行一个浩繁而详尽的综述，而只是想陈述一些观点，一些有许多实例支撑而无时限的观点。

本书之所以能面世源于很多人的帮助。在成文的最后阶段，承蒙巴塞尔大学给予我带薪休假的机会，我家人的支持让我可以在远离尘嚣的僻静之所去独立写作，出版商（A. Schlitzberger）也在不断地鼓励我，我在巴塞尔大学植物研究所的同事提供了诸多实质性的帮助。Susanna Riedl 负责了所有插图工作，她把我的建议、草图、各种形式与质量的老式影印件和图件转化成连贯而视觉清晰的图版；此外，她还管理着我的照片集，在文献检索方面也给予了我莫大的帮助。Jens Paulsen 处理和分析了这些年山地气候学的庞大数据库，第 4 章和第 5 章主要就是基于这些数据。Günter Hoch 是我切磋科学问题的伙伴，他极大地推动了这一领域的发展，并对第 11 章的完成做出了贡献。Erika Hiltbrunner 对大部分文稿进行了批评指正，还有许多同事对某些章节提出了意见，或提供了未发表的数据和照片，他们是 M. Bernoulli、S. Burkhard、F. Cohen、P. Fonti、K. Green、F. Hagedorn、A. Hemp、E. Hiltbrunner、G. Hoch、B. Holmgren、A. Lenz、S. Leuzinger、A. Lotter、N. Marinos、A. Mark、S. Mayr、A.C. Medeiros、G. Neuner、J. Paulsen、F. Rada、M.D. Rafiqpoor、C. Rixen、D. Sarris、L. Schüler、F. Schweingruber、R. Sharma、石培礼、R. Siegwolf 和 W. Tinner。Urs Weber 帮助最终成文。出版商做了大量的工作，使本书能以《高山植物功能生态学》姊妹篇的形式出版，并允许使用大量的彩色印刷。非常感谢他们的帮助！

Christian Körner

2012 年 1 月于巴塞尔

目录

第1章 高海拔树线

环境的制约性在所有的高山地区总是存在的，这在一定的海拔高度之上限制了树木的生长，导致高山植被呈现低矮状态。这一边缘地带被称为“高山树线”(Alpine Treeline)。由于局地环境条件的特殊性，或者多种干扰的存在（包括人类活动），在树线本来可以分布的海拔高度上可能会出现树木的缺失，造成该地带内不再有树木生长。本书旨在从全球的视角探讨天然树线形成的生物学原因。

作为开场白，我先谈一下 Hoffmann（1876）关于植物性状和温度关系的有关论点。Hoffmann 曾在德国的吉森（Giessen）工作，那时他以十分绝对的语气说道:“在任何地点都有一定的‘热量’存在。从细胞的形成直到最后成为植被，这一过程代表着将热量转化为有机结构，正如树叶将太阳能转化为化学构件一样。”将近 150 年以前，Hoffmann 就清楚地阐明了生长与碳获取之间的区别，在很多年之后人们才逐渐开始经常谈论到此问题。

1.1 任务

在全世界范围内树木在山地分布的上界一直都吸引着科学家们的关注。Conrad Gessner 于 1555 年在瑞士阿尔卑斯山的前山地带对森林极限（Forest Limit）的描述可能是最早的有关记载之一，同时，在亚历山大・冯・洪堡（Alexander von Humboldt）关于全球生物地理的描述中高海拔森林极限也占据着重要位置（见图 1.1）。洪堡（Humboldt and Bonpland, 1807）非常清楚地观察到树线（Treeline）是一种全球现象，是一种生活型（Life Form）的边界（见第 2 章），他还以此作为通常的生物气候参考值（见第 5 章）。他认为，所有其他植被垂直地带都可用这一最明显的参照系来定位，该观点至今影响着学术界。由于这一现象所具有的巨大吸引力，目前这方面已经拥有十分丰富的文献积累也就不足为奇了。据估计，在该领域目前已经有将近 1000 篇研究论文、约 40 篇综述文章及大约 10 部著作。所以，这就是为什么有人试图综合地分析这些已有的研究成果。接下来，我就尽量解释一下本研究的动机和目的。

图 1.1　亚历山大 • 冯 • 洪堡观察到的全球植物群系，包括不同纬度上森林极限的特定海拔高度（Humboldt，1845—1862）。

树线（Treeline）或林线（Timberline）（其定义参见第 2 章）的研究经历了几个研究文化的浪潮。早期主要是现象描述（如 Schröter, 1908），到了 Däniker（1923）对于欧洲阿尔卑斯山的格局解释中，这种研究达到了顶点。虽然 Däniker 几乎没有数据，他的多数理论都是建立在比较与辩驳基础之上的，但他关于树木生长的限制在于热量缺失的观察结论却与本书最后的结论十分吻合。需要知道的是，本书的结论是基于全世界大量数据的基础上才最终得出的。

在 20 世纪 30 年代早期，当实验科学的方法开始应用后，人们就有办法测量生理特征了。我相信，这也就是大量似是而非结论出现的时候，这倒不是因为测量本身有错误，而是因为这与人们观测的地点和使用的特定方法有关。在局部耗费的精力越多，对于现象的解释越专属，也就与从全球角度进行阐释的初衷相距越远，带来的争论也就越多。这一时期的一个典型例子就是人们通常认为树线的形成是因为冬天的干燥造成的（见 10.4 节）。从更宽广的视角来看世界的山地，其实没有人会得出这样的结论，虽然在地球上的一些地方恶劣的冬季条件可以造成这样的伤害，如在阿尔卑斯山中部和落基山脉的一些地方。花费了半个世纪的时间，直到 1979 年 Tranquillini 才在观测数据基础上第一次进行了宏观性的综合总结，虽然该总结大部分只是针对欧洲的温带地区，因为主要的数据都是来自该地区。感谢这部树线研究的经典著作，树木生长本身再次成为人们研究的焦点（见 Däniker 的著作），其他的解释（包括光合现象及低温抗性）都被认为不再那么关键了，或者与树木本身的关系不大，这些观点近些年来已经被世界其他地方的观测多次证明了（见第 10 章和第 11 章）。

第三次浪潮根植于洪堡的传统，与第二次浪潮交汇，起始于第二次世界大战期间 Carl Troll 的生物地理学方法（Troll, 1973a）。Troll 的比较观点重新引入了更宽广的视野，强调树线现象的全球特性。基于从全球获得的定量化生物地理数据（Hermes, 1955）及对气候相关因子的验证（如 Lauer, 1985），该学派的学者根据实验研究的需要，将研究框架设计得更加综合，摒弃了从区域特有格局和观测来进行归纳综合的方法，采取了在大尺度上的比较研究。遗憾的是，这种综合研究很难实现。在 20 世纪接下来的时间里，两个学派共存（生态生理学派，侧重点位研究；地理学派，强调描述与相关分析），但两个学派间很难相互关联。当考虑的点位增加，而真正的机制还停留在假设阶段时，生物地理学的解释变数更大。由于更大可能的原因没有从更小可能的原因中区别出来，一个地方的现象又会与全球现象混淆，我们就陷入了“一切皆有可能”的哲学混沌中。我认为这是科学努力的终结，因为这分散了学者们对正确判断和评价的注意力。毫不奇怪，讨论继续偏离了 Däniker 时代对于树线的真正理解。实验科学家们沉湎于他们的点位和物种特征（两者通常都存在于寒温带），而不注重比较因素；对于多数的生物地理学家这种自我证明现象也是一样的。

这就是典型的“盲人摸象”。根据这一源自印度的古老寓言，几个盲人在触摸了大象以后，争论大象应该是什么样子。一个盲人摸到了大象的尾巴，其他的人摸到了耳朵、大腿和躯干，可以想象接下来发生了什么。常见的关于树线起因的争论往往源于狭隘的见识，源于在放大镜下看个别问题，由于许多因素在尺度上的相互交织，最基本的原因往往被忽视了。本书将使用广角镜，但并不忽视细微之处，把树线置于更大的全球范围（Global Context）内考量，而树线海拔在几十米范围内的局部变化不在讨论之列。

Willhelm Schimper 在刚成为巴塞尔大学的植物学教授不久，就不幸在 1901 年的第三次野外考察后就英年早逝于热带病，若非如此，我们将会看到一个不同的历史。Schimper（1898）第一个认识到，要解释那些驱动生物圈变化的大尺度现象，如跨越各大陆的高海拔树木极限，必须采用可比较的且具有全球视角的实验生态学。在他的“基于生理基础的植物地理学”概念中，对于那些尖锐问题的回答从来都不是源于特殊点位的数据。在过去几十年中，大量在树线开展的高质量的实验工作在空间上都是孤立的，总是局限于温带的山区，只有极少数的实验例外。

当我 15 年前考虑写一篇综述时，该领域实验生态学研究最辉煌的时代已经过去。该领域的研究留下了许多未解的疑惑，有许多明显的问题还甚少涉及，许多琐碎的问题根本就没有回答，例如，“树木在其树干上建立新的细胞层的准确时间是多少？”通过阅读那些源源不断的出版物，我们越来越清楚地知道必须将那些局部的现象和原因与全球格局和共通的驱动因子区别开来。若此计划有一个主题的，那就是“区分特殊性与共通性”（见图 1.2）。

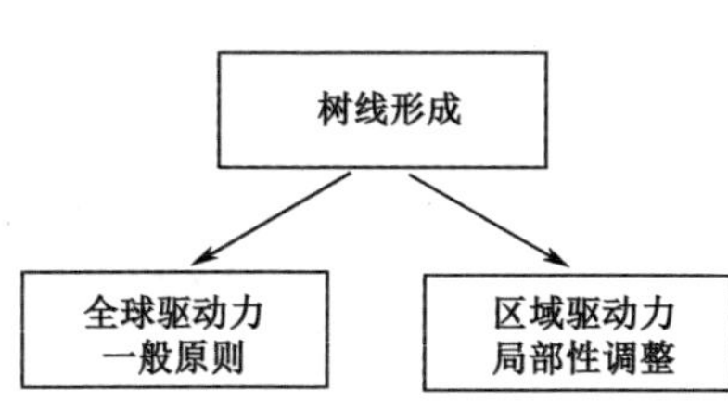

图 1.2　森林和树木极限的全球驱动力与特定区域驱动力的对比。全球驱动力作用于所有山脉且具有生物气候基础，而区域驱动力随着地点变化并具有地点特异性（非海拔特异性）干扰规律（见图 1.3）。

这本书的目的是基于全球山地的实验结果，提出树线形成的理论，而不管局部和小尺度上的细微变化，虽然局部变化往往在大量的相关文献中占据主导。正如洪堡和其他许多学者所阐述的，在比较不同纬度的生物区系时，没有比高海拔树线更好的生物气候参数了。当使用气候而不是海拔的时候，新圭亚那（New Guinea）海拔 3700～3900m 的山地森林在气候上就可以与阿尔卑斯山 2000～2200m 高度的山地森林相比较，尽管它们之间在环境因子上还存在许多差异，特别是在季节性上，但这两者上部的分布界限都代表着各自的树线。形成高海拔树木分布极限的气候原因还需要鉴别，造成高大乔木发展为低矮灌木和草本植物的过程也需要解释。随着海拔的升高，环境因子是逐渐变化的，而植被却形成了相对明显的边界，这就需要我们了解这一现象背后的驱动力和过程（见图 1.3）。而且，我们需要回答，在更高海拔环境中生存时，是什么原因造成树木与非树木植物（Non-tree Plants）之间的不同。

本书采用了与《高山植物功能生态学》（Körner, 2003a）相似的方法。每一章都着重于树木生命的一个专题方向，开始都有一小段理论介绍，然后是相关领域的进展，最后才是主要内容部分。全书章节的顺序如下：最开始是惯用术语与基本定义（第 2 章），然后是文献与生物气候学方面的介绍（第 3～5 章），接下来是形态、生长、发育与进化特征（第 6～8 章），繁殖生物学和幼体阶段在第 9 章介绍，接着是与抗冻、水分、营养和碳相关的生理学方面介绍（第 10～11 章），最后总结了对于过去和未来树线研究的理解与思考（第 12 章）。本书没有对这些主题领域进行浩繁的文献综述，而是寻着知识的主线以案例加以阐释。正如第 2 章描述的，本书严格避免涉及那些与高海拔生命条件非直接相关的话题。早期的研究表明将这些议题纳入讨论将造成许多混淆，因此，人为砍伐森林、火灾或干旱的作用等都不在讨论范围内，因为这些因素在地球的其他地方也会发挥作用，而不仅仅局限于高海拔地区，而且这些因素对于建立在生物学原则基础上的全球树线理论毫无裨益。如果没有这样的生物学基础，我们就不可能见到一个全球性的分布格局，简而言之，因为对于所有的山地而言，如上所述的干扰现象不可能是一样的。识别全球树线形成的共同决定因子，并了解这些因子是如何发挥作用的，就成为本书一项主要的任务。

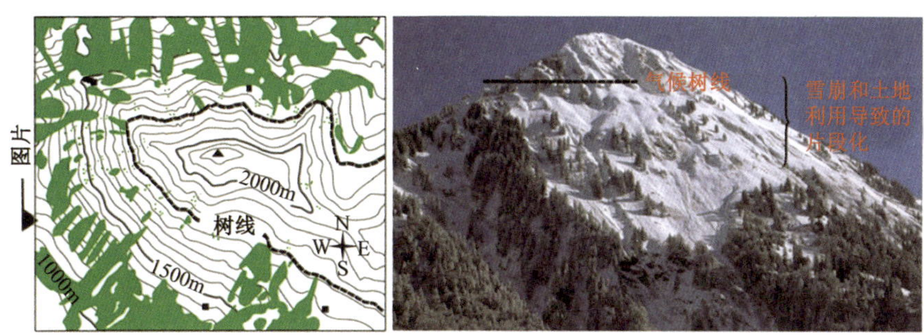

图 1.3　在高海拔地区，森林边界由与海拔相关的决定因素和非相关的因素共同作用，并导致了景观中森林和树木界限格局的形成。其中的科学挑战就在于将与海拔相关的生物驱动因素与其他因素区分开来，以便建立坚实的树线理论（Üntschenspitze, Schoppernau in Bregenzerwald, Austria）。

1.2　前人的工作

在这一节中我将提到一些关键的参考文献来帮助读者进一步了解全球或区域性的树线工作。我首先介绍一些通论性的文献，然后按大陆进行区域性评述。不可避免之处在于一些文献可能涉及上述两个方面，更详细的内容在相应各章中也会有所涉及。

读者如果想查阅关于树线景观和环境条件的更综合性描述，其实可以在丰富的学术著作中得到大量的相关信息，如 Holtmeier（2009）、Burga 等（2004）及 Nagy 和 Grabherr（2009）的著作。虽然主要的研究都源于欧洲的阿尔卑斯山，但 Schröter（1908, 1926）是最早尝试对此进行综合性归纳（General Synthesis）研究的科学家，这也可能激励了 Däniker（1923）将其树线理论建立在生长与热量的基础上。一系列的全球比较研究（Global Comparisons），包括 Troll（1961, 1973a, 1973b）、Troll 和 Lauer（1978）、Holtmeier（1974, 2000, 2009）、Wardle（1974, 1993, 1998）、Armand（1992）、Miehe 和 Miehe（1994）、Cabrera（1996）、Körner（1998, 2003a）、Walker（2000）、Broll 和 Keplin（2005）及 Crawford（2008），都针对了树线乔木的特征、环境对树木状态的影响及与气候的关系。关于树线动态的归纳性研究是由 Glock（1955）、Ives（1978）及 Slatyer 和 Noble（1992）发表的。

针对跨纬度的生物气候学（Bioclimatological）的专门研究始于 Daubenmire（1954）和 Hermes（1955），后者成功地将纬度上的树线海拔与雪线高度关联起来。最热月 10℃等温线与树线的相关性成为讨论的焦点（Brockmann-Jerosch, 1919; Köppen, 1919, 1936）。第一个深入思考“山地隆升效应”（Massenerhebungseffekt）气候学意义的是 De Quervain（1904），他在阿尔卑斯山研究数据的基础上发表了相关文章。Glock（1955）、Lauer（1985）、Körner（1998, 2003a, 2007a）将树线与气候的关系进行了归纳。Jobbagy 和 Jackson（2000a）利用对年平均温度的估算界定了树线的位置，Körner 和 Paulsen（2004）比较了全球尺度上树线的原位测量温度。最近，Smith 等（2009）讨论了与次生林微气候相关的生长促进现象（Facilitation Phenomena）。

Tranquillini（1979）第一次对实验生态学（Experimental Ecology）文献的归纳总结使该领域的研究达到了一个高峰，这些总结是基于温带地区的数据，多数是奥地利阿尔卑斯山的工作，而之后由 Benecke 和 Davis（1980）、Turner 和 Tranquillini（1985）出版的两本会议论文集就包括了两个半球的数据。Grace（1989）、Stevens 和 Fox（1991）及 Sveinbjörnsson（2000）基于文献数据讨论了树线形成的生物学原因。关于树线形成的六个主要假说，Körner（1998, 2003a）总结了已发表的相关证据。至于阿尔卑斯山地区自

Tranquillini 综述之后的实验进展是由 Wieser 和 Tausz（2007）进行总结并发表的。

通过广泛的比较研究，Wijmstra（1978）、Innes（1991）、Flenley（1998）、Miehe 等（2006）对于古生态方面的研究（Palaeoecological Works）进行了综述总结，而在树线的气候变化（Climatic Change）方面，Grace（1989）、Paulsen 等（2000）、Grace 等（2002）、Stottlemyer 等（2000）及 Walther 等（2005）都进行了相关的讨论。

对所有的大陆都有区域性的综述文章发表。对于欧洲（Europe）而言（见图 1.4），Imhof（1900）对树线海拔高度进行过相当详细的评述，接下来 Schröter（1908）进行了总结归纳，Brochmann-Jerosch（1919）和 Friedel（1967）研究了树线海拔与气候的相关性，Wieser 和 Tausz（2007）对于最近在生态生理学方面的进展进行了总结，Ellenberg（1963）和 Ozenda（1997）提出了包括树线在内植被地带的总体构想。对于斯堪德斯地区（Scandes，指北欧地区，译者注），我想提到的是 Treter（1984）和 Kullmann（1998 年及早期的工作）；而对于英伦岛屿（British Isles）而言则应该提到 Grace（1989）。Jenik and Lokvenc（1962）编辑了东欧地区（Eastern Europe）山地的文献。至于阿尔卑斯山地区树木年轮学和古气候的相关工作可参见 Frenzel（1977, 1993, 1996）、Rolland et al.（1998）、Burga and Terret（2001）、Tinner et al.（1996）、Tinner and Theurillat（2003）及 Rossi et al.（2007）的相关著作，而斯堪德斯地区的相关工作可参见 Sonesson and Hoogesteger（1983）、Kullmann（1990）、Birks（1996）及 Zetterberg（1996）发表的文章。

图 1.4 欧洲的树线。(a) 瑞典北部的阿比斯库（Abisko），海拔 650m，树种 *Betula pubescens*；(b) 瑞士阿尔卑斯山脉，华莱士（Valais）的阿诺拉（Arolla），海拔 2350m，树种 *Pinus cembra*。

对于亚洲（Asia）北部地区而言（见图 1.5），Malyshev（1993）对于树线海拔高度的情况进行了综述；中喜马拉雅（Himalaya）地区森林界限的情况是由 Singh 等（1994）进行的文献汇编，对于西藏的情况可参见 Bosheng（1993）和 Miehe 等（2002, 2007）的文章。Ohsawa（1990）及 Ohsawa 和 Nitta（2002）对于大陆性东亚地区的树线位置及相关文献进行过讨论。就日本（Japan）而言，我想提到的是 Takahashi（1944）编辑的文献，他反对将最热月 10℃用于界定北海道的树线；还需要提到的是 Ganser（2004）对于生物气候学的认真思考。对于东南亚（Southeast Asia）热带列岛来说，需要向读者推荐的是 Kloetzli（1984）和 Ohsawa（1995）的著作。关于中亚地区（Central Asia）的考古记录可参见 Esper 等（1995, 2003）的文章。

图 1.5　亚洲的树线：（a）尼泊尔，中喜马拉雅地区，海拔 3800m，树种 *Abies* sp.（摄影 R. Sharma）；（b）中国，西藏东部，海拔 4300m，树种 *A. forrestii*；（c）中国，四川西部，海拔 3730m，树种 *Picea asperata*；（d）哈萨克斯坦，天山，海拔 2800m，树种 *P. schrenkiana*。东南亚的树线；（e）婆罗洲的基纳巴卢山（Kinabalu），海拔 3740m，树种 *Schima brevifolia*、*Leptospermum recurvum*；（f）巴布亚新几内亚的威廉山（Wilhelm），海拔 3700m，物种多样。

在澳大利亚（Australia）和新西兰（New Zealand）（见图 1.6）的研究工作不可避免地要涉及桉树（*Eucalyptus*）和假山毛榉（*Nothofagus*），对于后者的研究可以与南安第斯山进行有趣的比较（见 Wardle 1985b, 1993, 2008; Slatyer et al., 1985）。在新西兰，Zotov（1938）很早就讨论了气候对于植被垂直带的驱动作用。Slatyer 及其合作者在 1978 年进行了一系列生理生态学方面的详细研究。对于新西兰树线生理生态学的归纳总结可参见 Benecke and Davis（1980）的文章，新西兰树线的动态可参见由 Cullen 等（2001b）发表的研究。最近关于气候学评估最具影响力的文章是由 Mark 等（2008）发表的。

图 1.6　澳大利亚及周边地区的树线。(a)新西兰南部，布努斯特山(Brewster)，海拔 1200m，树种 *Nothofagus menziesii*；（b）塔斯马尼亚，克娜德山脉（Cradle），海拔 1080m，树种 *Eucalyptus coccifera*；（c）澳大利亚东南部，大雪山脉（Snowy Mountains），海拔 1950m，树种 *E. pauciflora*。

非洲（Africa）（见图 1.7）适合气候树线形成的高山相对较少。大量的工作都是关于赤道山地开展的（例如，Kloetzli, 1975; Winiger, 1981; Miehe and Miehe, 1994; Wesche et al., 2000）。Hemp（2006a, 2006b）对于乞力马扎罗植物区系的研究包括了在海拔 4000m 高度由石楠（*Erica*）形成的树线。Troll（1978）及 Cabrera（1996）对于整个南半球热带山地的比较研究中也包括了许多有关非洲的内容。

图 1.7　非洲的树线。（a）埃塞俄比亚，西欧山脉（Simin），海拔 4000m；（b）坦桑尼亚，乞力马扎罗山（Sheba），海拔 3980m，树种 *Erica trimera*；（c）与（b）的位置相同，在接近树线处由 *Erica trimera* 形成郁闭森林（所有照片由 A. Hemp 提供）。

在美洲有大量关于树线的研究，由于南北向山系的贯通，关于树线在纬度上的比较就显得特别突出。对于北美（North America）地区（见图 1.8）而言，大量的研究是在落基山脉进行的。我想提到的是早期由 Griggs（1946）和 Daubenmire（1954）进行的归纳性工作，他们注重于树线格局的功能性解释，而 Arno（1984）出版了一本插图描绘精美的关于林线的著作。在众多的出版物中，Smith 及其合作者强调了在寒冷的温带树线地区种苗阶段的重要性（Smith, 1985; Smith et al., 2003, 2009）。Rochefort 等（1994）和 Elias（2001）对一本具有广泛影响的古生态研究文集进行了评述，该文集包括了许多案例，如 LaMarche 和 Mooney（1972）、MacDonald 等（1993）、Petersen（1976）、Peterson（1994）、Lloyd 和 Graumlich（1997）的文章。对于北落基山脉的树线动态和模型预测由 Butler 等（2009）进行了报道。

图 1.8　北美的树线。(a) 阿拉斯加的南部，靠近安克拉治（Anchorage），海拔 730m，树种 *Picea sitchensis*；(b) 怀俄明州落基山脉的药弓山（Medicine Bow Mountains），海拔 3350m，树种 *Abies lasiocarpa*、*P. engelmannii*；(c) 加拿大落基山脉，靠近班夫（Banff），海拔 2300m，树种 *A. lasiocarpa*、*P. engelmannii*、*Larix lyallii*；(d) 阿拉斯加州北部，布鲁克斯山脉（Brooks），海拔 800m，树种 *P. glauca*。

中南美地区（Central and South America）（见图 1.9）的文献常常涉及高寒带（Paramos）生态学（因为不确定树线交错带的性质）、高海拔残留森林

（*Polylepis* 的问题）及高大莲座状植物等问题。最早的概述性文章是由 Daubenmire（1954）和 Troll（1968）发表的。至于最近的工作，需要提到的是 Young（1993）和 Cabrera（1996）进行的比较研究，Ramsay 和 Oxley（1997）、Cavieres 等（2000a）、Lauer 等（2001）及 Braun 等（2002）对于植被进行的归纳性研究，以及 Lauer（1981）、Lauer 和 Rafiqpoor（2000）开展的气候学研究。Beaman（1962）对墨西哥的树线进行了报道。作为生理生态学研究的例子，我想提到的是 Goldstein 等（1994）、Rada 等（1996）、Velez 等（1998）及 Hoch 和 Körner（2003）的工作。有关拉丁美洲古气候的文献可参见 Villalba（1997）和 Biondi（2000）的文章。关于树木种群结构的新数据和对早期研究的综述已经由 Bader 等（2007a）发表了。

图1.9　中南美地区的树线。(a）墨西哥的奥里萨巴山（Pico de Orizaba），海拔4000m，树种*Pinus hartwegii*；(b）特尔马斯德奇廉（Termas De Chillan），海拔1950m，树种*Nothofagus pumilio*；(c）玻利维亚的萨合马山（Sajama），海拔4800m，树种*Polylepis tarapacana*；(d）厄瓜多尔的高寒带（Paramos De La Virgen），海拔4000m，树种*Gynoxys* sp.。

这里简单罗列的各地区关于树线生态研究的例子，可为了解更广泛区域的文献提供一个切入口。在下一章里面我们将讨论在本书中使用的定义与概念，然后讨论在树线研究领域进行比较生态学研究的一些重要原则。

第2章
定义与惯用术语

要探讨高海拔树线在山地上形成的自然原因，首先需要对于何谓树、何谓线达成一致。一些惯用的术语也需要明确，如界限（Limitation）、胁迫（Stress）和干扰（Disturbance），与海拔相关的气候现象需要与那些非海拔现象区别开来。因此，本章将从几个与森林边界有关的一般性要点出发，然后再介绍一些有关专业名词的命名问题。

在生物学和地理学文献中“垂直高度”（Altitude）与“海拔高度”（Elevation）这两个词汇通常被认为是同义词。然而，在大气物理学和航空学中无一例外地使用“垂直高度”一词。在接下来的章节中，当指大气现象（气候）时，我将使用“垂直高度”一词，而“海拔高度”则用来指树木高于海平面的位置（在“隆起的大地上”）。

2.1 生活型“树”

树木代表着地球上近 90%的生物量，是极地和干旱区之外世界上分布最广泛的自然植被。在一些地方，环境因子限制了树木的分布，使得这些地方成为其他生活型（如灌木、禾草和杂草）占据的区域。在环境适宜的区域内，树木在演替中往往能够超越其他生活型的植物，因为它们在对光的竞争中

（Competition for Light）占据了优势。值得注意的是，全球生物量的大部分，即树木的躯干，其本质上是对于资源竞争的投资。如果不是为了竞争太阳能量，植物也就没有必要呈现为高大挺拔的形态。具有相似地表覆盖面积和生长季长度的草地，具有与森林同样甚至更高的生产能力（Körner, 1999），因此就年生产力而言树木并不占优势。树木呈高大挺拔形态的其他优越性还在于，能够逃避地面的火灾（如果树木有能防火的树皮），而避免动物的啃食在一些地方也是十分重要的。无论如何，具有粗大的树干是有一定好处的，这一结构需要较长的时间才能形成，因此树木的寿命也就很长。树木的所有生命过程都与长寿和其对生存空间的长期占据有关（Petit and Hampe, 2006）。多数在演替过程晚期出现的树种都属于“K 选择”策略类型，它们的个体生存时间长，但繁殖成功率不高。

高大的树干支撑着光合器官、繁殖器官和所有地面之上的幼芽，但当环境变得恶劣时，这也可能造成负担（Burden）甚至风险（Risk）（Körner, 2012）。在这种情况下，树木往往不能生长成本来应有的大小，甚至可能成为灌木状。这时，植物周期性地将躯体隐藏在地下或者在不适宜的时候以种子方式存活就成为主要的生活型。相对于其他小型的、生活史短的植物，高大的树干、较长的生活史及将树冠暴露于大气中，都使得这类植物更易遭受干旱、低温及其他许多干扰的影响。这就是为什么当树木达到其分布极限后，其他类型的植被却依然能够存在的原因。通篇来看这本书，需要了解的是，到底是什么原因使得树木有别于那些在树线以上仍能够良好生长的非树木生活型植物。

当树木生长时，它们要经过不同的生命阶段（Life Stages），这与通常理解的“树”（Tree）是不一样的。“萌芽”（Germlings，在萌发的时候）、种苗（Seedlings，在最初几年，高度通常<15cm）或者呈现为灌木状的植株都会隐身于灌木或草本或砾石之间，它们的生活条件与其他低矮的生活型植物是一样的，并且在森林分布极限以上很远的地方都可能发现这样的植株。当它们长高成为幼树（Young Trees）后［通常称为树苗（Saplings），在不同的文献中有不同的定义，但通常指个体高度小于 3m 或者主干的胸径小于 10cm 的树苗］，会逐渐脱离灌木或草本层，更加完全地暴露于外界的气候条件、采

食和机械性干扰中。一旦高大的树干拥有了大量的存储组织，就会出现厚厚的树皮和庞大的根系，树木也就变得更加高大。最后，树木会死去。如果一个地方保留有森林，就会看到它们的后代又顺利地经过“萌芽—种苗—‘灌木’—树苗—乔木”的发展历程。

因此，很重要的一点就是要区分“树木”（Tree）与“树种”（Tree Species）。在一个特定树种的一个居群中，并不是所有的个体都能成为树木。因此，一个树种其实是一个在一定的时间和一定的地点经历不同“树木”生命阶段的木本物种，但一个树种要成为树木是需要一定条件的，否则就会停留在种苗或者灌木阶段。由此可见，本书讨论的是一种生活型的边界（Life form Boundary），而不是特定树木分类单元的分布边界，这要远比树木的实际分布范围更广（见图 2.1 和图 2.2）。

图 2.1　树线附近树种的生命阶段，以阿尔卑斯山中部的瑞士石松（*Pinus cembra*）为例：（a）4 年生幼苗；（b）冬天雪被覆盖的幼苗；（c）露出雪被的正在生长的苗木；（d）80 年生的成年乔木。

图 2.2　在树线和树线以上呈匍匐状的树木个体（矮曲林地带）：（a）*Pinus mugo* ssp. *mugo*，阿尔卑斯山，海拔高度为 2000m；（b）*Tsuga diversifolia* 和（d）*Abies mariesii* 均位于日本富士山，海拔高度为 2150m；（c）*Eucalyptus pauciflora*，澳大利亚东南部，大雪山（Snowy Mountains），海拔高度为 2040m。

2.2　线与过渡带

由于体形大小的关系，树木形成的边界要比其他生活型植物形成的边界更加明显。然而，由于众多环境驱动因素导致树木活力逐渐变化，加之随地形发生的变化，树木的分布边界很少是嘎然而止的，通常从乔木到灌木的过渡呈片段状，或者在陡峭的地形上延伸数米，或者在平坦的地形上延绵数公里。这样的过渡带称为“交错区”（Ecotones）。环境梯度越狭窄，物种越敏感，交错区就越窄，树木的边界就越趋近于一条线。在干旱梯度（除了森林沿干旱区的河道分布）及在低海拔的副极地温度梯度上，森林的减少都呈现为一个宽广的过渡区域，树冠逐渐开敞，树木的体型变小。相反，陡峭的山坡造成气候梯度的压缩，在靠近分布极限的地方就形成了一个树木减少的狭窄过渡带。无论这个区域是否呈现为片段化，都体现了与干扰或者地形有关的地表过程。

因此，分布界限（Distribution Limit）其实是一个惯用术语，这取决于所研究空间的分辨率（Armand, 1992; Camarero et al., 2000）。在飞机上看到的一条清晰的线条，在地上也许就是一个稀疏的林地（见图 2.3）。穿越树线交错区，其实很难准确说清楚哪里是林，哪里是树线，除了在新西兰和智利，那里假山毛榉属（*Nothofagus*）的植物确实可以形成非常明显的高海拔森林界限（原因将另讨论）。对于世界其他地方而言，诸如林线（Timberline）、森林线（Forest Line），或者树线（Treeline）等术语都是相似的，无所谓如何精确地加以定义。当长期使用一个定义时，所有这些"线"（Line）都与同一现象有关，而且多数是平行的。在本书中，树线被"看成"一条线，正如在飞机上或者对面山坡上看到的那样，这并不意味着在小尺度上其过程不重要。在多数情况下，与线发生偏离是因为干扰的缘故（具体见 2.3 节），或者是地形的作用。然而，由于本书是瞄准全球性的问题寻求答案，因此着眼点会更粗略一些，对此下面会进一步解释。

图 2.3　无论森林界限是一条线还是过渡带都是一个尺度问题。从很远的地方来看，森林边缘是一条线，但近处一看就发现是一个疏林交错带。阿尔卑斯山，下恩嘎丁的穆特勒峰（Muttler）海拔高度为 2100m，树种为瑞士石松（*Pinus cembra*）（E. Hiltbrunner 摄影）。

树木在一个特定地点的缺失会有许多原因，但不是所有原因都与生物学因子有关。因此，就需要另一些惯用术语，将寒冷气候条件下树线形成的生物学原因与其他因素区别开来。使用这些惯用术语的目的是：（a）从功能上理解为什么树木在超过环境限制后就再不能生长；(b) 这些原因代表着诸多与寒冷气候树线关联的典型驱动因子。

不是每个树木或森林的边界都有着生物学意义。最常见的例子就是由于人类的砍伐或火灾造成的树木缺失。这种干扰既与寒冷气候无关，也与生物功能无关。野火可以在任何区域导致森林的消失，并且在特定山区野外火灾的发生也阻碍了树线理论的完整性。因此，无论这种森林破坏的生态后果有多么严重，都不能反映树木的生理界限，而这些生理界限通常是由寒冷气候下树线处与垂直高度相关的环境因子决定的。这并不是忽略火灾对于森林动态及在恶劣气候环境中树木更新的重要生态意义，只是这种作用是局部的或者区域性的，并且是随机的，并不局限于高海拔地区。还有些其他的更加敏感的干扰因素也可以导致世界上任何地方的树木消失，特别是动物或坡体过程的作用，但这并非所有山区共有的驱动因子。森林缺失的原因可以是生态的、地理的、水文的、经济的或者社会的，但如果其中涉及的机制对于了解寒冷条件下森林中树木的生活没有特别的生物学关联性，我们也就不需要再讨论它们了。

正如在随后各章中所表述的那样，本书着重讨论与热量条件有关的树木界限。在树木占优势的植被形成的所有边界中，与低温有关的边界最引人注目。也许这是因为，在大尺度范围内大气圈作用的热量条件比其他因子的梯度在时间上具有更好的连续性，特别是土壤条件（包括湿度）（见 2.4 节）。因此，本书将探讨高海拔地区与气候驱动因素相关的树线（Treelines Associated with Climatic Drivers）。由于确定北极树线的生物学机制与此相关，所以本书也会有所涉及。低温的作用也许是多方面的，其对于生命过程直接或间接的（如通过土壤）影响也会加以讨论。

2.3　限制、胁迫与干扰

当生物达到自然分布的极限，即生物范围的极限（Biological Range Limit）时，其生理或生殖系统就不能再抵御周边的环境条件了。至于分布的界限也有其历史的原因，这将在后面再谈到。“界限”（Limit）一词表明客观条件“限制”了同化、发育和生殖过程，使得植物的正常功能特别是生长和繁殖不再可能发挥作用。越是接近这种自然分布极限，这种限制作用就会越强，最后还会造成破坏性作用，而不是简单地“延缓”（Slowing）生命，这时就出现了“胁迫”。胁迫（Stress）是限制（Limitation）的特殊状况。不是每一个限制都会成为胁迫，因为生命在生理学意义上来说几乎是“无限制的”（Unlimited）（Körner, 2003b, 2004）。胁迫是气候或者化学抑制的生理性后果，这种作用对于植物的同化及细胞结构会产生影响。当森林树木到达自然的、生物的界限时，我们会假定超出这一界限时胁迫就会变得更严重。对于植物来说，典型的胁迫状况包括极端温度（热或者冰冻）、非适宜的太阳辐射强度（非常低或者非常高）、缺水（包括直接缺水或者由于盐分的积累或冻土造成的缺水）、土壤化学性质出现的极端情况及根区出现的厌氧状况。在自然条件下，通常认为有规律的高强度胁迫是很少出现的，从长远来看，这种胁迫会限制物种的竞争优势，从而被更适应环境条件的类群取代（受胁迫的类群逐渐消失）。许多物种在分布极限位置往往会产生生命过程变缓（受限制），但胁迫（破坏性的）还是很少的。

在自然界，当植物“漫游”（Exploratory Excursions）到其“安全生态位”之外时，胁迫便开始起作用。一年生植物是最容易遭受胁迫的，因为其大部分种子随雨落下的地方并不能提供足够的条件保证其完成一个完整的生活史。多年生植物在这种地方通常也不能活过第一年。长期以来，物种面临的特定胁迫条件可以导致进化选择，产生具有抗性的生态型（具有地域优势性状的基因型）或者新的物种。长寿的生物（如树木）在其自然生长的地方很少经历胁迫，除非有不可期的条件出现。在“胁迫生境”（Stressful Habitats）（人为分级）中植物通常并不会遭遇特别的胁迫影响，这就是它们之所以生长在那里的原因。虽然它们可能生长得非常缓慢，但这只是表明它们没有生长在最理想的生理状况下。

关于树线的胁迫问题还将会有专门的章节进行讨论（见第 10 章）。从上面的论述中读者可能已经意识到，术语的使用有时并非十分具有针对性，对于恶劣条件下胁迫一词的使用也要注意，因为这更多的是根据经验，而非科学原则。从大的角度而言，术语问题的产生受到了农业方面概念的影响，农业强调的是生产力（Liebig 有限资源定律），然而，该定律反映的是特定过程的净结果。在自然条件下，生物的价值是以繁殖的成功和空间的占有来衡量的，而不是以大量生物量的生产来评判的（Körner, 2003b）。

胁迫不是限制生物分布的唯一驱动因素。另一类限制植物分布的因素称为“干扰”（Disturbance），干扰是指对整株植物或部分器官的机械性损伤，因此包括了植物丧失其活组织的所有过程。典型的自然干扰包括野火、大型动物啃食、昆虫爆发、种子消耗、掩埋、滑坡或泥石流、雪崩、雪或风折、洪水（也可引起厌氧胁迫）。大多数人类活动的影响都属于干扰而非胁迫。

对于特定的纬度、海拔和坡向来说，气候胁迫是很常见的，并且通常作用范围比较大，而许多类型的干扰则不是特定的，在任何地点都可能出现。病菌（真菌或细菌性疾病）的影响处在一个中间的位置。它们可以导致胁迫，但在病菌大规模爆发或者与生物质丧失相关时，最终也会造成大规模的干扰。

在许多树线文献中，干扰和气候胁迫（Disturbance and Climatic Stress）都是作为同义词处理的，这造成了不少混淆，也限制了理论的发展，并阻碍了从生物学角度对其机理进行解释，而该理论的基础是树线位置建模所必需的（见第 5 章）。

2.4　垂直高度及相关环境驱动因子

植物科学领域的大量出版物都指出，在海平面之上的垂直高度是植物响应与适应的主要驱动因素（如 Körner et al., 1989a, 2003a; Friend and Woodward, 1990; Bowman et al., 1999）。遗憾的是，许多原始的研究都没有指明垂直高度的意义，因此当非高度现象掺和进来后，其在解释和结论上就会出现一些混淆，例如，环境变化对低海拔地区的影响同样可以观察到。人们一致认为，海拔高度并不重要，而相关的环境条件才是关键。这种混淆主要源于与湿度相关的现象，下面将重点谈到。

就全球而言，只有 4 个与垂直高度相关的基本环境变化，它们分别是：

- 大气压力（包括 O_2 和 CO_2 的分压）；
- 大气温度的绝热降温；
- 晴朗天空的辐射，包括输入的太阳辐射和夜间输出的热辐射（因为大气浑浊度降低）；
- 在太阳辐射中 UV 辐射分量增加。

除此之外，对植物来说，没有其他因子在全球尺度上是与垂直高度相关的（Körner, 2003a, 2007b）。以上 4 个因子是唯一与生态相关的驱动因素，当讨论垂直高度现象时这是应该加以强调的。它们以多种方式影响植物，从对同化作用产生影响，到增加气体扩散速率，或者增加辐射、冻害的风险。所有其他的环境变化如果只是在区域尺度上与海拔高度有关，则只是代表着高于海平面的现象，这就不需要讨论了。两个不随垂直高度变化但十分重要的气候变量是太阳辐射和可利用湿度。

通常，就太阳辐射（Solar Radiation）而言，特别是每天的辐射剂量，并没有呈现出全球一致的与垂直高度相关的变化趋势。气象学教科书误导了一些概念，通常认为浑浊度和辐射随海拔变化，导致天空变得晴朗。这忽视了一个事实，云层和雾在多数情况下也是随海拔而增加的，虽然不是每个山地都如此，晴朗天空的趋势可能与之相反。例如，在新几内亚，山地植物白天能够见到的太阳辐射只有平原植物的 1/3，因为几乎都是雾天（见图 2.4）。典型的高海拔植物性状（如增加气孔密度）在这种条件下就消失了，因此这些性状与垂直高度无关，而与光照条件相关（Körner et al., 1989a）。在有些地区，日辐射剂量先随着海拔升高而降低（与云量相关），然后在云层密集区域的上部又突然增加，这在热带和亚热带山地很常见（Körner, 2007b）。

所有其他的气候和土壤变量，特别是那些与降水（Precipitation）和可利用湿度有关的变量，在全球尺度上也表现出垂直高度上的变化趋势，但这主要取决于当地的天气系统。有些地区在低海拔干旱，而在高海拔湿润；但当我们爬上赤道的安第斯山或者非洲的赤道山脉，就会注意到另外一种情况（高山地带更加干旱），有时在高海拔地区甚至会形成半荒漠化的条件（见图 2.4）。把与湿度相关的现象作为“对海拔高度的响应”是没有意义的，特别是用海拔梯度代替平地的梯度进行研究时（Körner, 2007b）。当研究土壤的质量或深度对植物的影响时，提及海拔高度就显得更没有意义（如改变土壤的持水量或可利用营养物质）。土壤性质会随着海拔高度而任意变化，这与平原地区的情况是一样的（Körner, 2003a）。

由于大量的与海拔高度相关的生态研究都来自北美西部的山区内部，那里的可利用湿度强烈地限制了平原和低海拔坡地上的植物生长，并且有随海拔高度增加的趋势，因此在海拔梯度上树木的响应就常常与水分因素有关（Whitfield，1932）。从这样的梯度上得出的数据不能证明或证伪植物对海拔高度响应的任何相关理论（Körner et al., 1991），因为这样的梯度在其他地方也有，任何原因都可能导致可利用湿度（Moisture Availability）发生变化。所有植物都具有的性状包括气体交换（包括$\delta^{13}C$识别）、叶的解剖特征或者生长。因此，垂直高度不应该用来代替土壤湿度、土壤特征和可利用养分的变化。在这种情况下，所谓与海拔相关常常会造成结果解释在与其他研究进行比较时出现混淆，这在过去是经常出现的（Stuiver and Braziunas, 1994; Vitousek et al, 1990; Marshall and Zhang, 1994; Van de Water et al., 2002; Gieger and Leuschner, 2004）。就实际的原因来看，我们可以按照海拔高度来明确一个研究地点，但这并不适合与垂直高度相关现象的一般性讨论。

图 2.4　降水和太阳辐射在海拔梯度上的趋势是不一致的，这有助于在全球尺度上阐释树线理论。在许多山区，云层增加并导致太阳能量随海拔急剧下降：（a）巴布亚新几内亚威廉山（Mount Wilhelm）的树线；在其他地区，严重的干旱限制了云层以上的生物生存：（b）位于特内里费岛（Tenerife）的泰德山（Mount Teide）的 *Pinus canariensis*，处于高海拔半荒漠边缘。

区分与海拔高度相关的植物特征及其他相关的环境因子梯度，需要在不同的海拔高度上，在相同条件下进行可重复的取样（如相似的降水/蒸发比、土壤参数）。我还没有见到过这样的研究，但我猜测可以采用一个位置矩阵来辨识各种交汇的影响因素（按照 Lloyd 和 Farquhar 于 1994 年提出的方法）。然而，定义这些“相关环境因素”是很难的。例如，仅就降水而言就不适合，因为同样的降水在不同的海拔高度和对于不同的土壤深度就具有不同的含义。总之，以全球的眼光讨论树线现象需要清楚地区分一个地方的独特性与全球驱动因素的共性。

2.5 树线的命名

术语并不是科学，但没有术语就会造成混淆。单词本身并不重要，而其定义才是关键，这些定义又常常源于经验性的习惯术语。因此，下面的定义也不例外，但这些定义可简单地与本书的术语形成一体。对这些定义的传统用法越清楚，关于过去树线现象的各种毫无意义的争论就会越少。

高山林线可能是树木分布边界中最有名和研究最多的。2.1 节之后的各节中，“树”（A “Tree”）被定义为一个直立的木本植物，具有明显的主干，不管是否出现生殖期，树高至少 3m（如果按照传统的大于 2m 就很难区分）。这样的高度可以保证这棵树具有郁闭的树冠以承受外界的大气条件（低矮的植物通过明显的自身修饰来适应气候，后面还会讨论）。在具有冬季气候条件的区域，这样的树能够挺立于厚厚的积雪之上，并且可以高出大型啃食动物能够采食的高度。其他的植物形态也具有高大的多年生结构，如竹子、仙人掌或者大型莲座状植物，在树线附近也可以看到，但这些属于特殊的生活型，而不属于“树”的范畴。当然，有一些种类的热带高山大型莲座状植物不仅符合上述形态标准，而且也确实生长在气候树线以上的区域，这实在是一个问题。

森林或树木分布的高海拔边界有许多可能的定义，但都可能存在“自然边界的定位在原则上不准确，因此使用的是习惯用法”等问题（Armand, 1992）。现在有许多不同的习惯用语还在使用（Körner, 1998, 2007a; 见图 2.5）。郁闭森林的上限被称为“林线”（Timberline），但“郁闭”本身也很少是戛然而止的，这一地带并不一定就有大型“乔木”形成的森林，“乔木”也不意味着是以直径来衡量的。这就造成在野外要确定“林线”的位置特别困难。在其他的一些极端条件下，树种出现的上限，即无论个体大小出现的最高位置，称为“树种限”（Tree Species Limit），这与上面定义的“树”可能是有矛盾的，这里强调的是这些小“树”可以存活的特定微生境条件。在森林界限以上几百米的地方，树木的种苗在荫蔽环境中还可以生长。“树线”（Treeline）或者“森林线”（Forest Line）居于中间位置（这是倾向继续使用的术语），大致是一条在特定山坡上或相似朝向的山坡上连接森林最高斑块（由至少 3m 高度的树木组成）的线。这一定义与 Brochmann-Jerosch（1919）和 Däniker（1923）在其关于阿尔卑斯山树线生物学经典著作中的用法一致，Hermes（1955）在其全球调查中也使用了这一定义。在这种定义树线以上的地方偶尔也可以见到具有一定大小的孤立树木。这种突兀的个体只是表明了在一些特定的适宜地形条件下树木还具有更新补充的机会。连接这种突兀于树线之上的树木就形成了另外一条线，即“突出位置树线”（Outpost-treeline）。

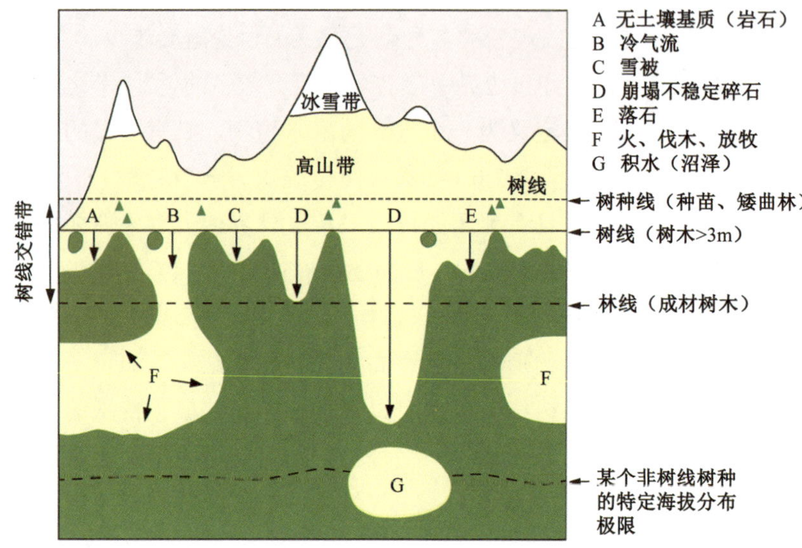

图 2.5　本书中树线交错带涉及的多个术语示意

由于所有的这些线都与边界有关，那么形成这些位置的基本机制通常应该是一样的，但这个机制与树种线的关系不是太大，因为在高海拔地区微气候与大气候之间有很大的差异。在烈日下岩石裂缝中出现的一株幼苗对于森林界限是没有指示意义的。从术语上来说，“森林线”（Forest Line）一词太差强人意了，我愿意使用“树线”（Treeline）（就写成一个单词），该词已被广泛使用，可以很好地理解，与北极树线使用的词汇也有逻辑上的关系。

由于在山地之外还有许多树线，通常建议增加一个界定，例如，“高海拔”（High Elevation）、“寒冷气候”（Cold Climate）、“高山”（Alpine）或者“北极”（Arctic）。为了在生物学上加以区分，可以加上“自然的”（Natural）或者“气候的”（Climatic）。就本书上下文而言，我会狭义地使用树线一词，当需要与北极树线区分时，我使用“高山树线”（Alpine Treeline）一词。在这里不使用“亚高山”（Subalpine）一词，以免产生混淆，正如 Löve（1970）谈道：“只能悲哀地说这是一个超级混淆的领域，几乎所有研究都需要知道在地理上是指什么地方，讨论者属于哪个‘学派’，然后才能明白其中的混沌和误解。”亚高山符合逻辑的定义是指郁闭山地森林上限（如林线）与树线（没有树木的高山地带开始的地方）之间的过渡带，但不是每个人都同意这一定义。对于这一过渡带而言，亚高山疏林带（Subalpine Parkland）是另一个概念模糊不清的术语（Rochefort et al., 1994）。在中欧地区林线以下几百米的郁闭森林也常常被称为亚高山（取决于出现的特定树种，如 *Pinus cembra*），这与世界其他地区所谓的山地上部森林（Upper Montane Forest）大致相当。

总之，生活型和物种出现的区别是需要搞清楚的；从森林过渡到无林的地带可能是十分清晰的一条线，但在多数情况下则是一条渐进的过渡带；限制、胁迫和干扰是三类不同的问题，彼此不应该混淆，在全球尺度上的驱动因素应该与局部的特殊性区分开来，这会在接下来的章节中加以详细讨论。

第3章 树线的格局

本章主要讨论的是世界范围内的树线位置，以及形成树线的树种。我们需要了解的问题是，气候树线有哪些特征，是什么原因造成了树线在特定区域的缺失或者偏离了期望值。

3.1 树线的分类群

任何树种都有其海拔分布的上限。对于一些物种而言，这种界限也许是热带低地森林的边缘，而另一些物种的界限则可能出现在山地的低海拔处。世界范围内只有少数分类群可以分布到生活型树木生长的极限海拔高度，即超过此海拔高度就不可能再有树木存在，无论是哪个物种。人们可以观察到，沿山坡向上树木的多样性逐渐降低。因此，无论是棕榈树、核桃树还是苹果树都有一个分布的上限。当接近树木分布的极限时，所有科的树木都会逐渐消失。例如，没有豆科植物形成的树线。即使分类上十分接近的物种，其最大海拔高度也是有差别的，如在赤道非洲的石楠植物。一个地区的植物区系越贫瘠、越年轻，与寒冷地区相隔越远，那些具备抵御树线恶劣气候条件能力的分类群就越有可能消失。只有从少于 20 种植物科进化出的分类群可以形成树线（见表 3.1）。总体而言，世界范围内能够作为树在气候树线生存的物种不超过 100 种。在北极地区的树线生存的树种不超过 20 种，且都属于松科和桦木科植物。在北半球，松科植物无疑是最成功的树木，但在海拔高度上的世界纪录却是由蔷薇科和柏科保持的，*Polylepis tarpacana* 以 3.5m 的高度和

30cm 的直径分布于玻利维亚安第斯山 4810m 的海拔高度上（Rada et al., 2001; Hoch and Körner, 2005），而在中国的西藏地区刺柏属（*Juniperus* sp.）植物可以在海拔 4700～4900m 高度成为树木（Bosheng, 1993; Miehe et al., 2003, 2007）。

表 3.1　已知的形成树线的植物属及其所在的植物科。在缺乏树线分类群的地方，有些科用接近树线的属代表，甚至用高海拔树木物种线的属代表。

科	形成实际树线的重要属
松科（Pinaceae）	*Pinus*, *Picea*, *Abies*, *Tsuga*, *Larix*
柏科（Cupressaceae）	*Juniperus*, (syn. *Sabina*), *Austrocedrus*
南洋杉科（Araucariaceae）	*Araucaria*
罗汉松科（Podocarpaceae）	*Dacrycarpus*
桦木科（Betulacae）	*Betula*, *Alnus*
杜鹃花科（Ericaceae）	*Erica*, *Vaccinium*
蔷薇科（Rosaceae）	*Sorbus*, *Polylepis*, hesperomeles
虎耳草科（Saxifragaceae）	*Escallonia*
桃金娘科（Myrtaceae）	*Eucalyptus*, *leptospermum*
紫金牛科（Myrsinaceae）	*Rapanea*
假山毛榉科（Nothofagaceae）	*Nothofagus*
菊科（Asteraceae）	*Gynoxys*
山茶科（Theaceae）	*Schima*
在树线形成分类群缺乏时，有些是在接近气候树线处的科，有些是形成“物种树线”的科	
竹柏科（Podocarpaceae）	*Phyllocladus*, *Dacrydium*
蔷薇科（Rosaceae）	*Hagenia*
假山毛榉科（Nothofagaceae）	*Nothofagus*
山毛榉科（Fagaceae）	*Fagus*, *Quercus*
菊科（Asteraceae）	*Sencio*, *Espeletia*

资料来源：Hope（1976）、Ohsawa（1990）、Bendix 和 Rafiqpoor（2001）及作者的观测结果。

无论是何种原因，如果在一定区域内没有树线分类群了，也就不存在气候树线，但该区域最具忍耐力的树种还是会形成上限。通常很难将这类树种的分布界限与真正的树木生活型边界区分开来。由于地方物种在山地气候带的任何地方都可以达到它们的海拔极限，这就像是博彩，在树线分类群缺失的时候特定物种的树线（Species-specific Treelines）就会形成。这种由特定物种形成的树线不适用于树线理论，因为它们反映的是特定区域内一些分类群的特殊性。在这种特定物种树线测量的温度要比生活型分布极限处的温度高出几度，这也就表明了它们的特殊性（Körner and Paulsen, 2004）。由于地理隔离或者过去气候变化的原因，树线分类群可能会消失。接下来我想用三个例子来说明这一重要问题。

新西兰、塔斯马尼亚与智利都分布着假山毛榉属（*Nothofagus*）植物，并且形成区域性的特定物种森林上限。然而，两个独立的证据表明，假山毛榉并不是形成树线的植物（Wardle, 1985a, 1998）。在新西兰，假山毛榉形成的树线分布于 1000～1300m 的海拔高度上，而生长良好的 *Pinus contorta* 甚至可以侵入到 1700m 的海拔高度。在新西兰和智利，在假山毛榉树线测得的温度显著高于任何气候树线（Körner and Paulsen, 2004）。但新西兰极端海洋性区域的新证据表明，在一些地点 *Nothofagus menziessii* 可以生长到非常接近于真正生活型树木分布的极限（Mark et al., 2008），实际上其温度与全球树线等温线相当（见第 4 章）。

地中海地区（Mediterranean）的树线将在后面章节中详细讨论（见 4.3 节）。虽然原因尚不清楚，但它们在不同的海拔高度是由典型的中山性质的分类群（如意大利南部的 *Fagus sylvatica*、希腊南部的 *Abies cephalonica*）形成树线。另外，在希腊北部的奥林匹斯山（Mount Olympus）松树的树线也出现在相对温暖的温度条件下，对此用水分关系还无法进行解释，将树线分类群进行移栽实验也许能够澄清这个问题。

太平洋岛屿的火山（Volcanoes on Oceanic Islands）通常缺乏树线分类群。在夏威夷群岛只有很少的乡土树种生长在原始森林的上部边缘地带，在哈雷卡拉岛（Haleakala），*Metrosideros polymorpha*（桃金娘科）、*Santalum haleakalaei*（檀香科）、*Myrsine lessertiana*（紫金牛科）及高大灌木/树木 *Sophora chrysophylla*（2～3m，豆科）可分布的最大海拔高度为 2500～2600m，在更高的海拔高度上只有更小的匍匐状个体存在。在相似或更高的海拔高度上有 1910 年栽种的 *Picea abies*（在海拔 2600m 处，树木现在的高度已经大于 25m）现已成林，另外还存在许多暖温带的松属（*Pinus*）植物（如 *P. strobulus*、*P. contorta*）和 *Cryptomeria japonica*（柏科，见图 3.1）。栽种的金钟柏（*Thuja*）（柏科）在哈雷卡拉岛也生长得很好，在同样的海拔高度上占优势的乡土种铁心木（*Metrosideros*）和 *Acacia koa*（豆科）同样受到海拔高度的制约。奇怪的是，在夏威夷岛 *Acacia koa* 成为冠层的优势种（在哈雷卡拉岛和茂宜岛的优势种为铁心木 *Metrosideros*）。在铁心木（*Metrosideros*）生长界限之上很远的地方，澳大利亚桉树（*Eucalyptus*）

（树高约 20m）在 2800m 高度的毛娜吉亚（Mauna Kea）观测站停车场附近形成郁闭的树林。因此，在这样的区域没有与大陆上山地相一致的气候树线。适宜区域性条件的分类群其特殊的生理特征及周围的微气候条件（Leuschner and Schulte, 1991; Cordell et al., 1999, 2000）决定了与特定物种相关的海拔分布极限。通常，这些分类群对高海拔的适应性很差，因此这种地方乡土树木的分布上限是被压低了的。

图 3.1　夏威夷海拔 2600m 处由铁心木（*Metrosideros polymorpha*）形成的特定物种树线分布极限比气候树线低得多（左图），而外来树种在高海拔处却能茁壮生长，如哈雷阿卡拉国家公园的欧洲云杉（*Picea abies*）和桉树（*Eucalyptus* sp.），以及海拔 2800m 处毛娜吉亚（Mauna Kea）天文台游客中心附近栽种的松树和桉树（右图）。

虽然当地的保护部门并没有意识到，但几十年前无意间用针叶树进行的移栽实验却有着十分重要的科学价值，这对于进行区域性的树线比较具有独特的生物学参考意义，只需要保留少数的植株就可以继续这种比较研究（为了避免扩散的危险，这些树的球果被定期清除）。遗憾的是，这种机会在新西兰已经丧失了，在美好愿望的驱使下，在海拔 1650m 的亚瑟山口（Arthur's Pass）附近，分布于最高处的成熟松林已经遭到破坏。

3.2　山巅效应与树线抑制

山地需要有一定的高度才能形成气候树线。单独成体的山峰并不意味着在山巅或者山巅以下森林分布界限就是一条树线。凛冽的寒风、基质的侵蚀、狭小的地盘都不足以支撑种群的生长，往上坡方向进行种子传播的机会也很小，这就造成了树木分类群在峰顶的缺失，无论其海拔高度如何。要形成通常所说的树线，一般在气候树线海拔高度之上还需要有几百米的地形条件。例如，在黑森林（Black Forest）（德国，47° N）及靠近巴塞尔（瑞士）的 Vosges Mountains（法国）附近的 1300～1500m 处（Bogenrieder et al., 2001），关于“树线”就常常有争论。这些地方的树线比预计的要低 300～500m，这是一个典型的山巅效应，其树线与气候树线无关。在巨大的山巅上，当几个世纪前的放牧啃食造成森林消失后，强劲的西风阻碍了树木的生长或者森林的恢复。在许多海岸带，强风也可以阻碍树木的生长，导致树木呈现匍匐状。相似的状况在阿帕拉齐亚山脉（Appalachians）也存在（Cogbill and White, 1991）。在婆罗洲（Borneo）—苏门答腊岛（Sumatra）山脉（该山脉跨越印度尼西亚和马来西亚——译者注）的最高山峰——基纳巴卢山（Mount Kinabalu）（海拔高度 4095m），树线的高度大约为 3700m（Ohsawa, 1995；作者自己的观察；见图 3.2），这很可能是由于缺乏基质（裸岩）而出现了树线被压低的现象。由于山峰位置孤立，缺乏“山地隆升效应”，从而导致树线分布高度相对较低。在新几内亚，树线分布在与基纳巴卢山相似的气候条件下，但却要高出 200m（Hope, 1976）。但在海拔 4509m 的威廉山（Mount Wilhelm），作为巨大山系的一部分，其山巅的树线就要高出许多，郁闭的植被可以分布到山巅以下 50m 处。

图 3.2　在缺少土壤基质处，树线会被迫降至较低海拔，此处所示为北婆罗洲基纳巴卢山。

树线被压低还与地形和土壤基质有关，这已在第 2 章进行了讨论。岩石崩塌、陡峭的山坡、雪崩迹地、泥石流及基质的流失都是造成树木缺失的普遍原因，这与特定的海拔高度无关。陡峭的山脊可造成与山巅类似的效果。这种受干扰的区域不会形成气候树线，其出现也不局限于高山地区。

3.3 山体隆升效应

与树线抑制现象相反，还有另外一个现象叫作“山体隆升效应”（Massenerhebungseffeckt）（来自德语；英语翻译为 Mass Elevation Effect；中文也有翻译为“山地效应”或“高原效应”——译者注），即造成树线在一定区域内的抬高，并通常高于相应山系应有的平均高度（见 Imhof 于 1990 年发表的综述；Schröter 于 1908 年对 19 世纪相关著作的综述）。然而，这仅仅是树线位置升高了几米，而不是树线处的实际温度发生了改变。当从一个巨大山系的前山地带走到腹心地带时就会发现，等温线发生了上移（Isotherms Move Upslope）（De Quervain, 1904; Ellenberg, 1963）。这里的“山体”（Mass）指的是高于周边平原的巨大山地。山系的“山体”越大，海拔越高，跨度越大，则腹心地带相比于前山地带就具有更优越的光照时间和温度条件。

当气团向隆起的地形移动并被迫抬升后，就会变冷，大气中的水分就会凝聚，形成云团，在前山地带的降水也就随之增加。但是，山系的内部会因此变得干燥，日照时间也相应增加。再加上辐射增加造成的坡面增温，以及在景观尺度上蒸发减少造成的降温，就导致等温线在山系的腹心地区表现为海拔高度上的升高，导致树线的上升以及其他与温度相关现象（如雪线或植被边界）的上升（见图 3.3）。

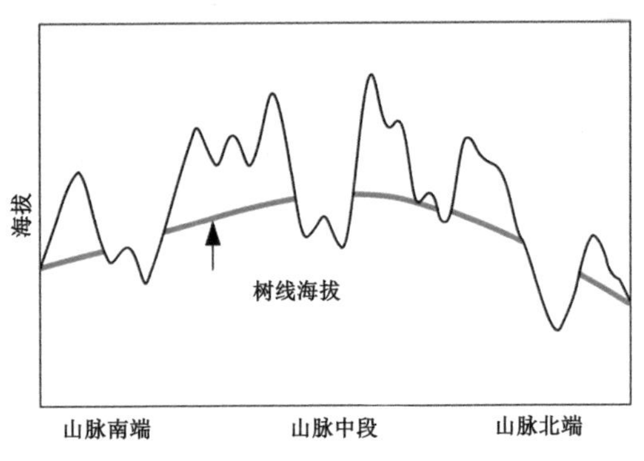

图 3.3　大山系山体隆升效应图示

例如，在喜马拉雅的中部和东部，树线的位置在海拔3600～3800m，而在中国西藏的相似纬度地区树线就上升到海拔4500～4700m。在阿尔卑斯山北部钙质化的前山地带，树线的位置在海拔1600m，而在前山地带以外的地方树线则位于海拔2000m（如因斯布鲁克附近），在瑞士阿尔卑斯山中部则分布到了海拔2350m。在亚马逊流域，安第斯山的树线在玻利维亚的海拔高度是3800m，在阿尔蒂普拉诺高原（Altiplano）地区就上升到4800m。正如所了解的，在萨合马火山（Sajama Volcano）分布着世界最高的树线（4810m，玻利维亚），但这并不代表*Polylepis*树的生活条件是多么恶劣，这只是一个由“山体隆升效应”造成的特定局部温暖气候。在小岛上的山或在周边是低地的孤立小山上，树线通常都较低（没有“山体隆升效应”，见3.2节）。这些区域性的气候特殊性在很大程度上解释了树线海拔高度的变化，正如Hermes（1955；见图3.4）所收集的例子。当海拔高度被实际的局部温度所替代，许多这样的变化也就都不存在了。

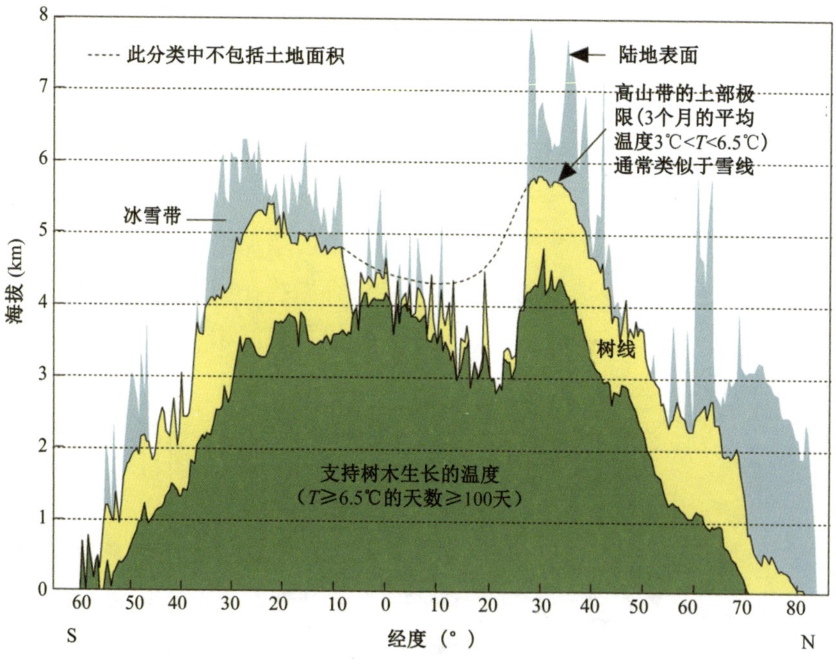

图 3.4　以气候为驱动因子模拟的树线和雪线的纬度变化（Körner, 2007a；见第 5 章），注意图中生物边界（树线）与纯物理边界（雪线）之间的平行趋势。

3.4 树线的海拔高度

树线的海拔高度是随纬度（Latitude）变化的（见图 1.1 和图 3.4）。在大约 72° N（西伯利亚中北部）、68° N（加拿大的北极区域）和 55.4° S（智利霍恩角国家公园 Cape Horn National Park），北极和南极区域的低地冻原和树木分布极限都出现在海平面的位置。在纬度仅仅低 2° ～4° 的地方高海拔树线就出现在海拔 300～600m 的高度上。在欧亚大陆的北方寒温带地区（Boreal Zone）中部，树线迅速上升到 1000m 以上。在温带地区，依据区域的气候和大陆性，特别是"山体隆升效应"的不同，树线分布的高度为 1600～3600m。在赤道地区，树线分布的高度为 3600～4000m。最高的树线（4800～4900m）出现在半干旱的暖温带或亚热带，即在喜马拉雅山脉内侧的大陆板块及安第斯山脉面向阿尔蒂普拉诺高原（Altiplano）的一侧。湿润的赤道气候压低了树线的海拔高度，干旱的亚热带气候又抬高了树线的海拔高度。在温带地区狭窄的纬度范围内树线海拔高度出现 2000m 幅度的差异，说明用纬度指示树线海拔高度是非常不准确的。

从图 3.4 可以很明显地看到，天然的树线海拔高度与物理因素驱动形成的边界（如雪线）有着密切的关系，这说明气候因子是决定天然树线海拔高度的关键因素。树线海拔高度具有很大的区域性差异（当用纬度来标注时），特别是对于温带地区而言，这充分反映了区域性气候变化在很大程度上是"山体隆升效应"作用的结果。

阴天常常与更加潮湿和更低温度联系在一起。一般来说，树线在潮湿的地方最低，而在干旱地区则相对更高。上升到一定的海拔高度后，年降水量会出现 300～350mm 的差异，树线高度会随着气候的变干而升高（Miehe et al., 2003, 2007）。前面提到过的树线海拔高度的两个世界纪录（4800～4900m）都出现在非常干旱的大陆性气候区域，这一观测结果不要与周期性缺水对生长造成的限制相互混淆了。这些分布在极限高度的树木当然在潮湿的年份比在干旱的年份生长得更好（Morales et al., 2004），但这不可能影响到一个区域内树线的普遍高度。在这种情况下，树木会局限于潮湿的沟谷地带，树线交错带也因此会由于地形的作用出现片段化。

在一个世纪以前就有了相关的地理和气候观测（De Quervain, 1904; Köppen, 1919; Däniker, 1923; Daubenmire, 1954），基于观测人们得出结论，树线海拔高度的决定因子必然是温度，而不是湿度，并且树线海拔高度与湿度是负相关（降水越多，云量越大，气温越低，树线也就越低）。在地球上的一些地方，即使在树线的海拔高度上，对于树木的生长来说还是太干燥了，如在帕米尔的东部地区。但是这样的现象在低海拔地区也能见到，因此这种状况无法从全球角度来解释树线现象。"山体隆升效应"说明纬度和海拔在本质上对于生长在高海拔地区的树木来说意义都不大（Jobbagy and Jackson, 2000b）。因此，这就需要用实际的气候数据来解释树线的位置。下面一章将探讨气候与树线的相关性。

在较小的尺度上，树线的海拔高度是随着地形和坡向变化的。人们通常可以从一张远处拍摄的照片上分辨出热带树线和温带树线（见图 3.5）。在热带地区，由于陡峭的峡谷和沟壑可提供隐蔽条件，树线在这些区域可以比在相应的山脊爬升到更高的位置。因此，在所有凹陷的地形上树木都是往上坡方向发展的（除了沼泽地区）。相反，在高纬度地区，这样隐蔽而温暖的生境往往出现在雪被覆盖或者崩塌迹地处，因此也往往缺乏树木。在这样的条件下，森林在山脊上可以达到它们分布的最高海拔位置。这些地形的作用对于生存条件的影响在很大程度上会造成树线的变形或者片段化（Bosheng, 1993; Wesche, 2002; Miehe et al., 2003）。

图 3.5　地形对树线位置的影响。在热带地区，凹形的地面会形成荫庇的条件，使树木可以向上迁移（左图，新几内亚，海拔高度为 3600～3800m）；在温带地区，情况相反，树木沿山脊前进，因为在沟谷地带有未融化的积雪和雪崩（右图，瑞士阿尔卑斯山，海拔高度为 1800～2000m；E. Hiltbrunner 摄影）。

坡向对树木的影响远小于对低矮植被的影响，至少当湿度条件不是制约因素时是这样。高山生态学中存在的一个经典现象是，坡向要比实际的海拔高度更多地控制着植被的昼间温度（Scherrer and Körner, 2010a）。海拔越高，坡向效应就越重要，坡向的影响也更显著（Körner, 2003a）。然而，对低矮的植被来说，由于个体大小的原因，树木所受的坡向影响要小得多。太阳辐射要想迅速使植物周边环境升温，就需要一个收集者，隔热作用可阻绝向周围空气散热，并使一定量的热能储存起来，这就像屋顶所用的太阳能热水器。在所有这三个方面，树木都不具备相应的条件；最重要的是它们与大气循环是关联的，枝叶聚集的热量会很快散失。此外，树木可为其扎根的地面遮荫，因此阻止了热量在土壤中的聚集和储存。这些效应会在第 4 章详细讨论。

因此，无论何时仔细地观测，都会发现树线的海拔高度与坡向并非显著相关（Beaman, 1962; Paulsen and Körner, 2001）。在众多确实有关联的案例中，需要提到如下几点。

（1）在严重干旱及贫瘠的地质和基质条件下，树木会从面向赤道的山坡上消失，正如在中亚的天山山脉看到的情况一样（见图 3.6）；

图 3.6　坡向效应。在非常干旱的地区，森林局限于面向极地的山坡上，在面向赤道的坡面上则没有森林（左图，哈萨克斯坦的天山山脉）。相反，在萨合马火山（Sajama，玻利维亚，19° S）面向极地的山坡上没有树木，因为土壤过于寒冷（右图）。其中，箭头标注的是海拔高度 4810m 树木分布的最上部位置，线条指示的是 *Polylepis* 林地的边界，这些山坡的下部海拔高度为 4200m。

（2）在降雪丰富的地区，雪被和雪崩都会导致树木从面向极地方向的坡上消失；

（3）在亚热带山地的高海拔处，夜间的辐射冷却作用十分强烈，可导致土壤变冷，最终造成树木在面向极地的陡坡上不能生长（如在玻利维亚的萨合马火山；Hoch and Körner, 2005；见图 4.13）。

土地利用和坡体过程可以消减纯粹因坡向对树木造成的影响（Schickhoff, 2005）。

在其他许多案例中，快速的热量对流和地面的荫庇作用都可阻碍坡向效应对树线的影响。通过树冠实现了从地面到冠层的热量交换。因此，不是坡向（朝向太阳的角度）而是个体的树冠在与太阳辐射发生相互作用。由于树木是垂直向上的，冠层与太阳的相互作用角度与坡向不同。在瑞士阿尔卑斯山地区利用地理信息系统的详细研究发现，树线的高度与坡向无关（Paulsen and Körner, 2001）；另外，在委内瑞拉高海拔地区对残余分布的 *Polylepis*（H. Arnal 对 256 个点位的研究，Goldstein 等于 1994 年引证）及墨西哥树线位置的研究（Beaman, 1962）结果也证实了这一观点。在亚北极地带大于 50m 的范围内，高山树线没有表现出坡向效应，这可能与高纬度地区夏季长达 24 小时的日照有关（作者在瑞典北部的观察；Kjaellgren and Kullmann, 1998）。

对于阿尔卑斯山和其他温带地区的潮湿山地而言，表面看来，这样的结果似乎与经验不符。山地北坡树线的下降源于雪被和雪崩造成的片段化。在 2.3 节中定义的树线绝对高度没有受到影响，在不同山地、不同坡向的树线所测的温度事实上并没有差别（见表 3.2）。表 3.2 中所显示的数据来自不同的山区，还没有发现面向赤道山坡上森林根区的温度要更高一些（Treml and Banas, 2008）。这种变化反映了不同地区在气候上的差异。然而，在斯堪德纳维亚北部非常陡峭的山坡上，Kjaellgren 和 Kullman（1998）发现了桦木树线高度的中尺度（<100m）坡向效应，在北极圈外更缓的山坡上则没有这种现象（Körner and Paulsen, 2004）。

表 3.2 坡向对各种具有相反朝向的北半球树线位置的季节性均温和最大日温差（地面以下 10cm 处的测量值）的作用（以小时读数计算得到）。注意此类数据不考虑坡向（Körner and Paulsen, 2004）。

区 域	北 部	东 部	南 部	西 部	区域平均（平均值±标准差）
季节均值（℃）					
阿尔卑斯山东部	7.3	6.7	6.9	7.4	7.0±0.3
阿尔卑斯山西部	7.7	6.3	7.1	7.3	7.1±0.6
墨西哥	5.5	6.3	5.7		5.9±0.5
最大日变幅（K）					
阿尔卑斯山东部	5.0	4.4	5.5	4.4	4.8±0.5
阿尔卑斯山西部	4.7	4.4	4.6	4.4	4.5±0.2
墨西哥	3.2	3.1	3.2	—	3.2±0.1

从上面所述可以看出，要确定树线位置的温度状况，就需要大致了解树木实际的生长条件。图 3.4 中所展示的全球格局说明，虽然有一个共有的驱动因素，但围绕其平均值变化很大，需要了解是否这种变化（远非“山体隆升效应”和其他区域性特征所能解释）是在共有驱动因子作用下发生的变化，或者是否有其他的因子影响了树线和雪线共有驱动因子的效应。

3.5 时间的本质

我们今天看到的树线格局是树木对于气候影响和干扰的长期响应结果。除非干扰非常严重，或者干扰与特定的海拔现象无关，否则树线位置都反映了气候驱动的树木更新与死亡之间的平衡（见第 9 章）。在树线，树木的寿命通常大于 150 年，极端情况下一些松树（如 *Pinus longaeva*）和柏树（*Juniper* syn. *Sabina* sp.）可以存活几千年。由于在一个世纪内树木可能都没有进行有效的更新补充，因而树木寿命对树线位置的影响很小。一旦树木在 50～100 年内可以成功地生长发育，在多数情况下就可以保证树线的形成。在科罗拉多的落基山脉山前地带这样的情况已有所记录（Bugmann, 2001）。这就是为什么目前的树线位置并不能直接反映当前的气候条件，而反映了过去几百年气候波动的净结果（Daubenmire, 1968; Ives and Hansen-Bristow, 1983; Slatyer and Noble, 1992; Holtmeier, 1993; 本书第 12 章）。在树线的树木可以艰难地生长几十年，0.1mm 的树木年轮宽度也是很常见的（Esper et al., 1995; Paulsen et al., 2000）。一旦条件改善，同样的树木其年轮就可以达到每年 1～2mm。例如，在阿尔卑斯山地区，树木在经历了近一个世纪“小冰期”的缓慢生长后，近几十年出现了快速生长（Rolland et al., 1998; Paulsen et al., 2000）。

孤立生长的“玛士撒拉”（Methusalas，一位活了 969 岁的圣经人物。此处可以翻译成“小老头树”——译者注）树木，其树木年轮的时间序列很长，似乎可以很好地用以指示气候的变化，但实际上以此作为树线的功能解释却是最不靠谱的。这就是为什么在第 2 章要将树线定义为一片森林，并且是在一定的山系沿着一条相同的等温线连续分布的森林，而不是个体。同样，在现有树线之外的种苗和幼苗也不能真正用于树线的解释，因为它们的位置反映了在一些适宜年份里树木物种的“探险旅行”（Exploratory Excursions），但接下来并没有树真正存活下来（见图 3.7）。正如第 2 章和第 9 章所讨论的，关键的发育阶段是出苗阶段，这时幼树从温暖地表那些低矮的高山植被或裸地上脱颖而出。在树线之上种苗及匍匐树木的存在都只是告诉我们，在过去的某个时候更新的第一步是成功的，理论上森林是有可能长成的，如果气候允许这些个体生长到一定高度的话。

图 3.7　在树线以上几百米的针叶树幼苗局限于荫庇的微生境中，因此对于树线的位置或其上坡向的迁移没有指示意义。（a）*Larix decidua*，在玛特山谷（Mattertal）的戎达（Ronda）附近树线之上 300m 处；（b）*Pinus cembra*，阿若娜（Arolla）附近树线之上 700m 处（两者都在瑞士阿尔卑斯山的中部）。

虽然树木的生长可以迅速地对温暖夏季的到来产生响应，但一个新森林的建立往往对于气候变化响应的时滞是非常长的，因为一些严酷的夏季也可能导致更新回到原点。另外，树线的弹性非常强，这使它们强烈依赖于我们所说的自然界的生物气候参考线，即经过历史时期的人类干扰或者与特定海拔无关的极端事件（如火灾）影响后树线依然不会出现位移。

3.6　树线附近的森林结构

由于树线不是直线，常常呈斑块状（Holtmeier, 2000, 2009），那么问题来了，这种斑块是不是气候因素驱动形成的？或者是不是干扰的反映？如果这种反映是镜相的，是与海拔相关的环境格局，这就与树线理论相关；如果这只是一种局部干扰的反映，那么这种格局就没有全球意义。Tranquillini（1979）用两种关于林分稀疏自然属性的对立观点分析了树线形态，即关于斑块状树线（Fragmented Treeline）的森林（见图 3.8）。根据他的假设，森林的逐渐稀疏为个体生长提供了更多的光照和地面热量，保证了更大的生产力，但同时也造成了更多的冬季损伤，因此越来越多的树线斑块呈匍匐状也就被认为是“自然”现象（与胁迫有关）。Tranquillini 还假设认为，无论在何处，只要有一棵独立的树出现，那么在该处出现一个郁闭的森林就是有可能的。这个理论与第一个假设是矛盾的，它假定郁闭的森林会导致荫蔽及更适宜的林冠气候。Tranquillini 提供了一些证据（都来自温带的山区），第一个理论部分依赖于有人类干扰历史地区的经验，他提供的遥远而人迹罕至地区及南半球地区的案例并无这种现象的出现。基于此，Bugmann（2001）认为森林片段化的区域性差异与过去的干扰有关，在阿尔卑斯山地区人类干扰更为重要，而在落基山脉野火更重要。这两类干扰都与海拔无关，但它们都造成了（与这些地区的树线树木恢复较慢有关）森林结构及那些由纯温度驱动的树线森林结构在表观上的不同。

图 3.8　郁闭（狭窄；左图）与片段化（右图）树线的对比。狭窄的假山毛榉（*Nothofagus*）树线（智利，37° S）被认为是由于在开敞的地方种苗不能适应环境条件造成的；片段化的瑞士石松（*Pinus cembra*）树线（阿尔卑斯山，E. Hiltbrunner 摄影）反映了干扰和斑块状更新，这常常是茂密的灌丛竞争造成的。

除了明显是由于过去干扰造成的情况外，高山和北极树线格局也是不同的。毫无疑问，林分的稀疏情况和个体之间距离的增大在北极是普遍的（见图 3.9），林冠常常呈遗传上的纤细状（无论是否遭受火灾的侵扰）。有两个从环境角度的解释与北极树线非常贴切，但与高山树线关系不大：低太阳照射角和土壤冻结（包括永冻土）。然而，在高山树线下的土壤很少成为永冻土（见第 4 章），只有在高纬度森林界限地区才会出现有规律的冻结情况，而且在永冻土上森林依然茂密，特别是夏季当厚厚的苔藓层在地表形成隔热层时。除非树木间隔非常大，否则土壤是不会融化的，或者不会融化很深或很早（Ballard, 1972; Scott et al., 1987）。在靠近北极树线的地方，任何林分的郁闭都会在根区产生对寒冷的负反馈，甚至可能造成树木的大量死亡（Crawford et al., 2003; Crawford, 2008），在百年尺度上冻土的深度会有一个循环变化。在非常缓的山坡上或者高原上，如落基山脉北部的部分地区，类似的稀疏森林在很远的地方就能看到（Butler et al., 2009）。

图 3.9　一个典型的北极稀疏树线，树木个体之间自然间距很大，未受干扰的高山树线没有这种现象［阿拉斯加的怀特山（White Mountains）］。

林下的土壤温度比草地或灌丛下的土壤温度要低，这对于任何一类森林来说都是一个普遍现象。对于全球的树线森林来说，根部的基质温度比周边开敞植被的基质温度要低（Körner et al., 2003; Körner and Paulsen, 2004）。这一现象对于树线附近间距逐渐增大的树木来说是一个正效应，而森林的斑块化使树木密集成丛生长或者成为疏林带都被认为是对根区温度不利的。事实上，最恶劣的气候条件出现在密集成丛的树木岛（Tree Islands）下，这在落基山脉的部分地区可以看到。这些在树线附近缓慢迁移的灌木丛根区的温度非常低，甚至比周围草地的温度还要低（Holtmeier and Broll, 1992）。在热带地区，干扰及其产生的片段化在树线也是很常见的，但在没有干扰的地方森林—草地交错带也可能相当狭窄，5～10m 高树木形成的郁闭林分与附近的低矮植被之间也许不超过 20m（如委内瑞拉 Merida 之上的安第斯山）。

狭窄的天然树线（Sharp Natural Treelines）很可能反映出通过对种苗的荫蔽作用而实现的自我控制。对于假山毛榉（*Nothofagus*）来说，这种效应被清楚地证明了（Wardle, 1985a, 1993, 2008），但这也许与特定的属有关。在没有干扰的情况下，天然的狭窄树线在其他地方也可能出现。一旦出现片段化，在树线附近的更新及填补这些林窗就是一个十分缓慢的过程。按照 Tranquillini 的理论，未受干扰的树线最有可能形成郁闭的边界，导致这种边界成为斑块状的许多干扰都与特定的海拔无关。对北极稀疏的林分来说，这种斑块状边界是由于土壤热量平衡差异造成的不同现象（低太阳入射角、生长季短、冬季寒冷）。在没有干扰的情况下，高海拔树线不会出现片段化，地形的起伏和土壤的贫瘠（裸岩、积水）可以造成斑块状的地表，但这与特定的树线无关，可以出现在任何地方。

|第 4 章|

树线的气候

高海拔气象站通常都没有建立在气候树线附近，因此，树线附近的气象条件只好利用地理上最近的气象数据通过空间外推法推导得到。在有些地方，为了研究目的在树线附近专门建立了气象站，但是这些气象站的历史往往很短，收集的数据年限都不够长。由于 19 世纪以来已经有很多科学家尝试用空间外推法来推导树线附近的气候条件（De Quervain, 1904; Körner, 1998），本章将重点对在天然树线附近获得的一些气象数据进行分析。当然，在树线附近直接通过仪器观测采集的气象数据还是很稀缺，过去 50～60 年来进行的为数不多的野外观测也多半是在树木分布海拔上限以下的地方进行的。不过与以往的数据相比，这些数据的最大亮点就在于它们是通过连接到树木或装在树冠或根区的传感器获得的；但不足之处是，这些器测数据的采集地点绝大多数都集中在阿尔卑斯山中部的北侧地区（Tranquillini,1963; Aulitzky et al., 1982; Gross, 1989）、安第斯山赤道地区（Rafiqpoor, 2005）及新西兰南部地区（Mark et al., 2008）。本章主要依据 1999—2008 年 Körner 和 Paulsen（2004）收集的全球数据及一些未发表的资料进行分析。

4.1 树线气候学的特殊性

天然的高海拔树线上限位置受气候因子的控制，对此人们从未真正质疑。如果我们严格排除干扰效应，特别是那些非山区特有的干扰（如火灾或伐木），或那些非全球性的现象（如与雪或冰川相关的影响，见第 3 章），那么高山树线在全球及区域尺度的分布格局并没有表明除了气候因子还有其他更合理的解释。在全球有树线分布的地区，降水和太阳辐射的分布格局各异。年降水量从玻利维亚泰米尔（Taimyr）半岛或萨合马火山（Sajama）的约 250mm 到季风性喜马拉雅山区的几千毫米；而对于太阳辐射来说，在半干旱的亚热带地区终年几乎晴朗无云，而在潮湿的热带地区一年到头只能出现不足 1/3 的全日照天气。与气候有关的在全球范围内随海拔梯度的变化呈现一致性的环境因子只有大气压力了（这就是为什么海拔表一旦校对后就可以使用的原因）。关于山地气候学和有关上述观点的一些参考文献，读者可以参阅 Körner（2003a, 2007b）的有关文章。

大气压力可以直接和间接地对树木（以及其他生物）产生影响。大气压力作用于树木的直接方式包括：（a）影响 O_2 和 CO_2 的分压；（b）分子扩散过程（分子在稀薄的空气中扩散得更快一些）；而间接方式包括：（c）随着海拔上升，气温降低，气压相应减小；（d）随之导致空气湿度变化。要否定大气压力是影响树线位置的决定因子似乎并不难：树线位置在全球的海拔高度并不一致，在北极地区树线位置几乎与海平面持平，而在半干旱的亚热带地区树线则可高达 4800m，与大气压力的梯度（及 O_2 和 CO_2 的分压）相差近一半。还有，大气压力的直接影响对所有的植物都会起作用，而不仅仅对乔木树种产生影响。草本植物和一些灌木在树线位置以上 1500m 都还生长良好（被子植物生长的最高海拔在 6300m 左右，Körner, 2003a）。因此，与温度有关的现象毫无疑问是决定全球树线位置的决定性因素。这是通过大尺度比较研究之后所有学者得出的一致结论，包括早期的亚历山大・冯・洪堡（Alexander von Humboldt），他早就将高海拔树线视为一种全球性的生物气候现象。这样一来，对于树线现象的研究就分为这样几个问题：控制树线树木的临界温度（阈值）是什么？温度对树线树木的哪一部分或哪个生活阶段的影响最为关键？在何种时间分辨率上温度能够对生物生长产生影响从而导致全球树线的形成？

真正起作用的温度不是在遮荫的气象站里测量到的温度，而是最敏感的树木组织实际体验到的温度。如同其他任何植物一样，树木能够根据周围大气温度的情况通过其空气动力学特征（如与周围空气进行热交换）或蒸发散热（叶子）等方式调节组织的温度。正是由于植物通过不同程度的空气动力学方式使树木温度独立于空气的自由对流，因此在高山植物上观察到的植物温度与周围的大气温度并不一致。在太阳直接照射下，高山匍状植物的温度可能比周围大气温度高出 20K 左右；在同样的情况下，低矮的灌木和高山草丛的温度则可能比周围的大气温度高出 10K 左右（Körner, 2003a）。如后文所示，树线树木所经历的实际温度更加接近空气温度，是因为树线附近的树型构造更加舒展，被太阳辐射照射的树木组织热消散也就更快。

如果不是这样，唯一可能的解释就是乔木比其他生活型树木对低温更加敏感。如果这种说法正确的话，说明树木已经进化出了内在的代谢适应特征，这样至少在生命的某一个阶段这种特征因温度原因而制约了其生长，而在其他生活型植物中这种特征却不存在。不过，目前还没有证据表明树木存在这种特有的生理“缺陷”。关于生理“缺陷”的假说将在后面有关章节介绍。

无论如何，讨论温度对树线的影响避不开温度与树型之间的关系问题。为了避免混淆温度（℃）和温差的概念，我们根据气候学和应用物理学中的常用做法，在所有涉及温差的地方用开尔文温度（K）表示。

4.2　定义树线温度状况的标准

温度对生物的影响有两种根本不同的作用方式：渐进作用和临界作用。前者允许生物保持或多或少的生命活动，如光合作用、呼吸、养分吸收和形成层活动等；而后者则意味着温度一旦超过某个临界值，则会对生物产生致命的影响，如冻害、高温伤害等。对于生物组织来说，致命的极限低温因日期、季节和组织部位的不同而变化（见第 10 章）。如后面会叙述的，对于适应了树线附近环境条件的植物类群来说，极端低温不是决定其生死的关键因素。在气候存在季节性变化的地区，植物会进入冬季休眠期。在此期间，植物生命活动急剧下降，因此，植物对于渐进型温度变化的响应过程在此期间也很少会受到影响（见第 11 章）。这也是为什么诸如 Schimper 等科学家（1898）所主张的，年平均温度（MAT）没有生物学意义，在讨论功能生态学时应该慎重使用。年平均温度不能区分温度变化对生物生长没有任何作用的阶段，也不能区分温度变化对植物生长施加很大影响的阶段（生长季）。在大多数情况下，对树线树木生长起决定作用的是生长季的温度情况（也许还有延续的时间），因此，首先需要界定树木的生长季，同时需要测量整个生长季的各种温度（如平均温度、极端温度、温度总和等）。

生物气候学研究中一个棘手的问题就是各影响因子的自相关。温度的任何变化都会带来其他气象因子的变化。例如，夏季高温往往意味着高太阳辐射；冬季温度高（或温和）通常意味着海洋性气候作用的加强（意味着树线附近积雪将增加）。在一定的区域尺度上获得的温度和树木生长之间的统计相关性往往很难反映自相关因子的局部影响。由于这种自相关对全球树线气候的影响方式不可能一样，因此在全球尺度上进行温度比较研究远不如在区域尺度上的比较更能说明问题，特别是在短时间尺度上。

在全球范围内，树线附近的生长期长短差别很大。如何判定某棵树何时处于活跃状态呢？如何定义“活跃”呢？因为一棵活的树木不可能处于完全不活跃的状态，所以任何定义都必须采用一种实用主义的方式，即只考虑树木纯粹维持活组织生存（如冬天的线粒体呼吸状态）以外的活动。温带地区树线树木的冬季呼吸率相当低，对年度碳平衡的影响很小（Wieser, 1997）。因而一个常用的约定俗成的办法是用分生组织活动（形成层或顶端生长，包括地上和地下的）和正在进行中的组织成熟情况（如细胞壁形成和木质化）来指示树木生理过程“活跃”与否。在热量状况具有明显季节性变化的地区，这个（生理活跃）时期与无积雪阶段非常接近。因为在这种纬度，融雪发生在太阳辐射接近最大值的时候，土壤通常在融雪后几个小时之内迅速升温，树木随时对土壤的升温做出反应（代谢活动对土壤温度非常敏感，见第 7 章和第 11 章）。关于较高纬度地区秋天的情况目前知道得比较少。在秋天，低温或积雪天气的决定意义没有冬天明显，因为此时土壤储藏的热量还能够维持度过几天的恶劣天气，而且树木主要是通过光周期来控制激素状态而进入休眠（保护植物免受早期冻害）。

显然，一旦冰雪融化，随之出现的一个气象学临界值就是 0℃的日平均气温。这时的平均温度通常是由白天的零上低温（<10℃）和晚上的轻微霜冻（>−5℃）贡献的，可能还会有几个小时的温度大于 5℃，而零上 5℃通常被认为是植物开始生理活动的关键温度（Körner, 2008；见第 7 章）。由于在生长季的早期和晚期，天气的日间波动通常会造成生长季的“开启和关闭”，因此以周平均温度 0℃作为临界温度可能更能反映实际情况。在现实中，关于一年中各季节长短的气候学定义所指的时间段大多相同，而几天的差异也不会对气候学统计数据（平均值、以小时或者天计算的热量总和）产生显著的影响。

在下面的讨论中，我们首先从气象学的角度出发，将树线的生长季定义为周平均空气温度上升到 0℃以上（开始）和下降到 0℃以下（结束）的这段时间。然而，树木是生长在土壤和空气中的，而只有后者的气象数据通常容易获得。积雪层可以将土壤和大气隔开，结果是树木冠层的温度会比较高，而土壤的温度可能依然很低甚至处于冻结状态。因此，热带以外地区生长季的实际开始时间是同时受到土壤温度（取决于积雪覆盖）控制的。在降雪极多（几米厚的积雪）而积雪较早的地方，如日本北部地区（D. Kabeya，私人通信），土壤因为在温度尚未降低到零度以下的时候就已经被积雪覆盖，可能会一直处于比较温暖的状态（0～5℃），从而使得在积雪完全融化以前的早春时期树木的地上部分就开始了生命活动。柳树（*Salix*）和榛子（*Corylus*）在空气温度比较高，而在积雪覆盖下的土壤温度仍然很低或尚未解冻的时候，其花絮就可以开始活动（伸展）了。总之，同空气温度相比，树木根区的土壤温度是一个更好的非生物指标，可以更好地表征植物生长季的长度，但是普通的气象服务往往无法提供这样的数据。不过，Gehrig-Fasel 等（2008）提出了一种算法，可以通过空气温度计算出土壤温度。

对树线空气温度进行标准测量，往往需要借助于终年有保护设施的气象站；相反，利用现代自动数据记录仪获得土壤温度则要容易得多。利用自动温度记录仪记录树荫下的土壤温度，并通过土壤温度计算出空气温度，能够帮助我们重建融雪的日期，从而使土壤温度成为空气温度的一个比较实用的代理指标。由于土壤物理学特性（热容量、热传导）的原因，完全遮荫的土壤其 10cm 深处的温度变化要滞后于空气温度，同时土壤昼夜极值温度也会受到缓冲，因此需要一天或更长的数据才能够使其平均值相互匹配（Körner and Paulsen, 2004）。因为这个原因，在阿尔卑斯山的 4 个研究地点（见图 4.1），当空气日平均温度为 0℃的时候，土壤的日平均温度分别是 3.8℃、3.2℃、4.4℃和 2.6℃（阿尔卑斯山，4 个研究地点的单独平均值，如表 3.2 所示；加上赫尔姆斯山（Mount Helmos）、色季拉山（Mount Sygera）和萨合马山（Mount Sajama）；总体的平均值为 3.5±0.8℃）。上述温度变幅其实并不算太大，因为在森林里测量土壤温度和树冠层空气温度会受到多种不可预见因素的影响，结果变化往往较大。对于土壤温度来说，如果测量位置太深，则需要测定很长的时间才能够获得合理的平均值；而如果在靠近表层测量，观测地点的差异（如凋落物、日照和土壤湿度）等又会造成很大的短期变动。因此，综合各方面的因素，10cm 深处土壤温度相对容易测定，也能够避免先入为主地附加任何特定的生态学（生理学）意义，用其作为代理指标推算树线大气温度也比较可靠（Körner and Paulsen, 2004）。更重要的是，测量地点的土壤表面没有受到太阳直射的影响，因为太阳直射会导致强制性的土壤热通量产生，使温度读数无法用于计算相应的树冠层空气温度。在 4 个研究地点，土壤温度—大气温度之间的关系几乎刚好在树线处其季节平均温度跨过 1:1 线，证明利用土壤温度和大气温度中的其中一个推导另一个能够获得很好的结果。

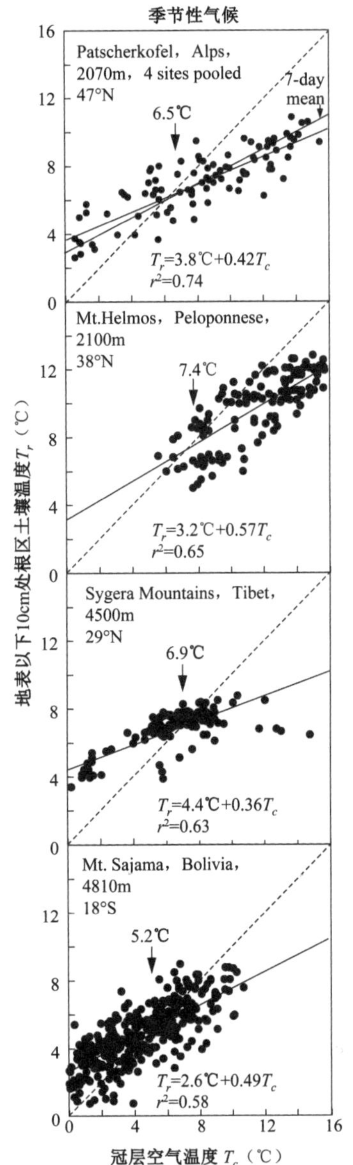

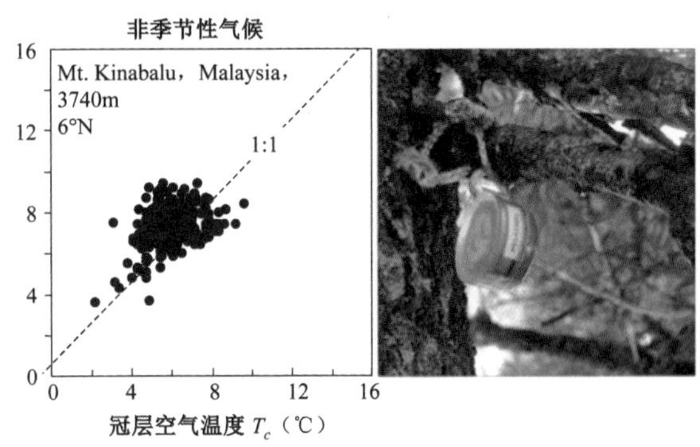

图 4.1 树冠遮荫部分地上 2m 处空气日平均温度与树线土壤温度（10cm 深）之间的关系。数据显示的是 5 个对比强烈的气候区情况：奥地利阿尔卑斯山（4 个不同坡向地点的平均值，包括 7 日平均值；Körner and Paulsen, 2004）；中国西藏、玻利维亚和地中海赫尔姆斯（Helmos）山的新数据。当空气温度比较低的时候，土壤温度高于空气温度；而当空气温度比较高的时候，土壤温度则低于空气温度。在接近季节平均温度的时候，空气温度与土壤温度相等，这种巧合很有用。在赤道气候条件下，如在马来西亚基纳巴卢山（Kinabalu），空气温度和土壤温度非常接近（分别为 7.4℃和 6.5℃）。

利用上述定义，树线附近的生长季长度通常介于 90 天（北极圈内）左右到365天左右（赤道热带地区）。其中，生长季最短（90天左右）的两个实验案例之一是在地中海积雪比较厚的实验点获得的，在那里只有到了7月积雪才完全消失，接着是高温天气；另一个实验点是在美国阿拉斯加（Alaska），森林土壤有很浅的冻土层（见表4.1）。即使在赤道地区，降雨的季节性也会造成热量的季节性变化。雨季通常伴随着长时期的云层覆盖，造成大气冷却，使树线海拔高度的温度周期性地下降到树木生长的临界值以下，从而使树木实际生长季的天数少于365天。在阿尔卑斯山区的12个研究地点，生长季的长短变化不大，平均在135天左右，与中亚地区没有显著差异。

表4.1 图4.3～图4.9中各生物气候区的气候树线所得到的根区温度（℃）数据归纳。从季节平均值来说，根区温度是与气温相关联的（平均值±标准差）。

生物气候区（样点数）	绝对最低温度	绝对最高温度	季节平均温度	最暖月份	>0℃积温	>5℃积温	生长季长度（天）
亚北极寒温带（4）	−5.2±2.1	10.6±1.0	6.2±0.7	7.8±1.1	659±76	163±78	104±7
凉温带（9）	−3.1±2.0	14.0±0.5	6.8±0.3	9.0±0.4	985±50	313±44	145±21
暖温带（5）	−3.0±1.3	11.1±1.7	7.4±0.4	8.9±0.9	997±147	332±84	140±11
亚热带（4）	0.5±0.7	9.4±0.8	5.5±0.7	6.7±0.7	1362±208	226±74	257±73
赤道热带（4）	2.5±0.7	9.4±0.3	6.1±1.5	6.8±0.4	2095±173	475±173	338±28
跨5个生物气候区的均值	−1.7±3.1	10.9±1.9	6.4±0.7	7.8±1.1	1220±549	302±119	197±98

注：一些高纬度的点位经历了最近的气候变暖，因此显示出的温度比树线上部在充足时间内所测的温度更高。

记录温度的方法有四种：所有数据（如每小时的数据记录）的时间序列、温度的频度分布、某时间间隔的平均温度及热量总和（例如，高于某临界值的天数乘以温度之和）。每种表述都有其用途，这里列出其中三种类型的数据（关于频度分布数据可参见Körner和Pausen于2004年发表的文章）。虽然根区和树冠层的日或周平均值可能非常相似，但是其昼夜变幅差异很大。同根区相比，树木冠层的枝条所经受的低温更低，高温更高；这种情形可以通过一个完整生长季中的温度频度分布图进行很好的量化表述（见图4.2）。树木下面根区温度平均值昼夜差别一般为2K，而在生长季树冠层大气温度平均昼夜温差则可达9K。整个生长季期间的绝对最低温度和绝对最高温度在根区可达13K，在树冠枝条顶端则可达30K。幼苗温度的变化要更大，这会在下面加以论述。

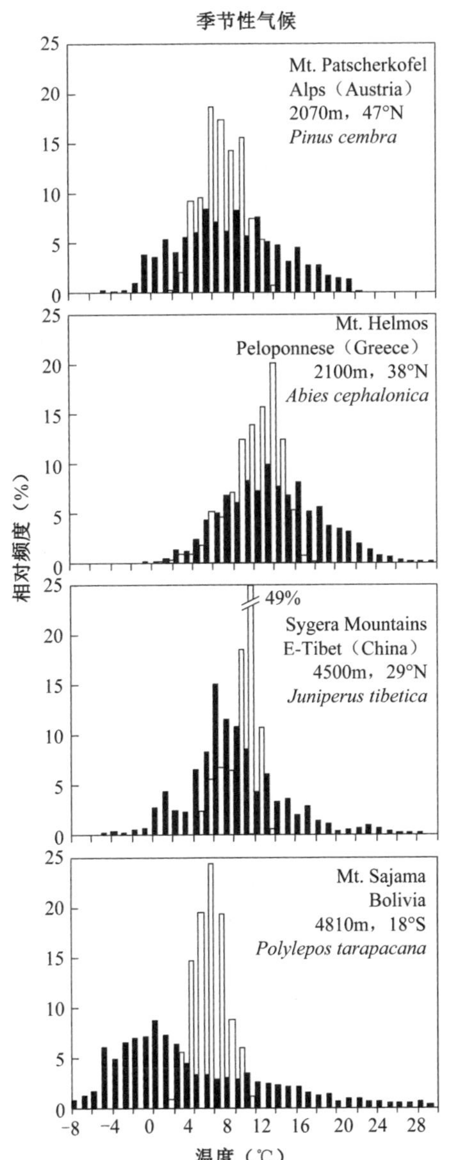

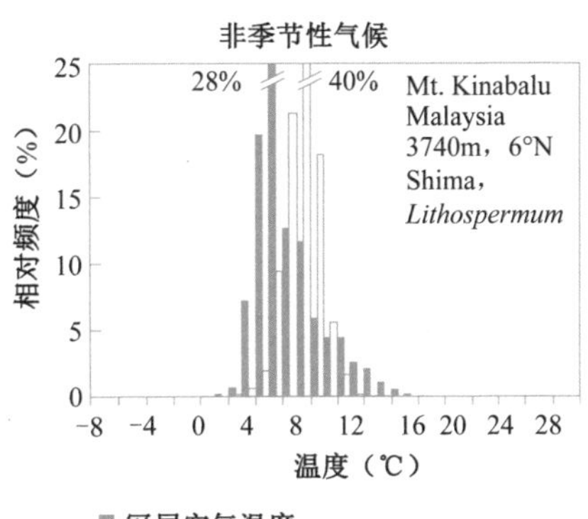

图 4.2　如同图 4.1，但是显示的是树冠层温度及根区温度的相对频率（整个生长季期间每小时测定的值）。注：由于在晴朗天气夜晚的剧烈降温和白天的急剧加热，中国青藏高原的色季拉山和玻利维亚萨合马（Sajama）火山树冠层温度的变幅很大，在玻利维亚达到−10～35℃。

下一节中将讨论不同的生物气候区树线的温度状况；另有一节专门分析苗床的温度情况及树冠温度与周围大气温度的差异；最后，将会利用热成像技术阐述整个森林的情况，分析树木温度与其他植被类型之间的差别。

4.3　不同生物气候区的树线温度

本节介绍过去 15 年研究人员在不同气候区域树线所测定的温度季节性变化案例。虽然温度是在树冠下的土壤中测定的，但是这些温度在图中（见图 4.1）的分辨率非常接近空气温度的昼夜平均值。图 4.1 中显示的是每个测定地点 1～3 年（大多数为 1～2 年）的数据平均值。由于采用的是平均值，曲线显得比实际情况稍微平滑一些，各图底部显示的平均生长季长度与上述界定的树线树木开始与停止生长的 3.2℃土壤温度临界值（阿尔卑斯山 4 个地点的平均值）并不完全吻合。表 4.1 总结了所有观测点的观测结果（比这里讨论的点位要多），数据反映的是短期（1～3 年观测）的天气情况。由于在全球不同地点、不同年份观察到的数据同多年长期平均值不太可能出现与具体年份同样的测量偏差，空间重复也就类似于“空间代替时间”的时间重复，因此与各特定生物群落有关的平均值就比某特定地点的平均值更具有代表性，因为后者可能反映的只是研究期间的特定天气条件。值得注意的是，这些数据反映的是最近一些年的情况，所观测到的温度也不一定就反映的是决定当前树线位置的临界温度，因为气候变化和树线位置变化之间还有一个很长的时滞（见 12.2 节的讨论）。因此，在一个迅速变暖的气候环境下，树线位置观测到的温度应该比决定树线位置的长期临界温度要高，在气候变暖最剧烈的地方二者的差值也会达到最大。

4.3.1　亚北极与北方寒温带区（45°～68°N）

本书用于比较的数据是从 4 个地点观测到的，这 4 个地点分布在全北极（Holoarctic）区域，相互距离很远，涵盖了非常不同的生活环境条件（见图 4.3）。阿尔泰山（Altai）观测点（*Pinus*）和巴尔图什山（Baertooth）观测点（*Pinus*）代表了北方寒温带针叶林带南部（树线分别在 1890m 和 3073m）的情况；斯堪德纳维亚（Scandinavian）观测点（*Betula*）受海洋气候影响，代表了靠近树木生长北界（树线在 700m）的情况；阿拉斯加（Alaska，美国）观测点（*Picea*）位于浅层冻土区（930m）。虽然这些观测点之间的情况差异很大，但是这 4 个观测点的共同点是：生长季长度都为 90～106 天，生长季平均温度均为 5.1～

6.9℃，冬天树木根区都要结冻。四个观测地点的热量总和是所有气候带中最低的，>5℃的热量总和平均值低于 200°h，>0℃的热量总和大约为 600°h。在阿拉斯加的怀特山（White Mountains），因为数据记录仪放置处的冻土层位置太高，树木根系都集中在土壤表层，所以记录仪得到的温度可能太低。

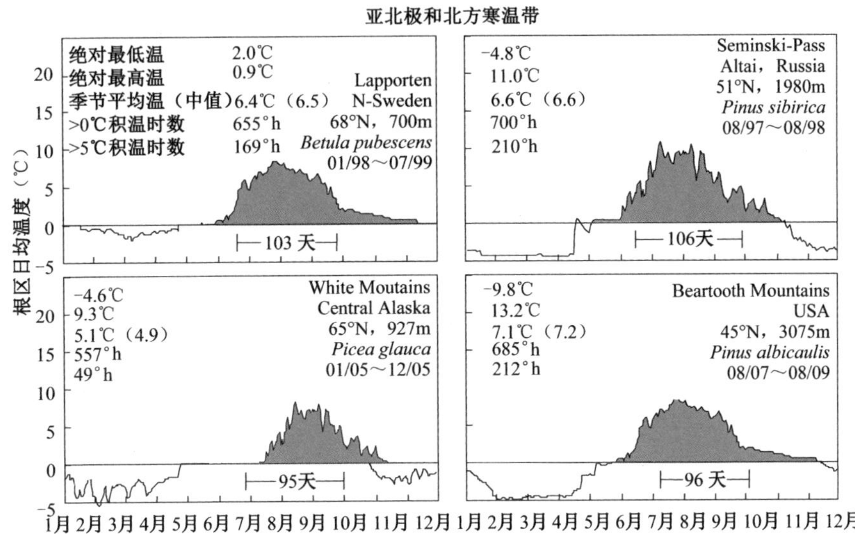

图 4.3　亚北极和北方寒温带高海拔树线树木下 10cm 处土壤温度的年变化过程，记录间隔：1 小时。生长季长度（天）是以高于某热量临界温度的天数来计算（见 4.2 节）。观测地点和树种下面给出的是数据采集时间；左上角的信息（从上到下）显示的是记录到的最高温度和最低温度（绝对极值）、季节平均值和中值（括号内）温度（利用生长季期间所有的小时测量值计算得到）和生长季高于 0℃和 5℃的热量总和（以度—小时表示），进一步说明见正文。

4.3.2　凉温带区（45°～47°N，44°S）

代表这个生物气候带的是北半球的欧洲阿尔卑斯山（2000～2350m）和中亚天山（2750m, *Picea*；见图 4.4）的研究案例。值得注意的是，这两处虽然纬度差别不大，但由于阿尔卑斯山（*Picea*、*Pinus* 和 *Larix*）受大洋暖流（湾流）的影响很大，因此比同纬度地区的其他地方要暖和得多。在南半球，新西兰南端和智利南部的树线海拔在 1000m 左右（两地主要树种都是假山毛榉，*Nathofagus* sp.）。北半球两个地点的生长季（实际上是无雪期）大约为 4.5 个月（135 天），而比较潮湿的新西兰南端和智利南部（如 Fjordland）的生长

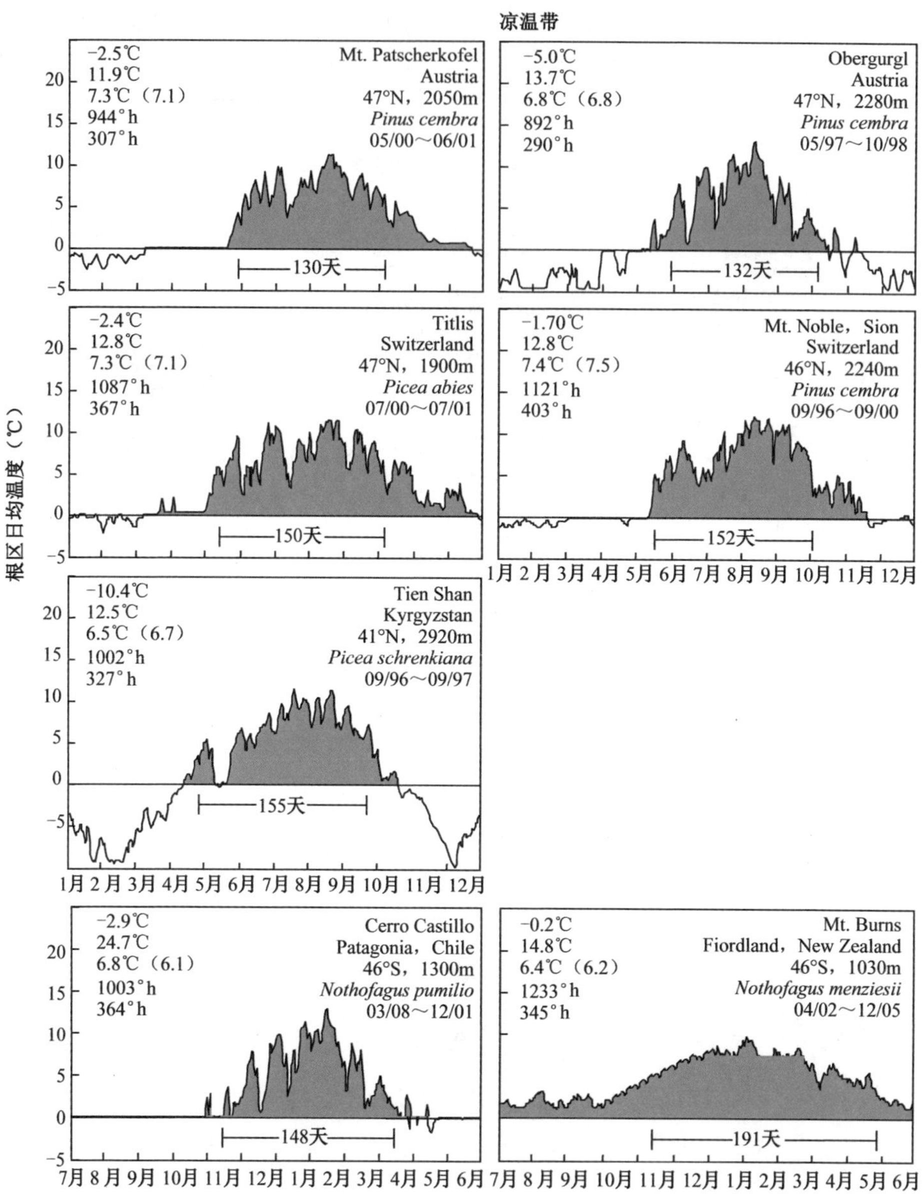

图 4.4　图中标注如同图 4.3，但是表现的是凉温带区的情况。巴塔哥尼亚（Patagonia）的数据来源于 G. Hoch，新西兰的数据来源于 A. Mark（私人通信，两人使用的方法完全相同）。

季节则达 6 个月。生长季的平均温度约为 7℃。在阿尔卑斯山，两个完全相互独立的评估，一个涵盖东西样带的 12 个观测点（Körner and Paulsen, 2004），另一个使用的是南北样带的 13 个观测点的数据（Gehrig-Fasel et al., 2008），得出的结论完全一致：这些地点生长季期间树线附近的土壤平均温度都为 7.1℃。Aulitzky 等（1982）早已报道过，阿尔卑斯谛诺尔（Tirolian）地区瑞士石松（*Pinus cembra*）树线生长季的平均空气温度为 7.2℃。在北半球地区土壤冻结是一个经常发生的周期性现象，而在南半球的观测地点这个现象则并不常见，当然有些年份在北半球的观察点也会出现较早的积雪，从而阻止了土壤的冻结。在北半球地区高于两个临界温度的热量总和（°h）几乎是亚北极—北方寒温带的两倍（分别达到 300°h 和 1000°h），而南半球观测地点的热量总和更是北半球观测数据的两倍，这主要是因为南半球生长季长的缘故。

4.3.3 暖温带区（28°～42°N，36°S）

北半球温带南部的数据来自大高加索（2495m, *Betula*）、中国西部（四川，3750m, *Picea*）、中国西藏东部（4550m, *Juniperus*）、尼泊尔北部朗塘（Langtang, 4010m, *Betula*）。各观测地点之间降水差别很大（四川和朗塘降水量较大，高加索降水量中等，西藏降水量很低，见图 4.5）。然而，在降水量越少的地区，树线海拔也越高。所有这些树线都是在相对比较潮湿的土壤上形成的，包括在中国西藏的观测地点（主要受夏季季风的影响）也是这样。在南半球，澳大利亚大雪山（Snowy Mountains, 2000m, *Eucalyptus*）是唯一的暖温带代表，土壤也比较潮湿。南半球安第斯山的暖温带观测地点只能代表树种线的分布，在该纬度上缺乏真正的树线类群。总体说来，这些地点涵盖了不同的生活条件：生长季的平均温度为 5.8～7.8℃，生长季的天数为 140～150 天，>5℃的热量总和为 300～450°h，>0℃的热量总和为 900～1100°h，与凉温带非常相似。在开展研究的几年里，除澳大利亚观测点外，其余观测点的土壤都出现了冻结现象。

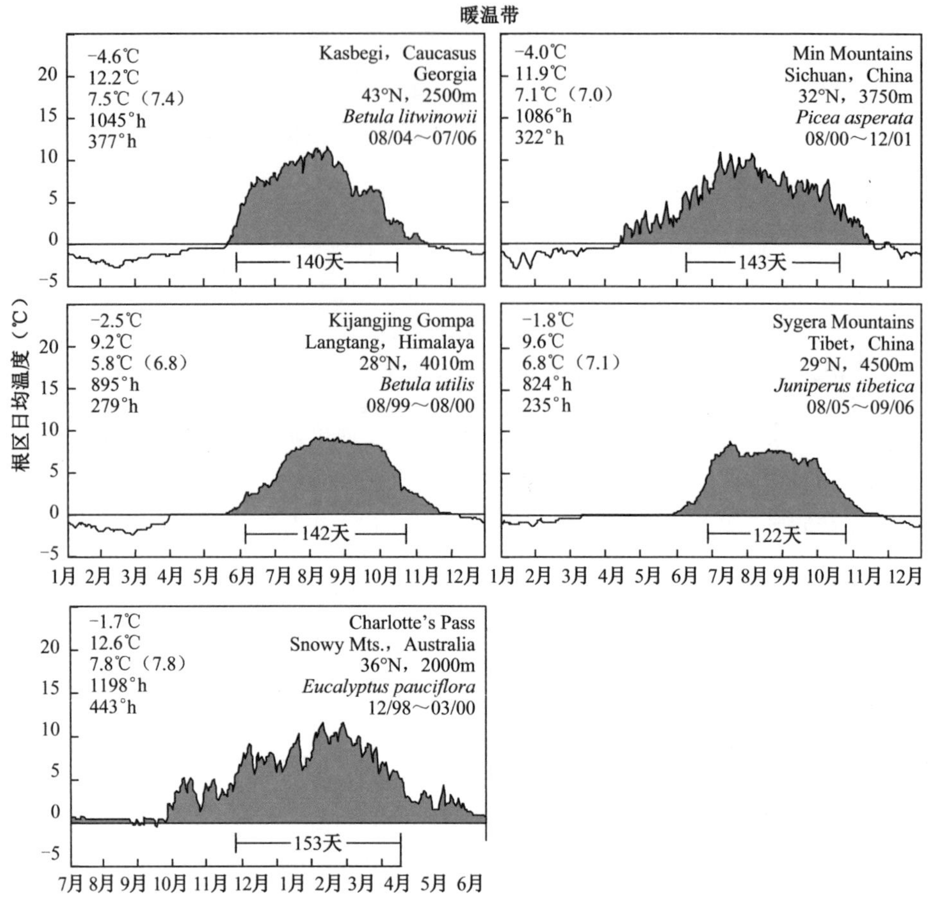

图 4.5　图中标注如同图 4.3，但表示的是暖温带区的情况。

4.3.4　亚热带区（19°S，19°N）

亚热带的数据在南北半球都有，而且都来自火山地区：一处是墨西哥（4000m, *Pinus*），另一处是玻利维亚（4810m, *Polylepis*）。这些地区的山区气候仍然显示出季节性，不过墨西哥温度的季节性变化类似于多数北纬地区，温度变化比较温和，而玻利维亚则因降雨和云层的强烈影响，导致该地极高海拔地区出现“春季”和“秋季”温度（阿尔萨普拉诺高原地区天空比较晴朗）比夏季（雨季）温度还高的现象。玻利维亚的 7 月仍然是最冷月，相当于墨西哥的 1 月。按照 4.2 节中讨论的标准，上述两地的生长季长度为 200 天

（墨西哥）和 265 天（玻利维亚），生长季平均温度分别为 5.9℃（墨西哥的 6 个观测点）和 5.4℃（玻利维亚的 2 个观测点；见图 4.6）。>5℃的热量总和相对较低（<250°h），与亚北极树线相似；尽管平均温度比较低，但是由于其生长季较长，>0℃的热量总和却大于 1000°h。在墨西哥，土壤很少结冻（10cm 深处），在玻利维亚则常年都保持在 0℃以上。

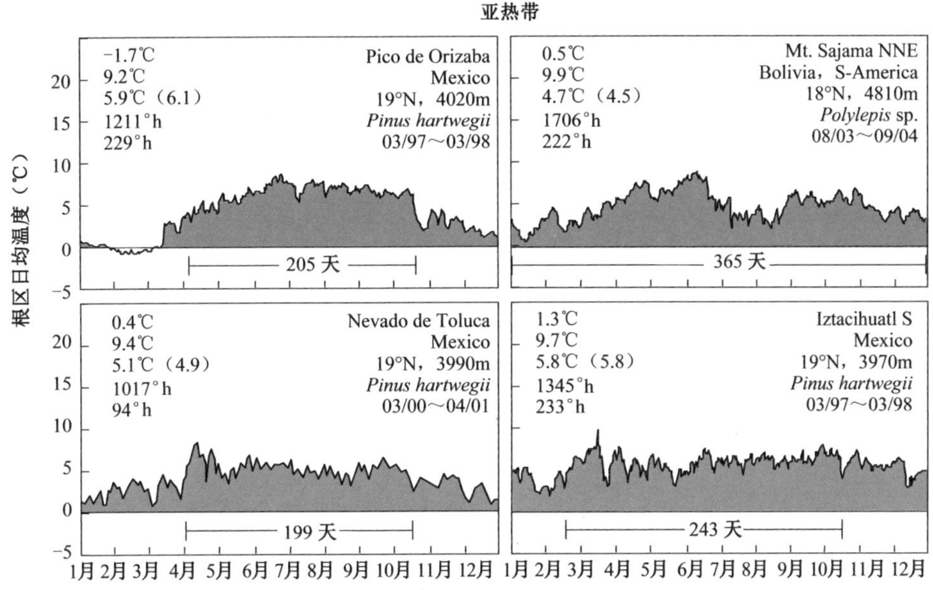

图 4.6　图中标注如图 4.3，但表示的是亚热带的情况。

4.3.5　赤道热带区（6°N～3°S）

热带山区有四个地方有观测数据，分别为厄瓜多尔的帕帕拉克塔（Papalacta）（4000m, *Gynoxy*）、坦桑尼亚的乞力马扎罗（3800m, *Erica*）、马来西亚婆罗洲的基纳巴卢山（Kinabalu）（3740m, *Schima*, *Leptospermum*）、新几内亚的威尔赫姆山（Mount Wilhelm）（3960m, *Rapanea*, *Rhododendron*, *Tasmannia*, *Olearia*；见图4.7）。这四个观测点在树线附近都是多云且潮湿。厄瓜多尔和乞力马扎罗具有热带昼夜云层变化，基纳巴卢山和威尔赫姆山则具有明显的贸易风气候，每天只有早晨2小时左右的日照。厄瓜多尔表现出轻度的季节性，在8月左右有1～2个月温度比其他月份温度要低一些（生长季长度约为314天）；其他三个观测点的树线温度比较稳定（据推测有大约365天的生长季）。在古热带地区的三个观测点生长季的平均温度相差无几，而且与阿尔卑斯山的观测值（7℃）很相似。不过，厄瓜多尔观测点的温度却相当低（生长季平均温度为4.5℃，Lauer and Rafiqpoor, 2002; Rafiqpoor, 2005），仅与阿拉斯加具有浅冻土层地区树线的生长季温度相当。然而，作者也报告了该地区海拔4100m的林下土壤平均温度达到6℃左右（Lauer and Rafiqpoor, 2000）。该地区生长季虽然长但温度较低，昼夜温度变化幅度小，导致<5℃的热量总和很低（39°h），在全球属于最低的，同其他三个生长季短的温带地区类似。但是，由于生长季长，<0℃的热量总和在上述三个地区都很高（>1400°h）。10cm深土壤的温度很少降到0℃以下。厄瓜多尔观测点的植被是阔叶的*Gynoxys*矮灌丛，它们往往形成一层非常潮湿的植被层覆盖在土壤上，从而将土壤与大气隔开。每天早上和下午短暂的温暖时段可能会使植被冠层温度升高，但是对自由大气和土壤温度都不会有什么影响。

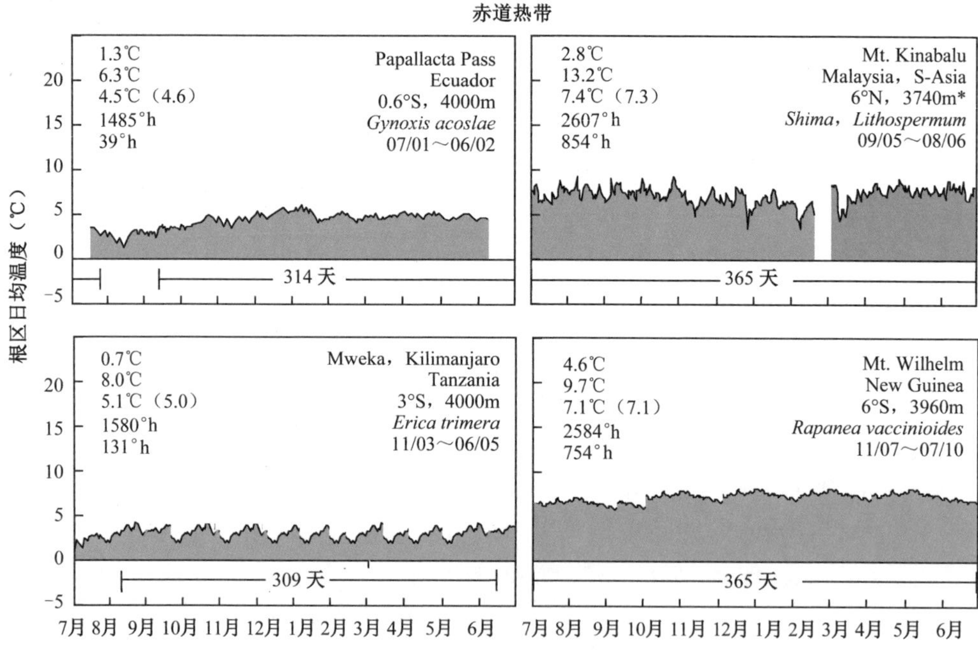

图 4.7　图中标注如同图 4.3，但是表示的是赤道热带区的情况。厄瓜多尔的数据来源于 M. D. Rafiqpoor，Mweka 的数据来源于 H. Hemp，威尔赫姆山（Mount Wilhelm）的数据来源于 K. Green，均源自私人通信）。

4.3.6 地中海地区“树线”（38°～42°N）

地中海地区树木分布海拔上限处的温度比全球其他地方的树线温度要高很多。也就是说，同全球树线海拔高度相比，地中海地区的树线海拔高度要低很多（见图 4.8）。这并不是一个孤立点位的情况，而是在地理上和时间尺度上（不同年份）具有相当的普遍性。该地区的 4 个研究地点，包括希腊的奥林匹亚山（2320m，*Pinus*）、赫尔莫斯山（Mount Helmos，2100m，*Abies*）（以上 2 个地点都分别有 2 个重复点位，资料也较为翔实）、马其顿的迪纳利德（Dinarids，1840m，*Fagus*）、意大利亚平宁半岛中部（1820m，*Fagus*）。这 4 个研究地点都缺乏树线树种。在奥林匹亚山观测的情况有些不确定（该观测点位于地中海边缘地带，生长季平均温度为 8℃，是这些树线观测点中温度最低的），因为该山在现存树木分布极限以上几乎全部是裸露的岩石。有证据表明（Tzedakis 于 2009 年的综述），在末次冰期中，地中海地区经历过一次半干旱、无乔木的蒿草（*Artimesia*）草原气候阶段，因而现在在地中海北部地区山体下部分布着由温带树种组成的一些小的残遗林斑（Lawson et al., 2002）。全新世（Holocene）古记录（花粉、化石等）表明，在亚平宁半岛南部和西西里岛曾经分布着诸如冷杉（*Abies alba*）等针叶树（Schneider, 1985; Allen et al., 2002），在亚平宁半岛北部（Ravazzi et al., 2006; Vescovi et al., 2010）和特撒龙尼基（Tessaloniki）附近的罗多普山（Rhodope Mountains）（Gerasimidis and Athanasiadis, 1995）曾经分布着欧洲云杉（*Picea abies*）。古生物证据清楚表明，目前的水青冈（*Fagus*）树线是人为活动造成的，不过原来的天然树线——冷杉（*Abies* spp.）树线——的海拔高度究竟在哪里，目前尚无定论。所有现存的残遗林分的分布海拔上限都比潜在的树线海拔高度要低，这可能是因为在气候较暖的地方，树木更有活力，从而可以补偿频繁火烧、砍伐和牲口啃食对树木造成的影响。

此外，地中海地区的大多数山都不够高，因此在渐新世早期气候最温暖的时候，类似 *Abies alba* 等物种有可能导致欧洲云杉（*Picea abies*）的消失（Vescovi et al., 2010）。在该地区，湿度不是导致目前树线等温线附近物种缺乏的制约因素，因为该地区的湿度随着海拔高度上升而递增，况且水青冈（*Fagus*）属于中生性树种，水分需求比大多数针叶树都高。来自地中海型气候地区的另外两个例子也记录了很高的树线温度。在加利福尼亚州的内华达山脉（Sierra

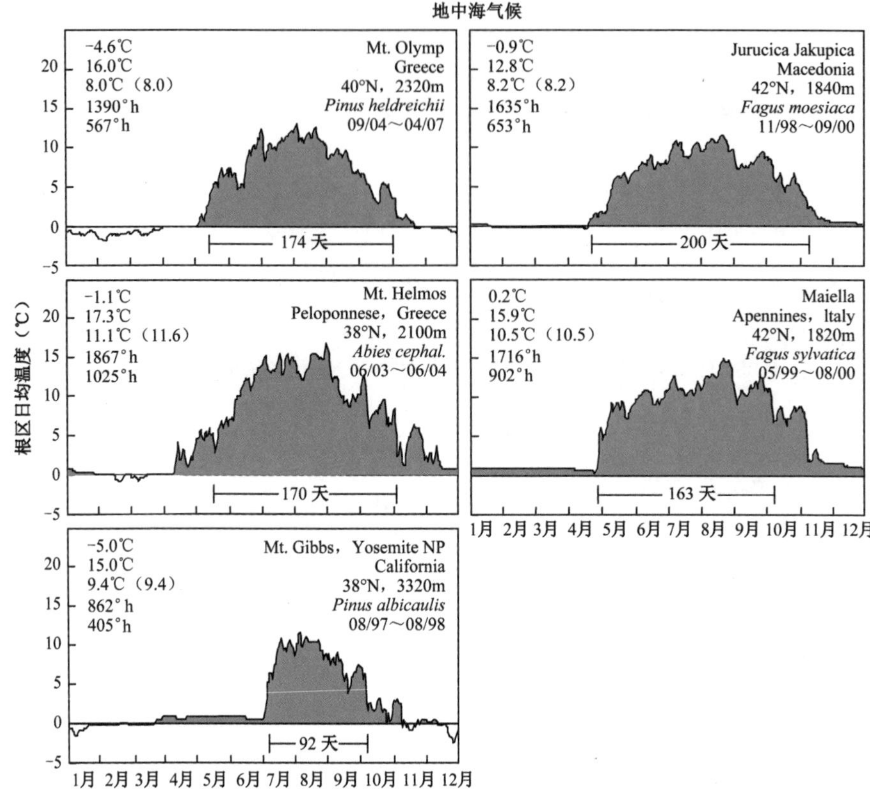

图 4.8 地中海型气候区高海拔树种分布上限的温度状况。在这些地区，树种分布的上限往往低于树木生活型的上限（树线）。加利福尼亚的例子可代表有大量积雪地区的情况，积雪要等到盛夏的时候才能够完全融化。而马其顿、希腊和意大利研究地点“温暖”的树线更多反映的是这些地方缺乏耐寒树种。

Nevada）（*Pinus*，3320m），树线附近冬天积雪很厚，到来年 7 月盛夏的时候雪才完全融化，导致树木生长季非常短，只有 92 天，而生长季平均温度非常高（9.4℃）。由于这只是一年的数据（同一地区，两个不同的观测点），可能不具有很强的代表性。另一个例子来自南非，该观测点处树木个体分布的最高处（2700m, *Erica* sp.）已经是山顶，因此可能不是其潜在的分布高度。拉肯斯伯格山（Drakensberg）的最高处约为 3000m, 在 2700m 以上皆是悬崖峭壁，没有可以分布树木的生境。因此，在这些地方，地质因素（除了其他潜在的原因）可能使树线达不到其潜在的由温度决定的海拔高度。相比于其他没有地质因素限制的树线，这些地区在树木分布区域气候仍然很暖和（在 2700m 处，生长季可长达 224 天，季节平均温度达 11.1℃）。

4.3.7 假山毛榉（*Nothofagus*）和铁心木（*Metrosideros*）现象

在分析树线与温度的关系时，人们经常提到新西兰和安第斯山南部的假山毛榉（*Nothofagus*）（Wardle, 1998）及夏威夷的铁心木（*Metrosideros*）（Körner and Paulsen, 2004）所构成的树线很难得到很好的理论解释。假山毛榉的情况更加复杂，因为最近在新西兰南端进行的一项非常详细的气候学研究（Mark et al., 2008）和在智利南部进行的另一项研究（G. Hoch，私人通信）发现，这些地方的树线温度与其他凉温带区树线的温度类似（见图 4.4）。在新西兰和智利低纬度地区的观测结果发现，树线附近的温度比其他地方树线温度高很多，这似乎表明树线是特定物种的分布界限，而非生活型的分布界限（Körner and Paulsen, 2004；见图 4.9，另见第 3 章）。在新西兰，由扭曲松（*Pinus contorta*）构成的树线比分布在纬度较低地区的假山毛榉分布上限要高出 300～400m（Wardle, 1998）。

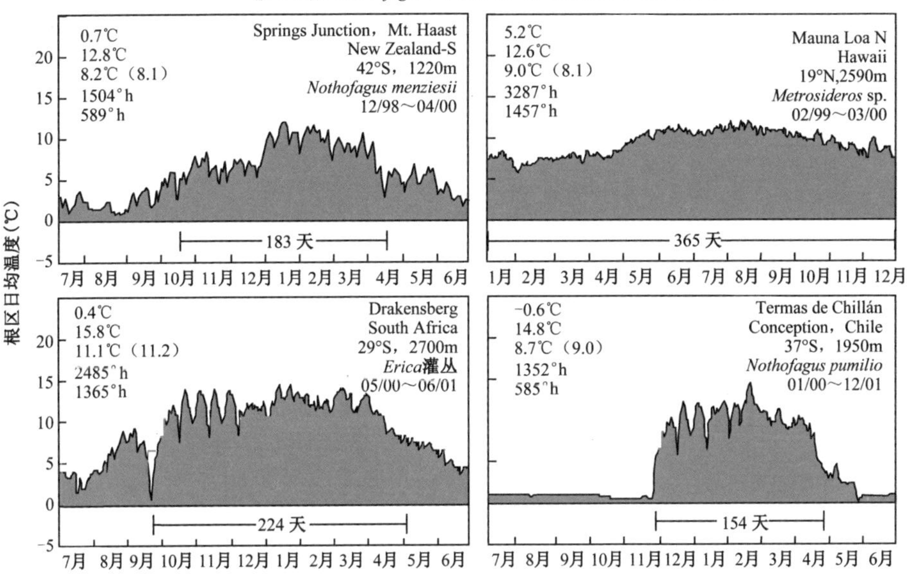

图 4.9 在区域物种库中缺少树线形成物种的情况下获取的树种分布极限处的温度（而非树木生活型极限）。对于夏威夷的多型铁心木，可见图 3.1；对于新西兰中纬度的假山毛榉属有证据表明该地区针叶树种可以生长到很高的海拔（见图 4.4）；新西兰德拉肯斯山峭壁太陡峭以至于无法形成树线，只有在树线海拔以下的悬崖发现蔷薇属的灌丛型实例。

树线树种为铁心木的问题则更容易解释一些。铁心木是当地现存的分布最多的乡土树种，但是人工栽培的外地树种却可以分布到其目前分布上限以上几百米的地方（见 3.1 节）。为了说明这些由特定树种形成的树线位置的热量状况，图 4.9 展示了两个观测点的假山毛榉树线（一个在新西兰南岛中纬度地区，一个在智利中部）及一个在夏威夷的观测点的铁心木树线情况。

4.3.8　跨生物气候带的树线温度

如前文所述，如果不考虑某些地区因缺乏耐寒性乔木类群出现的特殊情况，全球树线附近的温度在各生物群落区表现出惊人的相似（见图 4.10）。虽然树线的季节平均温度相似，但是各地生长季长度（天数）差异很大：在北极、北方寒温性气候区和温带地区，生长季只有 90 天左右，生长季温度曲线表现为钟形，峰值出现在盛夏；在亚热带地区，生长季长度达到 200 天左右，生长季温度曲线表现为开口很宽的钟形；而在赤道热带地区，因全年都具有生长条件，温度曲线则相当平缓（见图 4.11）。在最热的月份，高海拔地区周平均温度可高达 10～12℃，而在赤道热带地区，周平均温度则很少超过 7℃。由于最高月平均温度为 5～11℃，变幅很大，因而除在温带的某些局部地方（如阿尔卑斯山、落基山南部等）外，该指标不具备预测树线的意义。在温度条件适合植物新陈代谢和生长的地方，无论是土壤冻结还是下雪都与树线形成没有一致的关联性。

各观测地点的统计数据（各图左上角）和这里没有列出来的一些附加观测地点的数据（Körner and Paulsen, 2004）都表明，根区温度的绝对最低值并没有呈现一致的趋势。学者们在欧洲高山带也观察到类似的现象（Körner et al., 2003）。另外，>0℃的热量总和（°h）并没有表现出一致的模式，而且范围为 650～1500°h（多数为 900～1100°h），大致反映了生长季的长度（随着纬度的降低而增加）。阿拉斯加和厄瓜多尔明显例外，其他地区>5℃的热量总和为 200～500°h（大部分观测点都在 300°h 左右）。生长季平均温度似乎是树线温度最有解释力的指标：该温度在赤道地区大约为 5℃；在北极地区为 6℃左右；在其余大多数地方略高一些，通常在 7℃左右。在阿尔卑斯山地区的 25 个树线观测点（其中，12 个观测点的数据来源于 Körner 和 Paulsen 于 2004 年发表的文章，13 个观测点的数据来源于 Gehrig Fasel 等于 2008 年发表的文章），生长季平均温度为 7℃左右，而且各地的偏差很小；在落基山脉的 2 个观测点进行的为期两年的观察结果也发现类似的平均温度（6.9℃；G. Hoch，私人通信）。通过对全球不同纬度的 40 个观测点的观测，树线生长季平均温度为 6.4±0.7℃左右（见图 4.10 和表 4.1）。在另外一个完全独立的研究中，Paulsen 和 Körner（2014）采用 Google 地球和世界气候数据库（WorldClim）计算了 376 个全球树线研究点，其生长季温度为 6.4℃。

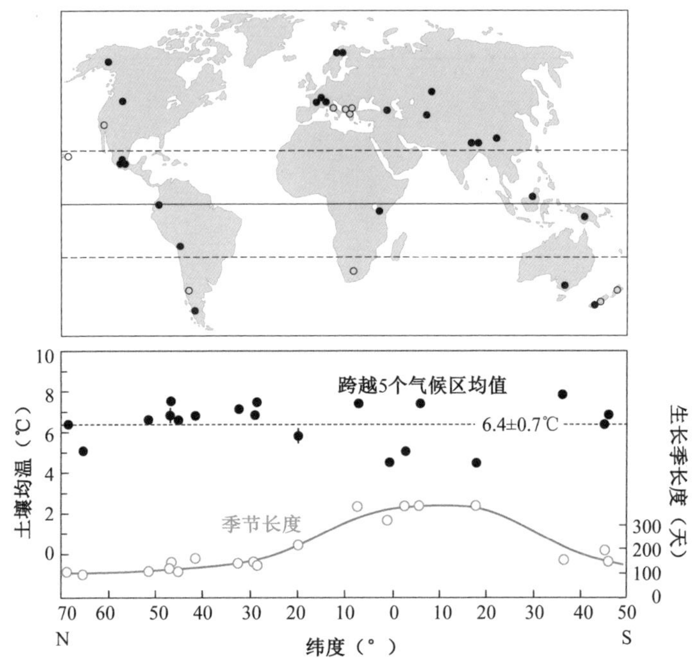

图 4.10　全球 40 个研究地点树线附近生长季的平均温度和生长季长度，横坐标是纬度（数据来源：Körner 和 Paulsen 于 2004 年发表的文章及新数据）。图中，实黑圆圈表示气候树线，空心圆圈表示非树线物种的分布上限，如果同一个地区有两个以上的观测点，则取其平均值。

在某种程度上，较低的生长季平均温度可以通过较长的生长季得到补偿（见图 4.11）。在类似如厄瓜多尔、非洲的乞力马扎罗和马来西亚基纳巴卢（Kinabalu）地区的气候条件下，生长季足够长，几乎不会对树木组织的成熟和生活周期产生任何限制。然而，在所有观测点中，只有一个热带地区的观测点（厄瓜多尔）和两个亚热带地区的观测点（墨西哥和玻利维亚），其数据表现出比平均树线温度低的情况。在这些地方，树线生长季温度比其他地方要低 1.0～1.5K。不过，在阿拉斯加实验点的结果也同样比较低。要解释这一现象，需要讨论数据集误差或偏差的原因。

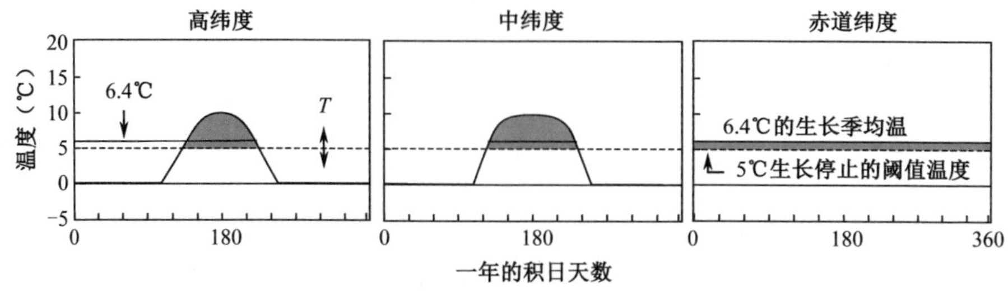

图 4.11　树线附近土壤温度在生长季的变化曲线，不同气候区树线处生长季的平均温度都在 6.4℃附近波动。生长季的定义是：从周平均气温上升超过 0℃到再次下降到 0℃以下的时间段（如 4.2 节所述，当土壤温度达到 3.2℃时，可推导出树冠高度处的气温为 0℃）。图中有两条用于计算热量总和（度小时，°h）的基线（零生长的阈值），分别表示的是 0℃和 5℃的情况（见图 4.3～图 4.9）。

这些数据的局限性是什么？我们从地区之间的差异中又可以得到什么信息？首先，这个全球唯一的树线实际温度数据库是从树木遮荫下的土壤中测定的。虽然有证据表明在没有积雪的情况下，土壤温度可以作为空气平均温度的理想代理指标（见 4.2 节之讨论），但是很显然的是，较之于土壤温度，地面上空气温度的昼夜温差要大一些（见图 4.2），这种差异的幅度受太阳辐射影响。在生长季平均温度相同的情况下，干燥、少云的地区（如安第斯高原）白天树冠温度会比常年多雾地区（如基纳巴鲁）高，而夜间温度又比后者低。在基纳巴鲁这样的环境条件下，土壤、空气和树冠层温度在一年中几乎保持稳定（树冠温度高于空气温度的情况将在 4.4 节中讨论）。其次，用于分析的数据仅仅是在 1～3 年的短时间内获取的数据。由于空间重复抵消了局部差异的影响，因此更值得关注的应该是不同生物群落之间平均温度的差异，而非各观测地点之间的差异。再次，人们质疑所研究的树线是否都拥有达到最大耐寒适应能力的树木类群，这种怀疑是合理的。因此不可避免的是，树线的海拔高度会因不同地区的树种差异而呈现不同的情况。例如，人们可能不会期望在孤立的山茶科（Theaceae）和桃金娘科（Myrtaceae）植物会进化成为如北极的松柏科（Pinaceae）植物那样耐寒的类群，松柏科植物的耐寒能力是与其适应特征密切相关的，如抗冻能力、积雪的机械影响和生长季较短等，但这些适应能力都是热带或暖温带树线环境中所不需要的。这些地方虽然温度较低，但是没有极端寒冷的生活条件，对树木个体发育的限制很少或几乎没有。

造成有些热带和亚热带树线的生长季平均温度比温带树线还低这类生物群落差异的原因主要有两种。

（1）气象原因：在生长季，热带以外地区的白昼更长、夜晚更短。纬度较高地区的长白昼可能使树冠的实际温度高于从周围空气和土壤温度推导出的树冠温度。

（2）生物原因：耐冻能力不强的（无越冬经历的）植物仍然能够分布到高海拔地区。由于不受生长季长短的限制，这类植物在高海拔地区生长缓慢，但并不会因此出现对其生长不利的因素。这种“不受限制的生活”的一个标志就是热带树线树种植物中有许多植物具有很大的叶子，如木荷属（*Schima*）、菊科的 *Gynoxys* 和蔷薇科的 *Hesperomeles* 等，它们需要很长的时间来构建植物体并达到成熟阶段。

在这里需要解决一个基本问题，即这里考虑的生物现象从统计上来看与温度的算术平均值有最佳的相关性。其他的温度指标都不能成功地解释树线位置（Körner and Paulsen, 2004; Gehrig-Fasel et al., 2008）。生命过程与温度的关系并不是线性的，而是随着温度的升高逐渐加快的［例如，温度每升高 10K，线粒体呼吸强度（Q10）平均上升 2.3 倍；Larigauderie and Körner, 1995］。传统的 0℃作为参考点的做法给这个基础温度赋予了不应该有的生物学价值。人们认识到生命活动可能与“温暖的总和”（能综合反映温度和时间影响的指标）有更密切的关系，19 世纪开始学者们就已经广泛地采用度—天（°d）或度—小时（°h）（热量总和）的概念了。但是，无论是°h>0℃还是°h>5℃的树线热量总和数据都比生长季平均温度表现出大得多的全球差异性。这很可能是因为计算度—小时的时候使用了不恰当的基础温度。因此问题变成：用什么样的参考指标可以更好地描述如“植物零生长”等生命过程？如何给高于这个阈值的温度赋以适当的权重（从线性的角度，是每个温度单位都赋予同样的权重，或者权重逐渐增加或逐渐减小）。

简而言之，当温度刚超过低温阈值的时候，对树线附近的树木等有机体的影响要比温度在阈值以上很多时产生的影响更大。例如，如果阈值是 5℃，实际温度是 6℃，这 1℃的差距就能决定有机体的“不生长”或“部分生长”

及其相关的代谢活动；而同样是 1℃的变化，温度从 10℃增加到 11℃的生物影响可能就很小。本章的图中表示的是传统的大于 5℃的热量总和（°h），该指标经常被用于农业，而在此温度条件下农作物（如冬季作物）也确实表现出“不生长”（Körner, 2008）；这个临界值可能对所有的适应了寒冷气候的高等植物都起作用。但是，就整个生长季来说，如果“真正的”阈值温度是 4.0℃或 4.5℃的话，特别是对于温度非常接近“真正的”临界温度的热带观测点来说，热量总和可能会受到强烈的影响。阈值的概念也有其自身的局限性，因为很少有生物会突然停止生命活动。有机体一般都是在几乎没有征兆的过程中达到“零生长”的状态，有时候变化会比较突然（如在结冻时膜的整体性），有时候会非常缓慢（0℃以下时线粒体的呼吸）。因此，出于实用目的而认为的“生命零点”（Zero Point of Life），实际上可能还在发生着缓慢的、难以察觉的生命活动。因此，任何所谓的阈值实际上都只是一个近似值。

Hoch 和 Körner（2009）利用实验测试了 6℃恒温生长条件下，以及温度在 0～12℃波动但昼夜平均温度保持在 6℃的情况下，植物的生长情况。结果发现，对于适应了寒冷气候条件的松树幼苗，上述两种情况对其生长的影响没有多大差异。如果从 0℃开始算起，在本实验中两种处理的热量总和（°h）是一样的，但是如果从高于 0℃的某个基准温度算起，则其热量总和就会大不相同，除非给温度更靠近基准温度的那段时间赋予了更大的权重。在波动的温度条件下，白昼增加的热量似乎完全弥补了夜间的寒冷，这同我们对全球生物群落进行对比研究的结果一样。

除了一些缺少耐寒植物类群的地区外，树线生长季平均温度都趋向同一条等温线，偏差非常小。而那些出现偏差的地方可以解释为，一些热带和亚热带观测点的生长季平均温度较低，但是其生长期很长，从而使积温在很大程度上得到了补偿。除了在局部低纬度地区外，生长季长短并不能作为预测世界各地树线海拔高度的指标，但是其在气候季节性变化较强烈的地区能够对树线树木的生长产生不同的年际影响。

这种在全球范围内观察到的树线生长季平均温度的等温线曾经被误认为是一个生物学临界值（如 Moser et al., 2009; Gruber et al., 2009），而事实上它代表的只是一个算术平均值，一个同气候树线吻合最好的温度值（姑且不管其吻合的原因），但这并不隐含着任何生物学上的因果关系。由于数据来源于全球的许多地点，并且包括了不同年份的数据，这一平均值不仅很容易找到而且十分突出，但并不能因此认为其具有任何直接的机械效应及因果关系。这个平均值是由白天和夜间的很多不同温度（测定间隔为 1 小时）构成的，因此对于实际的关键温度、出现的时间长短和影响机制都还有待进一步探讨。

4.4 苗床和树木枝条的温度

在乔木树种发育长大成树木之前，需要经历一个幼苗和小树苗的阶段，这个阶段的生活条件与高大乔木的生活环境条件有很大的差别。一旦树苗长大，树木会对自由对流形成空气动力学阻力，在太阳直射下其温度可能只会比周围空气温度略高一点。树冠越紧密，枝条和叶子越聚集，增温的效果就会越明显。比邻树木浓密的树冠在白天可能会限制冠层上部的太阳辐射增温，而冠层下部及根部则会因为对太阳增温的屏蔽，从而受到浓密树冠遮荫的影响。

为什么在树线以上几百米处往往还会观察到大量树线树种的幼苗？一个重要的原因就是这些幼苗成功地利用了低矮灌木、禾草和其他草本植物形成的空气调节作用。一般来说，在没有积雪覆盖的时候，低矮植被及其下的土壤比乔木及其根区的温度要高（见图 4.12）。虽然这似乎很矛盾：树线海拔以上 200～300m 处的高山生活环境竟然比树线处的树木经历的环境还要暖和得多，但是这一点确实被来自欧洲各地的实际观察结果所证实。科学家在横跨欧洲的 25 个高山草地和矮灌木环境条件下利用数据记录仪采集了地下 5cm 深处的温度（Körner et al., 2003）得到了上述结果。这些低矮的植物和任何分布在其中的乔木幼苗所经历的生长季平均温度至少比树线森林所经历的温度高出 2℃（见表 4.2），其温度环境与树线海拔以下 350m 处的温度大致相同。在所有对生长季温度情况进行的观察中，高山植被生长的温度环境都比树线树木的温度环境要暖和。科学家在尼泊尔和墨西哥树线交错带的林窗中也观察到类似的变暖效果（见 Körner and Paulsen, 2004）。在厄瓜多尔 4000～4100m 的非常潮湿地区（Bendix and Rafqupoor, 2001）及阿尔卑斯地区（Aulitzky et al., 1982），也有明确的证据表明幼苗和苗床的生活环境比起邻近的森林来说要更加暖和。

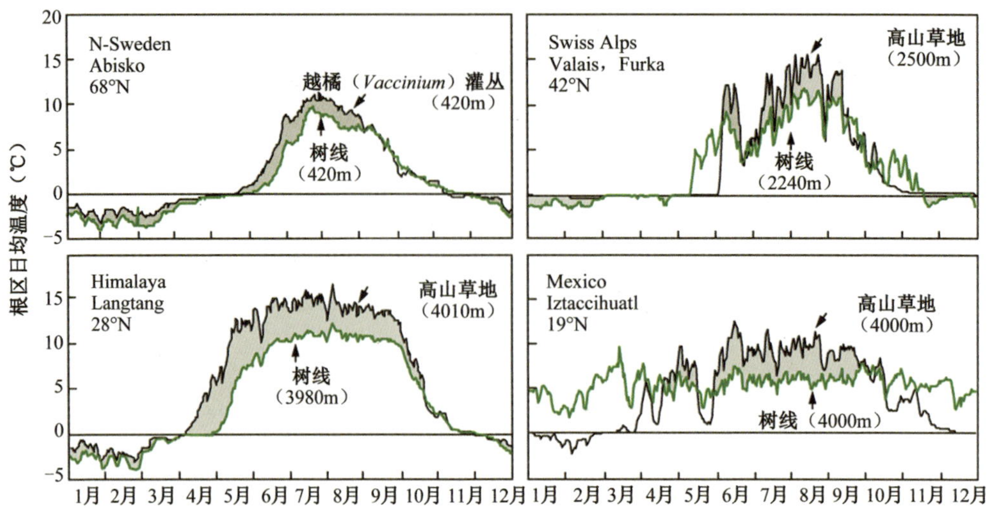

图 4.12　森林树木及其比邻的低矮草本或矮灌植被下土壤温度的比较。

表 4.2　欧洲各地（37～69° N）20 个高山带观测点 5cm 深处土壤温度（℃）和生长季长度（天数）及其对应的 14 个树线地点的数据。

参　数	高山带观测点	树线样点	
	（20）	阿尔卑斯山（12）	斯堪的纳维亚（2）
生长季长度	158（106～203）	135±10	102±1
生长季均温	8.8（5.7～11.9）	7.0±0.4	6.4±0.1
最热月均温	11.0（7.3～15.0）	9.2±0.7	7.7±0.1
绝对最高温	16.8（11.9～20.7）	12.5±1.4	10.3±0.6
绝对最低温	−4.8（−15.2～0.0）	−2.5±1.8	−2.7±0.7
>0℃度—小时数	1407（720～2318）	939±89	650±5
>5℃度—小时数	655（172～1320）	301±56	175±6

注：高山植被由低矮禾本科（Graminoids）植物或低矮灌木组成，位于树线以上 200～300m 处（括号中是平均值及区间；数据来源：Körner et al., 2003）。表中还列出了相同的变量在阿尔卑斯山的 12 个地点和北极区的 2 个地点观测到的树线数据。

有大量的生物气候学文献证明在高山环境条件下矮小植物在生长季具有明显的热量优势。典型的例子是阿尔卑斯山地区树线处的矮小杜鹃（*Rhododendron*）灌丛和越桔（*Vaccinium*）灌丛的温度数据（Cernusca, 1976; Körner, 2003a）。Grace 及其同事提供的明确证据表明，在苏格兰树线交错带矮小植物比乔木所经历的温度要高（Wilson et al., 1987; Grace, 1988; Grace et al., 1989）。

利用安装在针叶树幼苗针叶上的热电偶进行的研究发现，在晴朗天气的正午针叶表面的温度与空气温度之差最大可达+5K（Tranquillini and Turner, 1961）。低矮植物的空气动力学特征也导致其下面的土壤增温。一个很好的例子就是落基山一些地方的克隆“树岛”，在这些地方，树岛中发育不全的低矮植物部分温度可以达到 25℃，而直立、下风方向的树木经历的温度要低得多，特别是地下部分（Holtmeier and Broll, 1992）。然而可以将这种在具有茂密植被地方的增温现象归结于众所周知的“相互增温效应”，即排列紧密的植物器官之间的相互获益现象，但实际上在开阔地表上小的、孤立生长的植物其增温幅度甚至会超过聚集分布的植物。这是因为开阔地面的这些孤立植物没有上层树木枝条的遮蔽，受到太阳的直接辐射，在干旱条件下，温度甚至会达到其耐受极限（Körner and Cochrane, 1983）。在阿尔卑斯山中部地区，树线附近的林间开阔地上测到的生长季平均地表（地下 1cm 深处）温度为 8.9℃，平均最高温度达到 24.8℃，极限最高温度（单次记录到的最高温度）达到 49.6℃（Aulitzky et al., 1982）。科学家还发现，10cm 高的松树幼苗在开阔地形处的平均温度在 6 月、7 月、8 月分别可达 8.1℃、11.2℃和 10.3℃。相比之下，林冠层下类似幼苗的平均温度则分别只有 7.6℃、10.7℃和 9.6℃。因此，开阔地点的幼苗在生长季所经历的平均温度要高 0.5～0.7K。即使在生长季后期，针叶幼苗的平均最高温度也比空气温度高 4K（目前尚缺乏生长季高峰的数据）。

在多云的天气，低矮植被冠层的增温要比晴朗天气时的增温小得多，但是如果从整个生长季来看，总体增温仍然是很可观的（Scherrer and Körner, 2010a）。相比之下，晴朗夜晚会导致更强烈的辐射冷却，从而要求匍匐低矮植被比直立植物具有更大的抗冻性能，但是这种情况对于所有的高山物种都适用（Körner, 2003a）。

树线附近或以上的树木幼苗所处的环境同周围的低矮高山植被相似。从气候学的观点来看，没有理由认为限制幼苗生长的环境因子在乔木幼苗和交错带里的其他低矮木本物种的幼苗之间有何不同，正如全球广泛分布的杜鹃科（Ericaceae）、菊科（Asteraceae）和蔷薇科（Rosaceae）木本物种和北温带、泛北极的许多柳属（*Salix*）植物。岩石之间的庇护和多样的地形进一步缓解了高大乔木所面临的非生物条件限制（Batallori et al., 2009）。然而，当幼苗逐渐生长超过周围的草本和灌木层置身于周围的大气候环境中时，问题就出现了。

根据 Aulitzky 等（1982）所做的一个详细分析，在树线附近树木的密集生长并没有带来热量上的好处。他们比较了开阔地形 70cm 高的树苗和稠密林分内连续两个季节的空气温度发现，只有在中午的时候，二者的温度才呈现显著差异，开阔地带幼苗的温度比浓密林分内的空气温度平均高 1.8K，同上述的“相互增温效应”完全相反。紧密生长和浓密冠层结构的“相互增温效应”最有可能出现在树冠的上层，即受到阳光照射的部分，但是目前没有这方面的数据。

随着树木长高，其经历的温度也逐渐接近周围大气温度环境，但是在低风速或被周围树木遮荫的情况下，太阳辐射增温还是会导致树木的枝条和叶子的温度高于周围的大气温度（Turner, 1958; Smith and Carter, 1988）。另外，树干也可能会增温。落叶树构成的树线在休眠、无叶的季节，树干增温可能带来不利影响，这或许是为什么桦木会进化出白色树皮的原因之一。这种增温只限于被阳光照射到的部分，因此在生长季比邻之间会相互竞争同样的热源，而树木被遮荫部分的温度则接近空气温度。研究人员（Tranquillini, 1963; Gross, 1989）在奥地利阿尔卑斯山对树线的欧洲云杉（*Picea abies*）所进行的详细研究显示，无论是以月为基础还是以年为基础，叶子的平均温度都比周围空气高出 2K。Hadley 和 Smith（1987）在落基山对树线针叶树 7 月的温度情况进行了研究，也发现了 2K 的增温，而在晴朗夜晚针叶温度比空气温度要低 3～4K。在上述两项研究中，科研人员都发现，在太阳辐射强烈、平静无风的状况下，针叶温度与周围空气温度之差的短期峰值可达 10K 以上，但是在这两种情况下都很难区分传感器增温和针叶或树木形成层的实际温度。Gross 发现树线空气温度年度最大变幅为+23.7K 和−28.2K（单次记录到的极端最大值和最低值），即 51.9K，而针叶树的叶子温度变幅则达 66.2K，这表明针叶经历的夏季增温比空气更强，冬季降温幅度也更大。然而，对于给定的树冠来说，坡向效应很小：平均值小于 1K，最大值小于 4K，多数小于 3K，最小值小于 1K。叶子越小、叶层越舒展，坡向效应越小（Leuzinger and Körner, 2007），因此树木冠层的增温在低海拔的阔叶林中比在高海拔的窄叶林（如针叶类型）中更明显。

4.5 森林整体的温度

树线树种所经历的白天气候比其他植被冷吗？按照本书 4.4 节的讨论，对于直立的树木，其空气动力同自由大气环流相互耦合，那么答案是肯定的；而对于幼苗来说，答案则是否定的，因为树线树木附近的高山植被在白天的温度总是比树木高（见表 4.2 和图 4.12）。到目前为止，能够描述树线海拔高度整块森林植被不利于捕捉热量的最佳方法是红外热成像。借助这种技术，人们能够在一张影像上面扫描数千张的地表温度，每个数据点的分辨率达到 0.1K。根据相机和物体的距离，影像上的一个点可能表示对面山坡上一个几平方米的地点，也可能代表眼前一朵花顶部的几平方毫米。利用该技术观察树线交错带背景下的树木，可以明显地看见在石楠构成的温暖背景下，树木所代表的“寒冷的手指”（Cold Fingers）（见图 4.13）。

有大量的证据证明，在高海拔地带，直立生长的树木（种）的生长温度比其他任何生活型植物的生长温度更接近周围空气温度。在有日照的时段，树木随时与它周围环境的气象条件保持一致（或温度略微偏高），而低矮植被则能够形成自己独特的空气动力学环境，与周围空气温度脱钩，从而能够分布到树木无法到达的海拔高度。如本书第 11 章所述，这一点在植物代谢过程的热适应上也有所体现。因为空气温度和树木温度之间的紧密关联，在地形地貌非常不同的各种地区，树线都按照等温线分布，其分布线与山区水库的水位线形成的景观非常相似。

由于树冠层与太阳辐射互动，不受坡度的影响，因此树冠能够大大减少坡向的效应，这一点在没有树木的高山地形条件下就显得十分重要（Scherrer and Körner, 2009, 2010a）。在墨西哥和阿尔卑斯山的观察结果显示，不同坡向树木下的地面温度没有显著差别（见表 3.2），这与各湿润山区不同坡向存在一致的树线海拔现象非常吻合（Paulsen and Körner, 2001; Körner and Paulsen, 2004）。但是，在高纬度地区，北坡（阴坡）的树线经常因为雪崩或积雪融化晚而变得比阳坡要破碎化得多。在干旱地区，坡向效应同有效水分会相互作用从而影响树线的海拔分布（例如，中亚天山的部分地区在南坡存在无树现象），而在非常陡峭的山坡上，由于缺乏上述地面增温所带来的益处，阴坡的幼苗更新往往不好（例如，在萨合马地区分布着世界最高的树线；见图 4.14）。

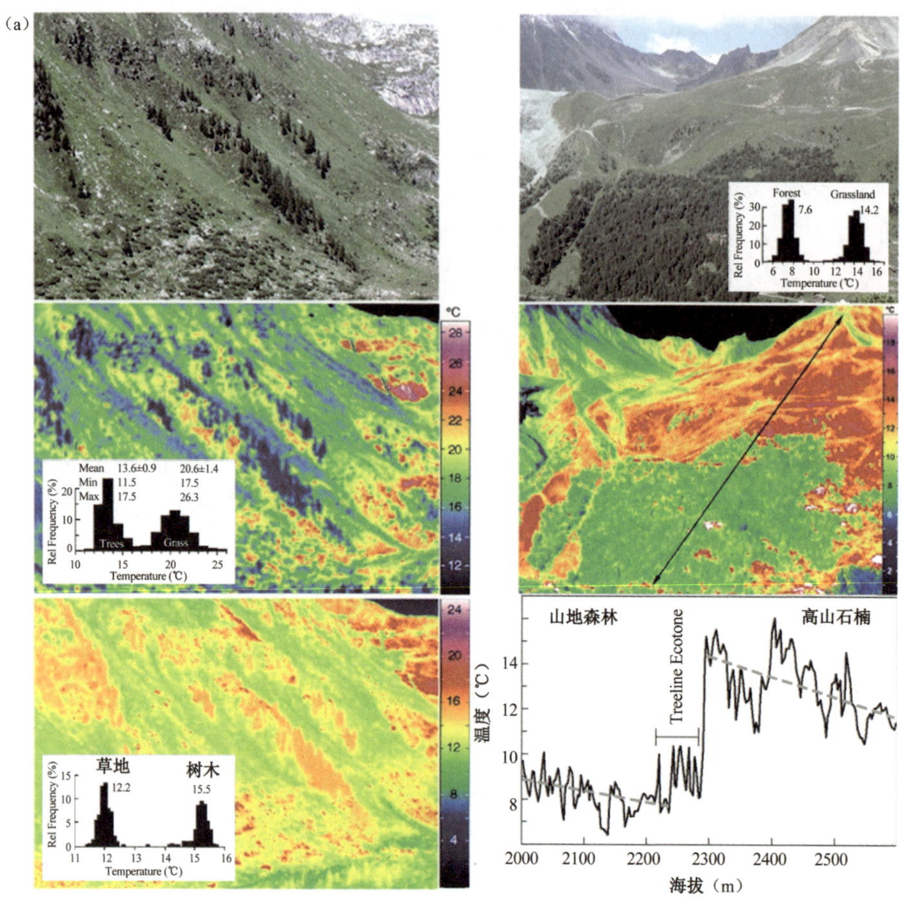

图 4.13 （a）利用热成像技术显示的图片，与石楠灌丛相比，树木与大气环境的空气动力耦合更密切。左图：该组影像是在罗讷（Rhone）冰川区的树线附近获得的，雪崩造成森林树线破碎化。草本和石楠灌丛的平均温度比树木（见内嵌图）的平均温度高 7K 左右。在夜晚，温度梯度刚好相反：低矮植被辐射冷却更强烈，其温度比树木温度低 3K（影像取自不同的日期和空气温度状况）。右图：瑞士阿尔卑斯山中部阿罗拉（Arolla）附近山地森林到高山草地整个样带的红外线图像。注：地表温度在树线交错带出现的突变。

图 4.13 （b）阿罗拉附近一个研究地点从低矮灌木到树冠顶部的垂直温度剖面图。注：在遮荫处和树冠内部温度较低。（续）

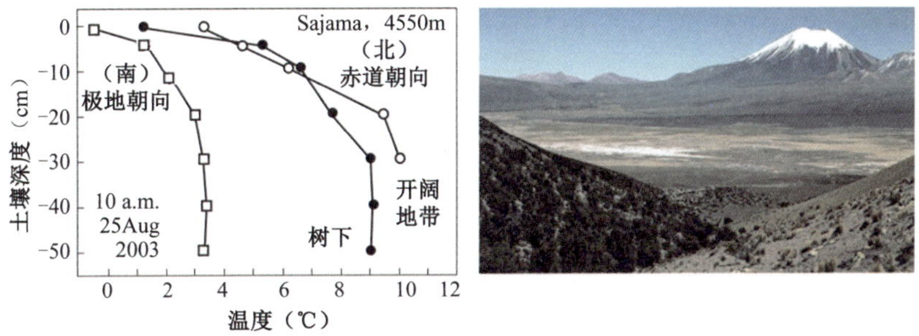

图 4.14 在玻利维亚萨合马（Sajama）火山南北坡上 4700m 处测得的土壤温度。注：在寒冷的极向坡面上没有树木分布（Hoch and Körner, 2005）。

总体说来，气候树线树木在其生活史的早期和后期所经历的温度环境是不一样的。树木幼苗分享了低矮高山植被个体矮小的好处与不利；随着树木的成长，其所经历的气候环境逐渐与气象站记录的大气环境一致，这也很好地解释了树线温度在全球都比较一致的现象（见图 4.15）。

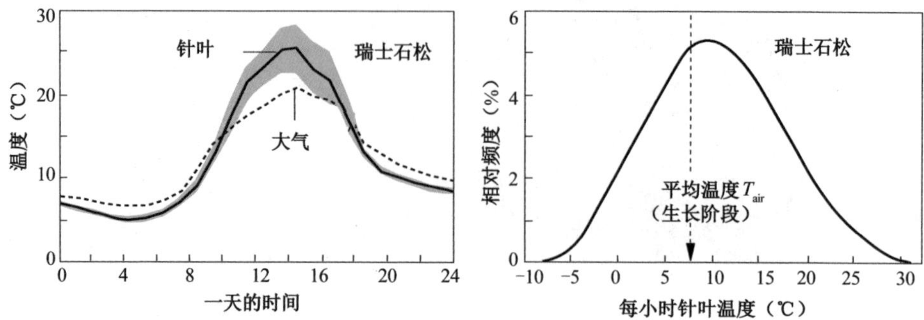

图4.15　左图：奥地利阿尔卑斯山树线附近8月7个晴朗天气条件下观察到的开阔地上20～30cm高的瑞士石松（*Pinus cembra*）幼苗的针叶平均温度和地面上70cm的空气温度。阴影部分表示7天温度的平均变幅。右图：同左图，但是表示的是生长期间所有白天出现的每小时针叶温度的相对频率（Tranquillini, 1961）。

第 5 章

基于树线海拔高度的全球山地统计

如第 4 章所述，根据现场的温度测定，在水分状况允许树木生长的地区，人们可以用生长季平均温度 6.4℃来对树线的海拔高度进行比较准确而合理的预测。生长季开始和结束的定义为周平均空气温度高于 0℃，生长季的长度至少为 90 天（见图 3.4）。后来有人（Paulsen and Korner, 2014）采用独立的方法，根据 370 多个树线位置的气象数据，利用 WorldClim 数据库的气候数据进行了最佳拟合，获得了非常类似的结果：在生长季平均温度为 6.4℃时，对树线位置的拟合最为理想，生长季定义为日平均温度连续稳定大于 0.9℃，生长季长度不低于 94 天。这两个完全独立的方法得出了非常相似的结论，增加了我们用气象学指标来勾勒高海拔树木分布极限的信心。同时，这两种方法的结果还增加了人们对利用大气数据预测树线位置方法的信心（Körner et al., 2011）。

由于树线树木即使在根区被积雪覆盖的时候也可能会经历温暖天气，积雪覆盖也就成为决定树木有效生长季长短的又一个因素，在本章将对此进行讨论。虽然在有些地方水分限制了树木或其他植物的分布，但是用这个方法还是可以确定树木潜在分布区的热量边界，因此可以作为全球的生物气候参考线（树线等温线也适用于干旱地区）。这个标准为利用模型预测潜在的树线位置提供了条件，进而可以用来确定全球范围内这个等温线上、下的土地面积。同样，加上其他指标［如高山带的上限（雪线）和地形起伏］就可以估算出高山植被和山地森林的空间分布。如果全球继续变暖并造成山地森林上限（树线）向上迁移，就会导致山地森林的扩张和高山无林地带的收缩。本章将基于生物气象数据并以潜在树线分布线为主要参考，对全球范围内的树线现状与变化趋势进行量化讨论。本章所有推算以 Paulsen 和 Korner（2014）最近建立的一个全球树线模型为基础。

5.1 山地的地统计学

对山地进行任何有生物学意义的地统计学（Geostatistics）研究都应该尽量克制使用海拔高度这类概念，因为对生物学过程而言起作用的不是海拔高度本身，而是与某一海拔高度相联系的环境条件（Körner, 2007b）。由于气候随纬度变化很大，山地生物（如山地森林）的分布不可能存在一个共同的或全球一致的海拔范围。在 65°N 海拔 800m 处就可能分布着高山冻原植被，但在热带赤道地区海拔 4200m 左右才有类似的恶劣气候条件。虽然大多数人对山地似乎并不陌生，但是要给山地下一个定量的、科学的定义却是非常困难的。本书在这里将给读者介绍一个基于全球树线为代表的生物地理参照体系而建立的“山地概念”。显然，关于山地的任何科学定义都只是一个主观的标准，因而代表的也只是一个普遍接受的约定而已。

高海拔树线将高山生命带与山地（Mountane）生命带区分开来，而在高山生命带之上为高寒冰雪带（Nival Belt）（高寒荒漠）。这些分布最高的生命带一起代表着没有树木的山地生物群落，这与在全球尺度上的分布格局类似。从亚北极到湿润热带的低地森林或干旱地带，树线以下的生命带外貌则是越往下差别越大。这使得从生物学角度来给“山地”下定义变得非常困难。

类似地，也不能用气候指标来定义山地，因为任何寒冷类型都必须将北极和南极低地包括在内，而热带山地的植被则包括了从赤道雨林到山顶地带的北极生命环境。山地唯一的一个共同特征是其“陡峭”的特点。由于山地“陡峭”的地形，地球的地心引力影响山地形状并造就所有这些山区特有生境类型和干扰类型，并使坡向成为一个随着海拔升高而变得越来越重要的生命因子。由于“陡峭”发生在所有的空间尺度上，而且需要考虑任何具体坡地的角度，因此从全球地形图上推演出的“地表起伏度”（Ruggedness）可以作为定义全球山地的比较实用的代理指标。当给定景观中两点间的海拔高差超过某一约定的临界值时，我们就可以认为该地形是“起伏的”。根据本节讨论的目的，以及“山地生物多样性数据库”（Mountain Biodiversity Portal，Körner et al., 2011）的标准，我们使用陆地表面 2′ 30″ 的分辨率（2.5′ 在赤道处相当于地表 4.3km）进行分析。对于分辨率为 2.5′ 网格上的每个点，我们对这个点本身及以其为中心间隔 30″ 形成的网格上的另外 8 个点进行分析，求出这 9 个点中任何两个点之间的最大地形幅度。当该幅度超过 200m 的时候，就将中央像素赋予“起伏”的符号，即该处属于山地地形。全球属于这类地形的约有 $1.65\times10^7km^2$，占地球陆地表面的 12.3%。表 5.1 列出了根据各种起伏标准得出的世界各类陆地面积。如果用起伏度 200m 这个预定标准，则 54%的山地在亚洲，31%的山地在美洲。如果按每 2.5′ 网格中 50m 的起伏度标准，则全世界 1/3 都应该算作山地，但这与常识不符。

表 5.1　除南极大陆以外地球陆地总面积（134.6 百万平方千米）按照起伏度（*R*, *m*）划分在各大洲的分布情况（单位：百万平方千米）。

起伏度（*R*）	洲/区域									
	亚洲	欧洲	非洲	北美洲	南美洲	格林兰	澳洲	大洋洲	总和	比例（%）
All	44.6	9.8	30.0	22.1	17.8	2.1	7.7	0.5	134.6	100.0
$R<50$	23.5	6.7	23.5	14.0	11.8	1.8	6.8	0.1	88.2	65.5
$50\leqslant R<200$	12.2	2.2	5.3	5.2	3.8	0.2	0.8	0.2	29.9	22.2
$R\geqslant200$	8.9	0.9	1.2	2.9	2.2	0.1	0.1	0.2	16.5	12.3

数据来源：世界气候数字海拔模型 1.4 版本。

将 200m 起伏度作为山地的标准可能仅仅指的是 30″ 栅格形成的 9 个点中两个点之间的情况，有可能中点附近的其他所有地方（如河谷底部）的坡度都很低。因此，这个定义比较保守，也可能会把少量不起伏的地形算作山地。按照这个方式算出的山地面积比 Kapos 等（2000）推算的山地面积（$2.95\times10^7km^2$）要小得多。在 Kapos 等（2000）的计算中包括了海拔 300～2500m 的所有较小起伏的土地，还包括了海拔 2500m 以上无论其起伏度大小的所有土地（如在中亚和安第斯地区面积巨大的高海拔高原）。

5.2 海拔地带

要使山地生命带（海拔地带）具有全球一致性，就必须要用共同的生物气象指标来反映气候相似地区海拔高度的纬度变化情况。在水分充足的地区，没有树木的高山生命带在北极圈是从海拔几百米开始的，而在热带地区则从4000m 左右才开始。本书用 WorldClim 气候数据库的算法来界定相似气候带之间各带的边界。树线算法采用的标准与 Körner 和 Paulsen（2004）修订的标准非常相似，是从独立的基于 GIS 数据的最佳拟合算法得出的（见表 3.4）。相应地，气候树线要求生长季不短于 94 天且生长季平均温度不低于 6.4℃。生长季被界定为日平均温度超过 0.9℃（2.5′ 网格内多年平均空气温度变化线平滑处理后超过 0.9℃）的天数。在低海拔地区，则只需要生长季的等温线即可确定生物气候带之界限，毋须考虑其长度。在由于缺乏水分等自然原因而造成缺乏树木或其他任何植被的地方，仍然用这条等温线作为界限，将地形分成上下两部分（可能分布着高山荒漠和山地荒漠）。因此，在树线等温线以下，生长季长度为 95～365 天（其温度没有受到额外雪被覆盖的影响）。由于冰冻的出现是一个关键的生物节点，因此我们将完全无冰冻出现的地带定义为山地带的最低带（“香蕉带”）。这些海拔地带覆盖了所有的湿度状况——从永久湿润到干旱，因此属于热量带，而不是为某个植物类型所特有。这些热量带是以树线等温线为参考来确定的，使得全球范围内的山地生物群落具有可比性，而无论其海拔高度（m）和纬度如何（见表 5.2）。如果一律按照 5.5K/km 的绝热递减率，人们就可以大致算出树线上下的海拔距离。

依据这些定义，全球树线等温线以上的陆地面积大约为 $3.55\times10^6 km^2$，或占全部山地面积的 21.5%（或除南极大陆外全部陆地面积的 2.64%）。全部山地中约 27%属于温暖、低海拔类型，全年无冰冻期。这部分起伏山地的面积很大，主要包括暖温带、亚热带和热带山地的低坡或山脚地带。因此，如果以树线为界限，全球山地面积的 78.5%在树线以下，只有 21.5%在树线以上。这种不对称反映了陆地面积随着海拔升高逐渐减小的事实（Körner, 2000, 2007a）。由于各海拔高度都使用同一个“起伏度”标准，在对实际陆地表面进行坡度矫正后，投影土地面积在树线以上和以下部分的比例将会大致保持不变。从山地高度来说，树线大致将山地划分为 3∶1（下∶上），但是在山体高度低于气候树线高度的地方，树线以上部分则为零，而在亚北极高山［如麦金利（Mckinley）山］树线以上部分则可能高达几千米。

利用树线等温线可以将全球的地形分为高山带和高山以下地带，但是要确定一个全球适用的所谓的山地带（Mountane Belts）的气候学海拔下限则是不可能的。植物学家所说的“山地林”（Mountane Forests）其实都是根据区域的植被特征来定的，并不是基于任何全球性的气候标准而确定的。表 5.2 列出的用于计算陆地面积的定义并没有考虑潜在的土地覆盖类型，而土地覆盖类型除了受人类活动影响外，还受到水分平衡的强烈影响。我们可以继续把树线以下的土地面积分成两个部分：降水太少而不适合任何树木生长的部分、降水适合森林生长的部分（有森林的山地）。按照前述标准勾画，如果没有干旱山区存在，潜在的有林山地面积将会增加 2.1×10^6km^2。因此，仅仅由于干旱限制，就造成全球山地热量条件适合树木分布的地区中只有 16%（大约 1.3×10^7km^2；见表 5.2）有森林分布。

表 5.2　Körner 等定义的全球生物气候山地带面积（百万平方千米）(2011；仅表示地形起伏)。其中，表中温度指的是生长季（GS）平均温度，%*M* =占全部山地面积（16.50 百万平方千米）的百分比；%*G* =占除南极外总的陆地面积（134.6 百万平方千米）的百分比。

热 量 带	面 积	%*M*	%*G*
冰雪带（生长季均温<3.5℃, 生长季<10 天）	0.53	3.24	0.40
高山带上部（生长季均温<3.5℃, 10 天<生长季<54 天）	0.75	4.53	0.56
高山带下部（生长季均温<6.4℃, 生长季<94 天）	2.27	13.74	1.68
山地上部（6.4℃<生长季均温≤10.0℃）	3.39	20.53	2.51
山地下部（10℃<生长季均温≤15℃）	3.74	22.64	2.78
其余有森林的山地（生长季均温>15℃）	1.34	8.11	0.99
其余无森林的山地（生长季均温>15℃）	4.49	27.22	3.34
总计	16.51	100.00	12.26

注：为了避免取整造成的误差，从而保证各类气候带之间的相对比例可信度，作者特意保留了小数点后多位数字，但这并不表示估计精度应该如此。

因此，利用树线生物气候学可以对全球山地进行大尺度的分类，其结果体现的是气候为唯一驱动因子的理论情况。而在现实世界中，因为地质（土壤基质、岩石地表）、自然干扰（如滑坡、侵蚀、火烧和雪崩等）和人为干扰（各种土地利用和火烧）等原因，实际的高山和山地森林面积可能会比上述推断小一些。

5.3 全球树线交错带

利用 GIS 技术能够很容易地将全球树线等温线以下的山地地形细分成不同的海拔地带（热量带），并计算出各带所占的面积。因此，利用树线拟合算法（见 5.1 节）能够计算出潜在树线以下某个海拔带的分辨率为 2.5′ 的像素数量。虽然从单个像素得出的误差很大，但是在全球尺度上，这种方法能够比较准确地计算出各海拔带“起伏地形”的面积。从树线起往下 500m 的这个带（如果按照 0.55K/100m 的递减率计算，应该相当于树线等温线下约 2.75K 的范围），大约有 2.0×10^6km^2 潜在植被应该为上部山地林（Upper Montane Forest）。如果考虑到有些地方太干旱造成树木无法生长的话（约 8.7%），这个带潜在的有林面积应该是 1.83×10^6km^2（见表 5.3）。利用同样的方法也能够大致估算出在温度条件能够满足树线发育的地区，但因为干旱造成的树木最终无法生长而形成的那部分面积（见第 2 章讨论）。在这些案例中树线等温线还可以作为分隔高山和山地荒漠或半荒漠的界限。

表 5.3　全球山地森林带上部按其距离气候树线远近而分的各带面积。表中既列出了温度为唯一限制因子（同时考虑了雪被对生长季长度的影响）的情况下适合森林分布的面积，也列出了同时考虑温度限制和水分限制的情况下适合森林分布的面积。最后一栏中括号内数字表示的是由于水分限制而减少的潜在森林面积占总潜在森林分布面积的比例（百分比）。

从树线起往下的海拔距离（m）	只考虑温度时的面积（百万平方千米）	考虑温度和水分因子时的面积（百万平方千米）
0～100	0.42	0.38（10.1）
0～200	0.84	0.77（8.7）
0～300	1.24	1.14（8.4）
0～400	1.63	1.49（8.4）
0～500	2.00	1.83（8.7）

为了简便起见，假定自树线之下 100m 海拔范围的这个带是从高大的郁闭森林到树线之间的过渡带（树线交错带），人们不禁会问：如果这个过渡带是在均匀一致的坡度为 23° 的坡上（代表约 300m 的实际陆地表面）（阿尔卑斯山的平均坡度是 25° ，属于相对比较陡峭的山；Paulsen and Körner, 2001），那么全球的树线交错带加起来总长度是多少？按照我们的计算，这个长度可达 1.3×10^6km，是地球到月球距离的 3.4 倍或地球周长的 33 倍。在实际地貌中的真实长度还要长一些（注："起伏度"反映的是山区网格点的情况，而没有告知坡度信息）。不管这种估计的实际精度如何，它们总体上反映了山地带和高山植物互动所涉及的尺度（至少在数量级上是比较接近实际情况的）。假设在这个全球的交错带上树木密度只有 1 株/60m^2，树线交错带上的树木总数将跟地球上目前的人口差不多（大约 67 亿人）。

由于山地面积随着海拔的增加而减小，气候变暖驱动的任何森林带（包括树线交错带）的上移都会造成各地带面积的减少。在全球尺度上，如果气候变暖 1.1K 或 2.2K，这 100m 树线交错带上移所导致的地貌上地表面积的损失将分别达到目前总面积的 5%和 18%。如果升温 2.2K，树线下 50m 内的森林面积将损失 20%（见表 5.4）。换句话说，如果温度上升 2.2K，在降雨量不发生变化的情况下，由于山地的圆锥体地形原因，全球树线以下 50m 范围内 20%的潜在森林将会消失。

表 5.4　当温度升高 1.1K 或 2.2K 时树线位置上移（200～400m）造成的树线附近森林带面积损失情况。

森林带宽度	+1.1K		+2.2K	
（m）	（10^{3}km^2）	（%）	（10^{3}km^2）	（%）
0～50	−12.2	−6.6	−37.4	−20.1
0～100	−19.6	−5.2	−66.4	−17.6
0～200	−32.1	−4.2	−110.0	−14.4

用树线作为全球的参考线，人们可能进一步会问：如果温度上升 1.1K 或 2.2K，树线随着温度而相应变化并达到新的等温线（比现有位置高 200m 或 400m），会对面积产生何种影响呢？如果这种情况发生的话，全球山地潜在有林地面积将分别净增加 6.2%和 11.7%（见表 5.5）。这些计算只考虑了温度升

高的因素，并没有考虑降水的变化，但是考虑了增温引起的蒸发/降水比率的变化。因而这个面积变化反映的是变暖引起的荒漠化（造成潜在山地森林减少大约 0.9%）和主要由于树线上升而导致的山地森林空间增加（7.1%）的净结果。

表 5.5　利用树线气候关系和地理信息系统（地貌和气候）来估算树线因 1.1K 或 2.2K 增温而向上迁移所带来的面积变化（百万平方千米），假定树线已经达到一个新的稳定态（已经如实反映了气候变暖后的情况）。

土地覆盖类型	目前面积	增温 1.1K 时的面积及变动百分比	增温 2.2K 时的面积及变动百分比
山地森林	11.22	11.92（+6.2）	12.54（+11.7）
高山带下部	0.89	0.83（−7.4）	0.68（−23.5）
高山带上部和冰雪带	2.26	1.55（−31.4）	1.03（−54.5）

由于高山带和亚冰雪带的总面积较小，而且随着海拔上升迅速减少，山地森林向上扩张的净结果在这里就表现得更加剧烈。如果树线完全响应 2.2K 的升温，则全球高山带上部和冰雪带植被的面积将会减半。这些计算的假定前提是高山植被和冰雪带植被能够对气候变化作出相应反应，也会向上迁移。然而，许多非先锋性的高山物种要求发育良好的土壤，而高山土壤的形成和发育需要几千年。在气候发生迅速变化的时候，高海拔地区缺乏适宜的土壤更加限制了郁闭高山植被覆盖的区域。全球树线位置的气候学定义有助于人们估计气候变化造成的树线上下生物地理区域面积的变化。此类估计模型的局限在于利用本来就不密集的低海拔地区气象站数据对山区进行气候拟合，因而存在质量问题。尽管如此，本文中计算得出的气候变暖后高海拔森林面积扩张和高山植被的相应萎缩程度仍然具有一定的指导意义。关于树线地统计学方面更加详细的讨论，读者请参阅 Paulsen 和 Korner（2004）的文章。

第6章 树线树木的结构与生长特征

当树木在接近海拔分布极限时体型就会变小，枝条与叶片的情况也一样。本章将探讨一些与海拔相关的树木形态和解剖特征变化趋势，特别是在其分布的最后几百米范围内。在一些高纬度山地，树木形态受到物理外力作用后所产生的变形（旗型、扭曲）在先前的文章中已多有讨论，此处不再赘述。同样，冰雪位移（冰胀）对树木造成的机械损伤在这里也不讨论了（参见 Payette et al., 1996; Jalkanen and Konopka, 1998; Holtmeier et al., 2003）。尽管这些作用经常塑造出独特的树形，但是这些现象通常仅局限于特定的地理区域和物种，从全球角度来看对树线分布的海拔高度（等温线）没有显著的影响（见第 3～4 章）。本章将主要针对与组织和器官普通特征相关的问题进行讨论，并就低温条件下树木生长和生理逐渐受限时的生物量分配问题进行分析。以下章节将涉及叶片、茎干、根和全株的特征。

6.1 叶片特性

叶片会随着海拔的升高而变小。具体是什么要素控制着叶片的大小尚无定论（参见 Dale, 1992; Körner, 2003a），但与不利生存条件（包括低温）相关的植物器官大小变化通常与细胞数目有关，而不是与细胞大小相关（Körner et al., 1989a, 1989b）。因此，细胞大小（Cell Size）相对于器官大小而言更多地受到遗传的控制。器官特有的细胞大小基本上与细胞膨胀压、细胞壁反压及细胞壁强度有关（Dale, 1988），也许还和原生质体的体积与染色体组大小之间的比例有联系（Bennett, 1987; Thompson, 1990）。事实上，树木及其器官变小是因为它们所包含的细胞数目减少了。盆景就是很好的例子，人们可以将植物个体修剪成树线上那些树木的样子。这些小型化的树木产生的叶片甚至更大，与普通生长的树木相比细胞并未变小（Körner et al., 1989b）。然而，细胞是如何构建的（细胞壁厚度、木质化），以及是什么控制着细胞形成的时间和速率，这些都终将影响到组织和器官的特性。

在物种所特有的叶片大小范围内（从刺柏的叶片到针叶乃至阔叶，见图 6.1），有两个因素决定着寒冷气候条件下叶片的实际大小：形成叶片的有效时间；叶片形成期间的气候作用。叶片大小与季节的长短无关。如果生长季的长短确实会起作用，那么就应当见到叶片随着生长季缩短而变小，而且叶片大小在生长季很长或全年都为生长季的地区将不会随海拔变化而改变。如果叶片大小是受低温的直接影响，那么无论生长季长度如何变化都会见到叶片大小随海拔升高而变小的类似现象。

随海拔升高而逐渐变冷的气候对于叶片大小（以及其他叶片性状）的作用能够在三个水平上进行评估：①在特定物种内的变化；②在分布于不同海拔梯度上的同类群中的变化；③在不同海拔上包含所有类群的群落中的变化。第①点反映了微进化或者表型（适应性）变化，第②点是物种选择，而第③点是生态系统（群落）对于生存条件的特异响应。

阔叶类群的叶面积随着海拔升高表现出明显的种内下降趋势。例如，新西兰假山毛榉（*Nothofagus menziessii*）的叶面积从低海拔处的 1.1cm^2 下降到树线位置的 0.65cm^2（Körner et al., 1986）；另外在澳大利亚的大雪山，桉树（*Eucalyptus pauciflora*）的叶面积从 27cm^2 变为仅有 9cm^2（Körner and Cochrane, 1985）；在亚热带的玻利维亚，龙鳞木（*Polylepis pepei*）的平均叶面积在分布最高处的 250m 海拔范围内仅仅从 1.8cm^2 降为 1.6cm^2（Hertel and Wesche, 2008）。当接近物种的分布上限时，叶面积及相关性状（如叶柄长度和节间距）下降最明显的记录是夏威夷的多型铁心木（*Metrosideros polymorpha*）（Cordell et al., 1998）。同源的阔叶类硬叶树种，在没有季节差异的潮湿热带气候条件下，叶片的大小随海拔下降的程度较之在季节性气候条件下要小。在新几内亚（6°S）1200～3480m 海拔范围内，包括杜鹃花科植物在内的大部分类群其平均叶片大小并无较大的变化（Körner et al., 1989b）。基纳巴卢山（Kinabalu）

木荷（*Schima*）的卵形叶或者赤道安第斯山脉海拔 3700～4000m 高度上的蔓黄金菊（*Gynoxys*）具有的大型叶（长度 6～8cm），在多数季节性树线处都没有见到类似的情况。在中国西部 29° N 的峨眉山，群落的平均值集中反映出潮湿的暖温性海拔样带特征（Tang and Ohsawa, 1999；600～3000m 海拔范围内的常绿阔叶树），通过详细的调查发现叶片尺寸出现了明显的整体性缩小（中值从 $30cm^2$ 变为 $6cm^2$），尽管这种趋势不可避免地受到系统发育成分的强烈影响（在高海拔地区更多地分布着小叶硬叶类群）。

图6.1　全球各地树线处发现的叶片类型变化：（a）毛龙鳞木（*Polylepis tarapacana*）（玻利维亚）；（b）波士尼亚松（*Pinus heldreichii*）（希腊北部）；（c）川滇冷杉（*Abies forrestii*）（中国西藏）；（d）短叶木荷（*Schima brevifolia*）（婆罗洲）；（e）高山落叶松（*Larix lyallii*）（日本）；（f）和（i）大果圆柏（*Juniperus tibetica*）（中国西藏东部）；（g）浆果桉（*Eucalyptus coccifera*）（塔什玛尼亚）；（h）矮假山毛榉（*Nothofagus pumilio*）（智利中部）。

在针叶树中针叶大小（Needle Size）的降低不太明显，且更难解释，因为针叶随着海拔升高其横截面形状也会改变，而且采用投影面积还是总表面积来表述更适合也还需要探讨。散射光的比例越大，则针叶大小与获取光照的总表面积就越相关。西藏的长苞冷杉（*Abies georgei*）在接近树木分布极限的最后 50m，即到达海拔 4300m 的树木极限处，大量树木样本的单位针叶投影叶面积从 $0.5cm^2$ 变为 $0.4cm^2$，但是在低海拔地区却没有发现类似的现象。在分布的最后 300m 海拔范围内，该树种的针叶长度变短（从 22mm 变到 19mm），且每厘米枝长的针叶数目由 11 片变为 14 片，因此，在树线处会出现节间距变短且针叶紧密聚集的情况（P. Shi, G. Hoch and C. Körner, 未发表数据）。在阿尔卑斯山的松树和云杉中也观察到类似的现象（见表 6.1）。如果针叶出现形态变化，则主要发生在林线和树线之间，不会在其下方出现，而且相关指标都比阔叶类群的变化小。

表 6.1　阿尔卑斯山脉树线群落交错带的针叶结构变化。其中，TL——树线；FL——林线；MF——山地森林（大约是树线以下 200m）；奥地利和瑞士阿尔卑斯山脉 5～7 个地区多个树种的针叶长度、针叶投影面积、针叶的干重（d.w.）、比叶面积（SLA）、饱和含水量（WC, 总饱和含水量=100%），这些数据均为平均值±标准差（Means±s.d.）。每个区域内（相同海拔）的变化较小，所以此处列出的标准差主要反映了区域差异。例如，蒂罗尔（Tirol）帕什柯夫（Patscherkofel）的松针总是比瑞士达沃斯附近鲁克什山（Luksch Alp）相似海拔高度上的小很多（源于 Birmann and Körner，2009，以及未发表的数据）。

物 种	海拔	长度（mm）	面积（mm^2）	体积（mm^3）	干重（mg）	叶片面积（cm^2g^{-1}）	饱和含水量（%）
瑞士石松	TL	75±11	92±20	46±13	19.8±6.0	49±6	57±4
（*Pinus cembra*）	FL	79±8	97±13	48±8	20.7±3.2	48±3	57±3
（*n*=7 个点位）	MF	81±4	97±3	47±5	20.4±2.2	49±3	58±2
欧洲云杉	TL	13±1	16±1	8±1	4.4±0.5	37±2	56±2
（*Picea abies*）	FL	14±1	19±1	10±2	5.6±1.0	35±6	57±2
（*n*=5 个点位）	MF	15±1	20±1	11±2	5.6±0.7	33±1	56±2

叶的质量（Foliage Quality）在接近树线的过程中发生着独特的变化。阔叶树种的叶片通常变得更厚，而且它们的表皮细胞壁增厚，栅栏层变厚或栅栏组织的细胞变大。这些变化表现为投入每克干物质产生的投影叶面积减小，

即所谓的比叶面积（SLA）或其倒数比叶重（LMA）减小。所有阔叶硬叶植物的比叶面积都随着海拔升高而变小（见图 6.2）。在峨眉山（29° N，中国西部）600～3000m 海拔范围内采集的 88 个物种显示，从海拔 600m 处至 2500m 处比叶面积从 $133cm^2g^{-1}$ 下降到 $76cm^2g^{-1}$，而往上至海拔 3000m 则没有出现持续降低的现象（Tang and Ohsawa, 1999）。Van den Weg 等（2009）在秘鲁发现几乎完全相同的变化趋势。Luo 等（2005）考虑了整个森林冠层的情况，即 1900～3700m 的所有叶片类型（包括常绿阔叶林、落叶林和针叶林），发现比叶面积从 $97cm^2\ g^{-1}$ 减小到 $44cm^2\ g^{-1}$（见表 6.2），这一变化趋势主要受到针叶树丰富度增加的影响。但是，当接近树木分布极限时，针叶（或更小的一些叶片）质量的这种变化却没有观察到（见表 6.1）。针叶树的针叶在树线位置具有各自特定的 SLA 值：阿尔卑斯山脉的欧洲云杉（*Picea abies*）与瑞士石松（*Pinus cembra*）的 SLA 分别为 $37cm^2g^{-1}$ 和 $49cm^2g^{-1}$，而青藏高原东部的长苞冷杉（*Abies georgei*）的 SLA 为 $44cm^2g^{-1}$（参考文献同上），这与在中国西部报道的树线所有针叶类群的均值相一致（见表 6.2）。针叶的性状可能在一个非常狭窄的光照梯度（Gradients in Exposure）范围内发生的变化比其在整个宽广的海拔梯度上的变化都要大（Nagano et al., 2009）。

表 6.2 中国西部贡嘎山整个森林中的叶片特性对于海拔变化均有响应。1900m 代表着亚热带常绿阔叶林，3700m 是针叶林树线。叶片持续期的变化也反映出随着海拔变化落叶类型的丰富度减少，而针叶类型在增加。MAT——年均温，SLA——比叶面积，LD——叶片持续期（引自 Luo et al., 2005），ELD——假设生长季长度从 12 个月线性减少到 4 个月时估计的叶片持续期月数。

海 拔（m）	MAT（℃）	SLA（cm^2g^{-1}）	LD（years）	ELD（months）
1900	10.4	97	1.35	16
2200	8.4	93	1.4	15
2850	5.1	81	4.6	37
3025	4.0	50	6.2	43
3700	−0.2	44	7.5	30

叶片质量的结构性变化对于解释生理特征具有重要的现实意义，如叶片的气体交换、叶片的养分含量或者叶片储存的碳水化合物等，同时还对叶片持续期数据的意义产生影响（叶片生物量的分期分摊）。随着海拔升高，干物

质—面积关系会发生相应的变化，因此按照单位干物质或者单位叶面积来表述的相应参数就有所不同。如果在较高海拔地区单位叶面积的干物质增多，那么单位面积上的非结构性叶片成分就会有一个增量，并且与单位干重非结构性叶片成分浓度的微增、稳定或下降有关（Van den Weg et al., 2009）。因此，叶片的结构性特征对生理性状的海拔变化具有潜在的深刻影响（Birmann and Körner, 2009）。这样的话，就有必要了解相关的性能是否已经随海拔升高而发生了变化，或者是否已经选择了需要考虑的参数。这种结构性变化对于针叶树来说是可以忽略的，但如图 6.2 所示，这种变化在阔叶类群中则是非常大的。

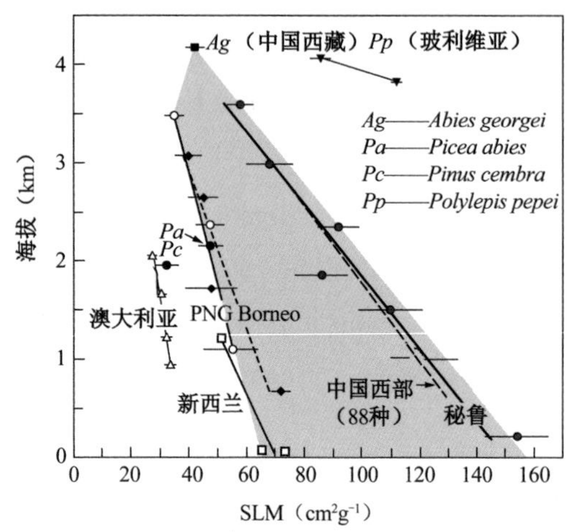

图 6.2　从不同海拔到树线（或在新几内亚岛接近树线位置）硬叶阔叶树的比叶面积（SLA）变化（平均值±标准误差）也受物种的驱动（Körner and Cochrane, 1985；Hertel and Wesche, 2008；Van den Weg et al., 2010）。虚线是Tang和Ohsawa（1999）从中国西部峨眉山的88种阔叶树的回归式得到“针叶树的SLA随海拔无显著变化”。为了对比，树线处的欧洲云杉（*Pa*），瑞士五针松（*Pc*，见表6.1）和急尖长苞冷杉（*Ag*，见Shi et al., 2008）单独显示。

叶片性状的海拔变化既是遗传型的（Genotypic）也是表型的（Phenotypic）。例如，在瑞士达沃斯附近的斯提尔博格（Stillberg），大规模的人造林覆盖了整个群落交错带，一直到树木生长的最高极限位置（Schönenberger and Frey, 1988）。分别在海拔 2092m、2147m 和 2214m 处从同一 35 年树龄的瑞士石松（*Pinus cembra*）采集针叶样品，这些树木来自同一基因库且栽培时间相同，实验样地上部的叶片大小为下部边缘地带的一半，但是比叶面积几乎没有区别（$50cm^2g^{-1}$、$51cm^2g^{-1}$、$52cm^2g^{-1}$，*Pinus cembra*），而针叶长度和针叶干物质均表现出持续的下降（分别为 79mm、72mm、67mm 和 18mg、16mg、15mg），最小值与最大值具有显著性差异（Birmann and Körner, 2009, 以及未发表数据）。这些相当同质的数据集也显示出针叶的投影面积（89mm^2、82mm^2、75mm^2）和针叶的体积（41mm^3、38mm^3、33mm^3）下降显著。这说明在接近树木生长极限过程中针叶的变化是表型性的。

遗传型验证信号需要分别对高海拔和低海拔种群进行采样，然后将其栽种在同质园（Common Garden）中。这些林学上验证树种来源的经典实验显示来自高海拔的物种在遗传上具有明显的生长延迟性（见第 7 章），但是欧洲云杉（*Picea abies*）的比叶面积却没有表现出遗传性差异（Oleksyn et al., 1998）。相反，夏威夷铁心木（*Metrosideros*）的叶片大小在最后的 1200m 海拔范围内出现了急剧的减小，即从 8.1cm^2 变为 3.2cm^2，这在很大程度上表现出遗传型特点（在海拔梯度较低处的同质园中则为 6.2cm^2 和 3.6cm^2；Cordell et al., 1998）。

在生长季长度受到严重限制的区域内（<135 天），一些条件不好的年份里生长季有可能过短，从而造成新叶无法完全成熟并度过冬季。Baig 和 Tranquillini（1976）的研究表明，阿尔卑斯山脉树线以上的松树幼苗其针叶要比低海拔相应的针叶所产生的角质层（Cuticles）更薄。相反，在受到季节性限制较少的生活状态下，观察到的角质层则较厚（新几内亚的杜鹃树和新西兰的假山毛榉；Körner et al., 1983, 1989a）。夏威夷铁心木（*Metrosideros*）的角质层厚度随着海拔升高呈现出惊人的增加（Cordell et al., 1998）。气孔（Stomatal）频度通常随着海拔升高而增加，但似乎是由于叶片变厚和/或日照增强的原因（较宽的树间距和/或更强的辐射），而不是叶片发育过程中低温或者 CO_2 分压减少所致。在桉树（*Eucalyptus*）、假山毛榉（*Nothofagus*）及在研究过的热带以外几乎所有灌木和草本植物中，气孔密度都是随着海拔高度上升而增加的（Körner and Cochrane, 1985; Körner et al., 1986, 1989a）。但在新几内亚发现了相反的趋势，因为在那里太阳辐射随着海拔升高而明显降低（Körner et al., 1983, 1989a）。因此，气孔频度并非与温度或 CO_2 分压有关，而是与光照条件有关。非常明显的是，新几内亚及其他山区的叶片结构特征（如 SLA）有着类似的变化，尽管这些地区在光照条件上差别明显（它们受温度控制）。

关于叶片可湿性（Leaf Wettability）（小水滴的接触角度），在尼泊尔的喜马拉雅山地区 190～5270m 范围内对 227 种植物的广泛调查结果显示，随着海拔升高叶片可湿性会下降（Aryal and Neuner, 2010），但是最大变幅发生在较低的山地（亚热带）及冷凉的山地上部，这些地域之上的变化幅度就变得很小（不显著）。在群山之中急速的梯度变化往往伴随着植物柔毛（Pubescence）的增加，但在更高的海拔上，柔毛的变化情况并不一致。对于功能型植物的验证表明（例如，仅就针叶树而言），在广大的山区中部这种趋势是存在的，但当接近树线后就不再有变化（G. Neuner，私人通信）。尽管某些特定物种的柔毛可能出现随海拔而增加的现象（例如，在铁心木 *Metrosideros* 中变化相当明显；Cordell et al., 1998），但形成树线的类群有柔毛，这与缺少柔毛变化的矮小植物类群是一致的，正如阿尔卑斯山大量受系统发育控制的草本或半草本物种所反映的情况一样（Zhu et al., 2010）。由此可见，那些具有大量柔毛叶片的神奇物种（如 *Leontopodium* sp.、"雪绒花"、巨大莲座状的 *Espeletia* 及 *Seneciodendron*）并不代表普遍趋势。

就目前所知，倘若采用合适的手段测量叶片的持续期，就会发现温带针叶树的叶片寿命（Leaf Longevity）并没有随着海拔而发生变化。阿尔卑斯山脉的云杉在低海拔地区可以保留 6～7 代的针叶（大约 8～9 个月的生长季），而在树线处可以保留 12～14 代（大约 4～5 个月的生长季）。因此，就生长季的有效月份而言，针叶的持续期并没有明显的差异。当一年中的大部分时间都处于变化的休眠期时，采取历年的方法是不合适的。更准确地说，所谓叶的持续期需要对一些生命活动进行综合考虑，如整个叶片生命活动期间的累计碳获取情况。在同质园中对来自高低海拔或者纬度的类群进行实验，会发现原位叶片的持续期差异消失了（多年测定），因此这种差异源于纯粹的表型属性（欧洲云杉 *Picea abies* 和欧洲赤松 *Pinus sylvestris* 的数据来源于 Reich 等 1996 年发表的文章），实质上这反映了对于原位叶片持续期的错误参照期（历年）（上述作者还撰写了针叶树的针叶持续期方面的参考文献）。

叶片的持续期对于可靠地评估碳平衡、养分利用效率及养分在叶片中的分配都是一个关键因素，但对此却很少有相关报道，虽然其与光合速率或养分含量具有同等重要性。在湿润的热带地区，叶片的持续期是否随着海拔变化尚未可知。尽管年凋落物量随着海拔升高而下降（Heaney and Proctor, 1989; Kitayama et al., 2004; Raich et al., 2006），但叶片的持续期还需要从与时间变化相关的 LAI 数据中来推断。这些数据可以说明气候对于叶片寿命的作用，但不能说明季节长度对其的影响。来自厄瓜多尔树线附近的灌丛数据显示叶片的持续期变化是很大的，这实际上反映了叶片的性状，如 SLA 和叶片养分浓度（高 SLA 和高氮浓度与短寿命相关；Diemer, 1998; Luo et al., 2005）。叶片越不活跃，则叶片的持续期通常会越长，叶片的活性与蛋白质有关（如氮浓度），而蛋白质又与草食动物造成的损失风险相关（Körner, 2003a; Luo et al., 2005）。鉴于阔叶树的 SLA

随着海拔升高而减小（见图 6.2），可以预见此类叶片的持续期会随海拔而增加。然而，在整个森林水平上，叶片的持续期（Foliage Duration）更多地是受到不同叶片类型（常绿阔叶、落叶和针叶）的相应作用及其选择所控制，而非植物类群内的适应趋势。由于常绿针叶树在树线居于绝对优势地位，这就造成叶片的平均持续期增加（见表 6.2）。在热带以外的地区，历年（Calendar Year）作为参照总是会造成偏差，例如，亚热带阔叶类群的生长季长度从海拔高度 1900m 的近乎一整年到树线处缩减为约 4 个月（见表 6.2）。在此例中，如果换算成叶片的活动月数，那么在针叶树占优势的 2850m 和 3700m 地区叶片的持续期就没有明显的差异。相应地，SLA 的海拔变化在针叶树中很小或者甚至可以忽略（见表 6.1），而针叶的氮含量也是如此（Birmann and Körner, 2009）。

相对于不确定的叶片数目及枝条生长情况而言，另一个与季节性气候中叶片持续期相关的重要因素是叶片的雏形（在每年的叶片数目确定的情况下）。在季节性气候中，针叶树会形成具有预定节数及叶片的越冬芽（Fraser, 1962）。因此，接下来的新生枝条只能通过节间长度的改变来改变其大小，而非改变节间数目，即针叶的数目。在暖温带和热带地区，位于树线处的阔叶树枝条的生长更加灵活，就像在形成树线的桉树（*Eucalyptus pauciflora*）中看到的情况一样。在适宜季节里，枝条会比糟糕季节中长得更长，且产生更多的叶片。结果，老的叶子更多地是在适宜季节中发生更替（由此，生长季末所有老叶中有 77%会被更新，新叶形成后老叶就凋落了），在寒冷季节里老叶存留的时间更长（所有叶片中的 40%是新叶，是在当前季节里新生的，60%来自上个生长季甚至更早，这就导致凋落物的减少；见图 6.3）。由于每个枝条的叶片总数是恒定的，因此叶片更替（Leaf Turnover）受到新叶生长速率的控制。潜在机制可能是树冠中的养分循环/分配或者最佳的光环境。此例说明叶片的更替与叶片/枝条的活动有关。

有一些形成树线的类群由于适应能力差，形成了巨大的越冬叶（Over-Wintering Foliage）。桉树（*E. pauciflora*）在适宜年份里会替换掉大部分的叶片，在冬天仍然还保留着许多叶片就是证明（表皮伤害，见图 6.3）。与此类似，塔斯马尼亚位于 1080m 处形成树线的桉树（*E. coccifera*），在夏末拥有 83%的新叶，15%来自上个生长季，2%属于更早的生长季。因此，在树线处该树种的生活史近似于落叶类型（见图 6.4）。在尼泊尔桤木（*Alnus nepalensis*）中也有类似的情况，在低海拔树冠为常绿，而在喜马拉雅中部的高海拔地区则变成了冬季落叶（尼泊尔北部）。

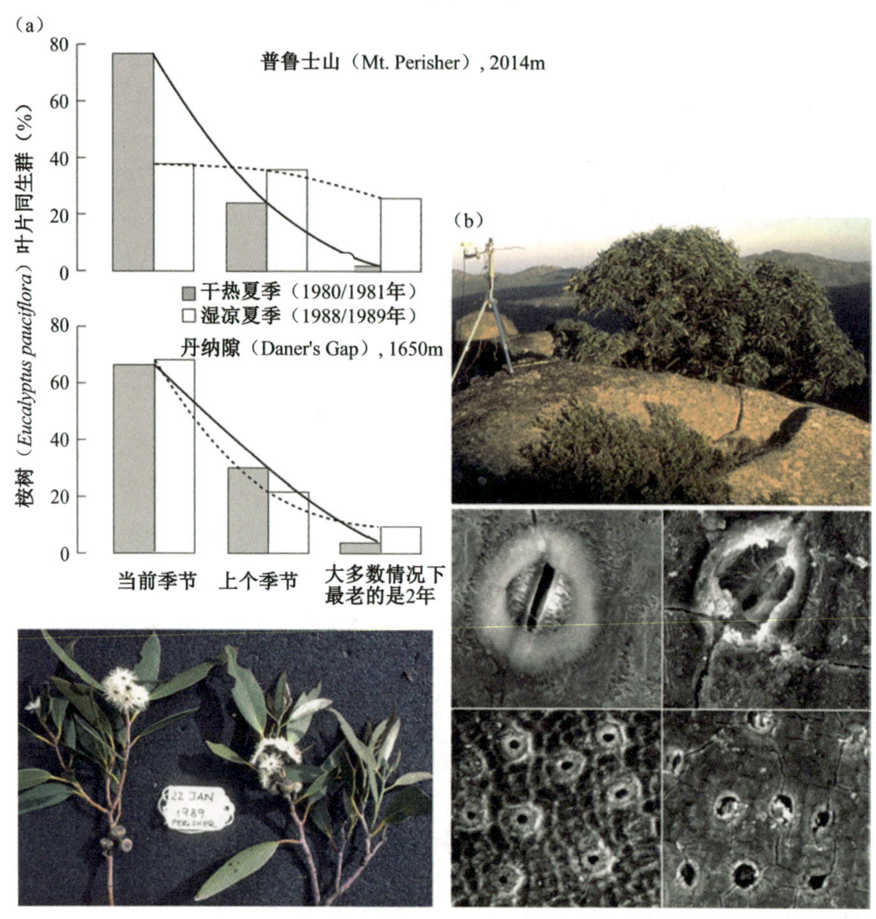

图 6.3　(a) 在澳大利亚大雪山科修斯科（Kosciusco）国家公园海拔 1650m（Daner's Gap）与树线处（2050m）桉树（*Eucalyptus pauciflora*）叶片的年龄结构及相应的叶片更替。1980/1981 年季节适宜，而 1988/1989 年却没那么好。注：山地森林年际之间的差异不大，而树线位置在生长季条件较差的时候新叶的比例较少而老叶的比例较大（C. Körner 和 P. Cochrane, 未发表数据）。(b) 电镜扫描照片显示桉树（*Eucalyptus pauciflora*）在树线处经过冬季之后的叶片表面和气孔前腔［普鲁士山（Mount Perisher)；左边是当季的叶片，右边是上个季节的叶片］。

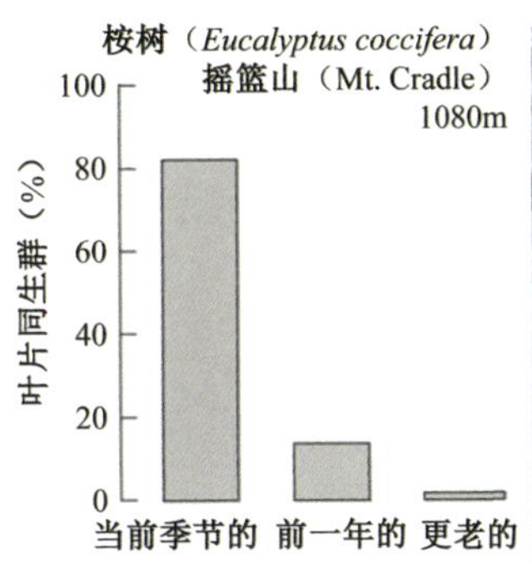

图 6.4　塔斯曼尼亚生长季末树线处桉树（*Eucalyptus coccifera*）的叶龄结构（1989 年 4 月 4 日，16 棵树的平均值，2 个区域分别有 8 棵树；未发表数据）

在具有严冬的地区，早期冬芽的形成（Winter Bud Formation）是很重要的。由于芽必须在冰点温度出现前形成，因此冬芽的形成就强烈地受到光周期（日长）的控制。芽的大小和质量决定了下一季节里枝条的生长，这就说明为什么一年的气候状况影响着来年的枝条结构。2003 年欧洲的热浪（对于树线处的针叶树而言则是一个相当适宜的年份）仅在 2004 年对枝条产生了明显的影响，使其变得更大（M. Krnaul and C. Körner，未发表数据）。冬芽形成的重要性对于树线处的树木来说最好按照物种来阐明，从区域的角度来看，在低海拔几乎不存在严冬影响，而对树线位置条件恶劣的地区而言，植物会选择强健的冬芽，这也就决定了植物的季节性生长，如澳大利亚的桉树（见图 6.5）。它们经常被作为高海拔亚种（*E. pauciflora* ssp. *niphophila*）的代表，通常具有坚硬的、鳞皮保护的冬芽，而在低海拔的树木中却很少形成这样的芽，通常仅仅在枝条顶端有绿色的原生叶包裹而已（见图 6.5）。

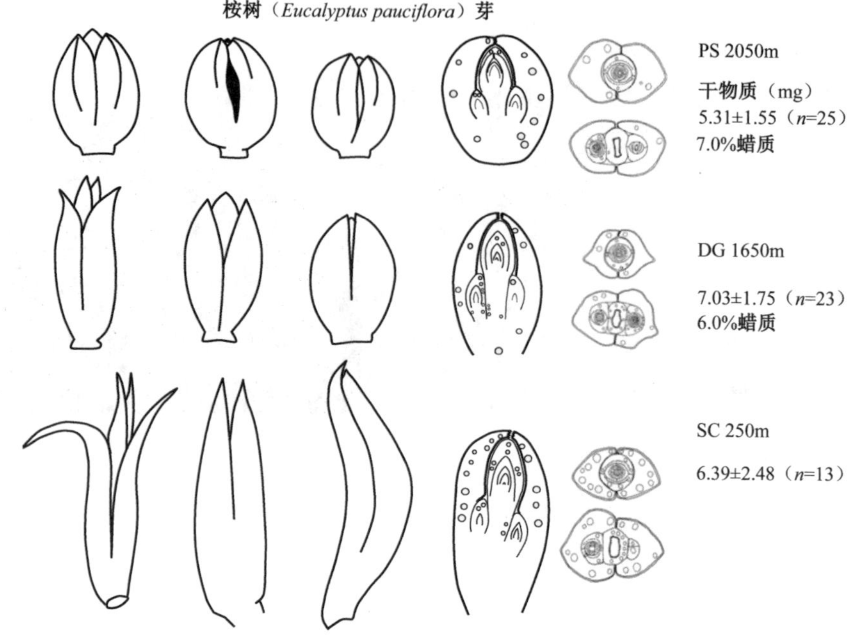

图 6.5　桉树（*Eucalyptus pauciflora*）冬芽结构从对照海拔上升到树线的变化谱（每个点同时采集三种类型）。右边为纵截面与横截面。注意树线处具有更厚的保护性鳞皮和更紧凑的形状（蜡质采用氯仿清洗 40 分钟去除）。注：PS——普鲁士山（Mt. Perisher）；DG——丹纳隙（Daner's Gap）；SC——锯坑溪（Sawpit Creek）国家公园。

6.2　木材性状

由于树木在高海拔地区生长缓慢，茎干的木材发生的变化既有可能与较小的年增长有关（季节性气候条件下形成的树木年轮），也有可能与木质部组成成分的特殊变化有关，或者与二者均有关。在第 7 章将对生长的响应进行阐述，而此处的任务是讨论植物组织特性的特殊变化，尽管二者并不是总能清楚地加以划分。木质部组织的特性至少包括两个方面：一方面与通导性有关（导管的大小），另一方面与细胞壁的厚度有关（密度、机械强度）。

对于叶片组织的讨论同样，细胞大小及木质部成分的大小也属于保守性状，如果只考虑“正常”状态的树木，这些性状在特定的分类群中是不会变化的。匍匐和扭曲变形的个体中（不管是什么原因）可能也存在变小的木质部成分（F. Schweingruber，私人通信）。由于大多数可利用的数据都来自温带地区的针叶树，这些数据需要考虑木质部成分正常的季节性减小情况，因此，对于巨大的海拔差异来说，木质部成分的大小比细胞位置更能说明问题［管胞图（Tracheidogram; Vaganov），2006］。对于阿尔卑斯山的落叶松（*Larix*）和云杉（*Picea*）来说，这种分析表明在两个选定年份间并无系统性的海拔变化趋势（见图 6.6）。

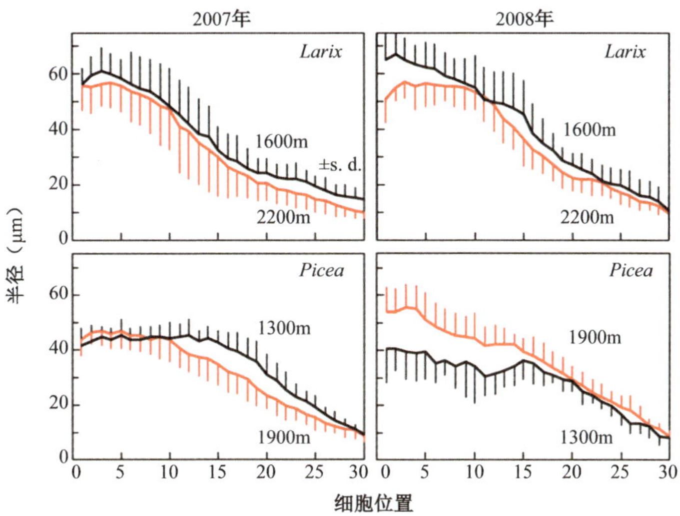

图 6.6　欧洲云杉（*Picea abies*）和欧洲落叶松（*Larix decidua*）的管胞图（木质部成分大小包括按照年轮中细胞位置标绘的细胞壁），样品采自树线附近（落叶松）及树线之下大约 200m 处（云杉）。数据来自瑞士瓦莱斯勒奇河谷（Lötschental）的阿尔卑斯山脉中段（P. Fonti et al.，私人通信）。

相对于海拔 800m 处管胞导管的横截面积（约 600μm^2），蒂罗尔（Tirol）阿尔卑斯山脉树线附近的欧洲云杉（*Picea abies*），其管胞导管（内腔）的最大横截面积要更小一些(海拔 1900m; 400μm^2 左右)，然而从海拔 800m 到 1600m 则几乎没有任何区别，管胞腔横截面积的中值从 250μm^2 降到树线附近的 180μm^2（Mayr et al., 2002）。作者们还发现，在海拔 1300～1900m，每个管胞直径上纹孔（Pits）所覆盖的总面积并无显著性差异（接近树线处大约为 78%），但是在 1600～1900m，管胞直径与总纹孔直径相关的孔径减小却差异显著（28% VS 26%）。在阿尔卑斯山脉对 5 个不同的针叶树和 3 个落叶阔叶树的研究均表明，木质部导管直径随海拔升高并无显著变化，甚至在研究的物种之间还出现了趋势相反的现象（见表 6.3）。

表 6.3　均值±标准差（μm）分别表示在阿尔卑斯山脉中段（蒂罗尔）低海拔（<800m）和高海拔（在特定物种的上限）地区枝干木材中（每个点 3～7 棵树）木质部的导管直径（μm），这是通过对光学显微镜下观察到的大约 200 个导管的横截面进行自动图像分析所得到的估测（包括早材和晚材；Mayr 等于 2006 年发表的文章，以及他关于落叶树种未发表的数据）。

树　种	低海拔	高海拔
Picea abies	8.0±0.2	9.4±0.2
Pinus mugo	8.4±0.2	8.6±0.1
P. cembra	10.3±0.2	9.4±0.1
Larix decidua	9.6±0.3	9.6±0.3
Juniperus communis[a]	6.8±0.1	8.2±0.2
Fagus sylvatica	19.8±0.4	20.8±0.4
Sorbus aucuparia	18.2±0.3	17.8±0.3
Acer pseudoplatanus	26.8±0.5	27.3±0.6

注：[a] 一种灌木，但仍将其包括在内进行比较。

这种自动图像分析包括所有的结构，即射线组织及晚材中具有微小管腔的管胞，其最终的平均直径要比仅仅分析新材小很多，相对而言这不会显著影响海拔梯度上的比较。

尽管从澳大利亚大雪山的山脚（大约900m）到树线（2040m）被子植物桉树（*Eucalyptus pauciflora*）木质部的平均导管横截面积从1550μm^{2}下降到700μm^2（直径从44μm降到33μm），但是大多数这种差异是由于在海拔1600m左右亚种从*E. pauciflora*变为*E. pauciflora* ssp. *niphophila* 所致，而在1650～2040m则几乎没有区别（从800μm^{2}变为700μm^2，差异不显著，见图6.7）。与Mayr等（2002）所报道的针叶树类似，木质部成分的大小在靠近树线处比在桉树（*Eucalyptus* ssp.）分布的下限处变化更小，并且导管尺寸的最大值差异要比平均值差异大一些，但这在所有木质部成分中不超过5%。

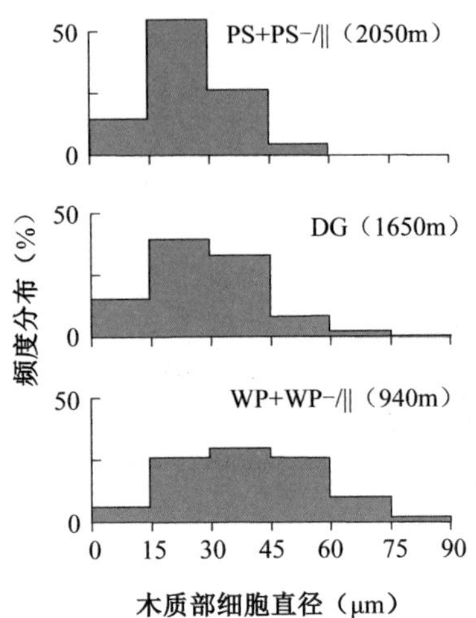

图 6.7　澳大利亚大雪山三个不同海拔高度上桉树（*Eucalyptus pauciflora*）木质部成分的直径横截面（管腔）的频度分布［N. Marinos（弗林德斯大学，阿德莱德）和 C. Körner，未发表数据］。海拔 1650m 和 2050m 的树木属于亚种 *E. p. niphophila*。图 6.5 中的点位加上 WP（Waste Point）（在 PS 和 WP 的两个点位）。

总之，当接近树木分布极限时，相比于树木大小和树木活力的显著变化，木质部成分的变化似乎可以忽略不计，并且针叶树和非针叶树的木质部中均有这种现象。在温暖条件下，管胞尺寸的最大值可能变得更大（Vaganov et al., 2006），但是管胞的平均大小似乎并没有改变。在季节性气候条件下，温度总是随季节而变化的（时间效应；见图 6.6）。生长在浅层冻土中的欧洲云杉（*Picea abies*）可能会成为树龄超过 80 岁、高约 2m 的“侏儒树”，或者即使在中山气候条件下其导管也比附近正常生长的树木明显要小（见图 6.8）。因此，这些非常不利的土壤条件确实影响着木质部成分的尺寸大小。两个在高海拔生活的类群，即刺柏（*Juniperus*）和龙鳞木（*Polylepis*），它们均在海拔 4500～4900m 形成树线，但显示出相当“正常的”管胞和导管直径（见图 6.9）。

图 6.8　在瑞士侏罗山脉（Creux du Van）温暖山地条件下的欧洲云杉（*Picea abies*）。一棵正常生长于温暖土壤中（左）；另一棵生长在几乎接近土壤温度（温度小于 6℃）的多年冻土附近（右），从而形成“小老头”树状的生长状态（Körner and Hoch, 2006）。这些极端的土壤温度差异造成射线管胞直径的差异，在新材中分别为 37μm 和 23μm，而在晚材中分别为 27μm 和 15μm（正常树木与“小老头”树的对比）。

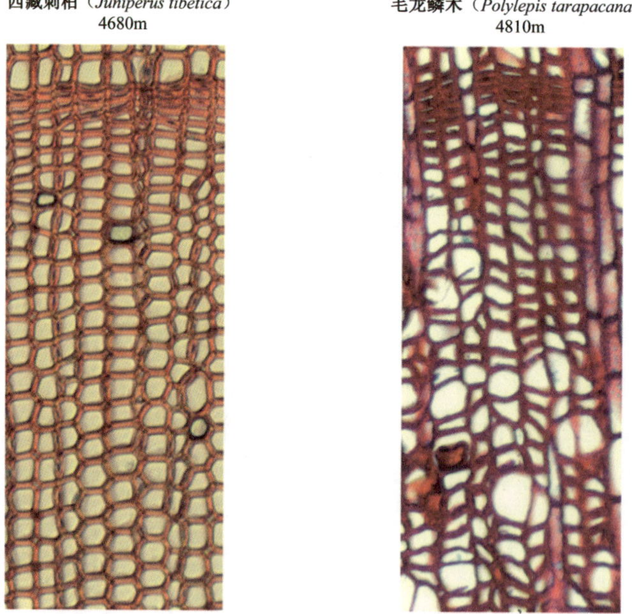

图 6.9　一些世界最高海拔处树木个体的木质部解剖。西藏刺柏的平均管胞直径（细胞壁中心间距）为 36±4μm；毛龙鳞木大导管直径达 58.6μm，较小的是管直径均值为 26.4μm（F. Schweingruber 提供的切片和番红星蓝染色）。

木材密度（Wood Density）在高大的林线森林与树线之间并没有发生特殊的变化，即在树木生长良好的海拔高度和树木生长极限的海拔高度之间没有变化，仅在其外围发现有匍匐状或者非常小的个体（见表 6.4）。瑞士石松（*Pinus cembra*）密度的增加与非常小的年轮宽度有关（Hoch and Körner, 2003, 2005），但是在 Hoch 和 Körner（2003, 2005）的其他两个研究案例中并没有发现此相关性。由龙鳞木（*Polylepis*）所形成的世界最高树线之一，在 600m 海拔差异的范围内树木年轮变得更窄时，木材密度仅有轻微的增加。从这些有限的数据中发现，树木个体在靠近树木分布的海拔极限时出现树木尺寸的剧烈变小，这与木材密度的变化并无任何相关性。

表 6.4　在高大的森林与树线之间，大于 50 年的树木其木材密度的海拔变化。边材密度：L——低，表示林线；M——中，表示群落交错带的中部；H——最高，表示树线海拔。除了源于 C 的数据，L～H 海拔范围在阿尔卑斯山为 150～250m，瑞典北部是 70m，在玻利维亚是 600m。A、B 数据来自 Hoch 和 Körner（2003, 2005），C 数据来自 Mayr 等（2006），D 数据来自 G. Hoch（未发表数据），E 数据来自 Shi 等（2005, 未发表数据），F 数据来自 S. Burkhard 等（未发表数据），G 数据来自 Zach 等（2010）。

地区和树种	边材密度（gm^{-3}）			数据来源
	L	M	H	
瑞典北部，*Pinus sylvestris*	0.50	0.47	0.48	A
阿尔卑斯山，*P. cembra*	0.34a[a]	0.36[a]	0.44[a]	A
	(0.55)[b]	—	0.48	C
	0.39	0.38	0.45	D
阿尔卑斯山，*P. mugo*	(0.59)	—	0.64	C
墨西哥，*P. hartwegii*	0.53	0.53	0.51	A
阿尔卑斯山，*Picea abies*	(0.67)[a]	—	0.55[b]	C
阿尔卑斯山，*Larix decidua*	(0.59)	—	0.58	C
	0.50	0.51	0.55	D
阿尔卑斯山，*Juniperus communis*[c]	0.68[a]	—	0.58[b]	C
中国西藏，*J. tibetica*	0.60	0.60	0.64	E
阿尔卑斯山，*Alnus viridis*	0.55	0.53	0.53	F
玻利维亚，*Polylepis taracapana*	0.58[a]	0.60[ab]	0.63[b]	B
厄瓜多尔，多种树种	0.69	—	—	G

注：[a] 标有不同字母表示木材密度显著性差异。

[b] 括弧内的数值来自低海拔（600～700m）的例子。

[c] 一种灌木，但包含在内用于比较。

木材的机械特性（Mechanical Properties）对于树木在多雪山区的表现具有决定性作用。例如，苏格兰松（*Pinus sylvestris*）在欧洲形成了部分北极树线，因此就其对冻害及短生长季的忍耐力来说是十分突出的；但是在阿尔卑斯山它却不能形成树线，而是分布于中山地带（Hättenschwiler and Körner, 1996a）。最大的可能在于苏格兰松的枝条木材脆弱，在负载湿雪后易于折断，而瑞士石松（*P. cembra*）的枝条具有良好的柔韧性，能够承受负载。Jalkanen and Konopka（1998）在芬兰北部对抗御雪折（Snow Break）的能力进行了定量化研究，发现苏格兰松的敏感度最大，欧洲云杉（*Picea abies*）处于中等程度，而桦木（*Betula*）的耐受力最强。位于澳大利亚树线的桉树几乎都不具有抵御大雪负荷的能力，这从一定程度上解释了其具有多个树干的原因（见图 6.10）。泛北极地区高山树线附近的优势种桤木（*Alnus*）、桦木（*Betula*）和柳（*Salix*），以及安第斯山树线的一些假山毛榉属（*Nothofagus*）树种，它

图 6.10　在具有周期性强降雪的地区，机械作用影响着树线处的树木形态和物种丰富度。（a）澳大利亚大雪山大约 2000m 处的桉树（*Eucalyptus pauciflora*）；（b）阿尔卑斯山中部 1900m 处的桤木（*Alnus viridis*）；（c）瑞典北部 700m 处的桦木（*Betula pubescens*）；（d）智利中部 1850m 处的假山毛榉（*Nothofagus* sp.）。

们的茎干都具有柔韧性（Gallenmüller et al., 1999）。这些差异具有形态学（分枝）及解剖学上的原因，与纤维长度、木质化程度及晚材形成等都有关系，而且随着树木年龄而变化（Speck et al., 1996; Brüchert et al., 1997）。Vorreiter 等（1937）关于欧洲云杉（*Picea abies*）的研究数据说明，雪的破坏程度增大与木材密度减小、抗曲强度降低及在更高海拔的耐压强度有关。有一些过去的研究对木质化程度的降低进行过报道，在阿尔卑斯山东部，当海拔从 1450m 上升到树线附近时，木质素含量就从 26.5%减少到 23.8%，由此推测此趋势可能也是木材质量较快下降的原因（Tranquillini, 1979），但这一领域还需要更多深入的研究。

6.3 树皮特性

树线处的针叶树并无任何特殊的树皮特性，除了在非常古老的刺果松（*Pinus longaeva*）或 *P. longaeva* ssp. *aristata*（Schauer et al., 2001）及刺柏属树木上（Esper et al., 1995）看到的独特的条状树皮。尽管误导性地称其为条状树皮（Strip Bark），但事实上这是茎干上存活部分片段化后形成的条状纹路，并非是树皮成为条状。

树皮类型的多样性与物种的多样性一样存在于世界范围内的树木分布极限位置。但是，有一个特殊的集群，它们独立进化出非常厚的树皮，这就是在热带树线处的多层纸状树皮（Multilayer Paper Bark），这可在龙鳞木（*Polylepis*）（安第斯山脉）、石楠（*Erica*）（东非）和松红梅（*Leptospermum*）（婆罗洲）等类群中看到（见图 6.11）。人们趋向于将此类树皮类型与防火性能联系起来，在非洲山地的石楠（*Erica*）上看到这种现象，它明显处于高频度的火烧压力作用下（Wesche et al., 2000; Hemp and Beck, 2001; Hemp, 2005）。龙鳞木（*Polylepis*）的情况也是如此，人们推测由于历史上火烧的影响从而形成了残余的森林（Ramsay and Oxley, 1996; Lauer et al., 2001）。在曾经处于湿润环境的婆罗洲基纳巴卢山发现同样的树皮类型，这可以从系统发育或植物地理学的角度加以解释（Klötzli, 1984），即认为桃金娘科植物与易火环境通常是联系在一起的。疏水性的树皮也可以起到保护茎干防止变湿及免受病原体侵害的作用。

图 6.11　全球热带树线类群纸状树皮的形成情况：玻利维亚萨合马地区的龙鳞木（*Polylepis taracapana*），海拔 4200～4800m；乞力马扎罗山的石楠（*Erica trimera*），海拔 3600～4000m（照片来自 G. Hoch）；基纳巴卢山的松红梅（*Leptospermum recurvum*），海拔 3500～3700m（具有附生的兰花）。

6.4　根部特点

尽管在高海拔地区的森林地带采集了很多根部的样品（就单位土地面积而言），但是在树线处对于树木细根的定量研究却很少，大多数对于低温条件下根的实验研究工作都是基于温室中的幼苗进行的。在随后的一些工作基础之上，人们认识到缓慢生长的树木具有更粗壮的根，而且对于根部的投入也更大［依据投入单位干物质生产的根长，称之为比根长（Specific Root Length，SRL）；Comas et al., 2002］。由于树线处树木通常属于生长缓慢的类群，且在树线位置生长缓慢，人们可以预计到树线树木及其幼苗与这些模式正好吻合。相反，缓慢生长的高山杂类草比同类的低海拔物种所产生的根要更细一些（“更廉价”）（Körner and Renhardt, 1987），这被认为是对于寒冷土壤及相应有效养分匮乏的适应。然而，对欧洲温带地区形成树线的类群进行的根部特点研究发现，两种影响模式其实都不存在：温度对于根的直径或比根长（SRL）没有影响，来源地（高海拔或低海拔）对其也没有影响（Alvarez-Uria and Körner, 2007）。

然而，对于玻利维亚亚热带树线的龙鳞木（*Polylepis*）研究发现，其原位根性状确实表现拥有非常丰富的根（更大表面积和更多根尖用于生产单位根干物质；Hertel and Wesche, 2008）。相反，对于欧洲树线类群的调查却令人相当意外，在原位上并没有出现随海拔变化而发生的分化现象（见图 6.12），因此与 Alvarez-Uria 和 Körner（2007）的环境对照实验结果是吻合的。至少对于针叶树而言，其根部性状与单位叶面积所需叶片组织（SLA，见 6.1 节）无海拔变化的情况是一致的。这些树木为什么没有显示出如同在草本植物中所观察到的海拔变化模式尚不清楚，对此还需要更多的来自其他地区及其他物种的数据。

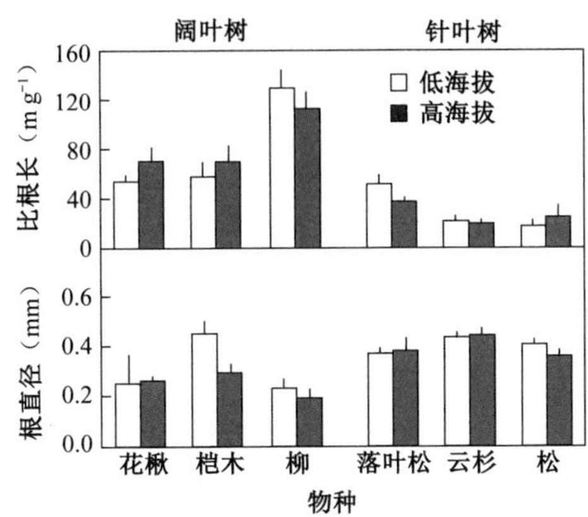

图 6.12　在欧洲采集于高海拔（分布上限）与低海拔的同属和同种树木的原位细根性状（Alvarez-Uria and Körner, 2011）。

对于树线树木的原位根性状和根生物量研究非常困难，且按照常规方法要获取大树的完整根样品也近乎不可能，因此了解根的横截面直径与取样点所有根的生物量之间的关系将有助于进行相关研究。通过这样的数据可以预测某一个根桩挖掘过程中的细根损耗：对于一个 10mm 直径的根来说，如果加上最细一级须根的平均干重，瑞士石松（*Pinus cembra*）的细根损耗为 1.5g，欧洲落叶松（*Larix decidua*）的细根损耗为 2.3g，而山地松（*Pinus uncinata*）的细根损耗为 3.4g（2150m，瑞士达沃斯附近阿尔卑斯山脉中部；M. Bernoulli 和 C. Körner, 未发表数据）。因此，对于这些针叶树而言，加上 10mm 直径根的根生物量差异可达 2 倍之多（在根的宽度达到 12mm 的范围内，在线性回归上质量趋近零的截距大约为 2mm）。

欧洲云杉（*Picea abies*）小幼苗的同质园实验（Olekysn et al., 1998）和培养室实验（Holzer, 1981a）发现，幼苗栽培在同样温暖的条件下生长时，来源于高海拔的个体明显比低海拔个体产生出更多的根。作者的文献调研中还没有见到关于野外实际生长状况下的数据，也没有其他物种对此生命最初阶段响应的数据。

考虑到土壤调查中关于根干物质投入的证据极为有限，可以认为根寿命（Root Longevity）有可能随着海拔不会出现变化（如在欧洲观察到的恒定比根长），或者会随着海拔升高而减小（如玻利维亚的龙鳞木）。如果要判断叶片的寿命（见 6.1 节），如何计算其在具有休眠期的气候中的持续时间就是一个很难回答的问题，因为这种休眠既可能是低温引起的（欧洲），也可能是干旱导致的（玻利维亚）。在温度具有季节性变化的情况下（冬季），温度随海拔升高而下降及相应的生长季长度缩短，都会造成根寿命以历年表述时出现增加的情况（从而弥补了每年较短的活跃期）。北极高山树线和寒温带高山树线细根寿命估计从 1.5～2.0 年（桦树；Wielgolaski and Sonesson, 2001）到大约 3 年（松树、落叶松；Handa, 2008）。这两个区域内生长季为 2.5～4.5 个月，这些细根的存活时间并非特别长（非休眠时间大概为 12 个月左右）。在根的年生长速率一定的情况下，任何根持续时间的延长还会影响到单位土地面积的根密度。反过来，低温造成的衰老和腐烂程度下降也会导致根密度增加，通常很难区分存活部分与死亡部分。

根持续时间的测定在非季节性湿润的赤道地区非常简单，因为可以区分出是纯粹的温度作用还是季节性作用。在厄瓜多尔，Graefe 等（2008）已经收集到此类数据。在一个 2000m 的海拔梯度范围内，他们发现相对的根持续期（通过出生率和死亡率来推测）先是随着海拔升高而增加，但是相当出乎意料的是，根的持续期在到达分布海拔梯度上限附近后又出现了下降。虽然，只有 5 个月周期的研究不足以充分获取有关根寿命的数据。这种趋势性变化的原因尚未可知，但是可能包括了低温导致根损耗的原因（可能性不大），或者反映出更强烈的营养汲取并将相关资源分配到新生根的需求。毫无疑问，关于此领域我们还需要更多的数据，这样才能对树线位置的细根投入和持续时间得出结论性的意见，特别是关于每棵树的数据而不是单位土地面积的数据。

根的持续时间和根的投入二者也均须在菌根化条件下加以考量，随着在形成树线的种属中鉴别出外生菌根（EM）、丛枝菌根（AM）及二者同时出现（Wang and Qiu, 2006; Körner and Alvarez-Uria, 2011）的情况，这类研究对于树线类群而言必不可少（Göbl, 1967），而且菌根化的情形也具有多样性（Kernaghan, 2001）。一个非常特殊的例子是桤木（*Alnus*）的根及相关的固氮弗兰克氏菌导致的形态上的明显变化（供参考，Anderson et al., 2009）。人们认为如果不是树木具有菌根，它们能否生长到那么高的海拔是值得怀疑的（Moser, 1967）。不管是否真的如此，菌根在树木生活中包括在树线都是一个十分重要的因素，根部性状很可能通过不同的方式反映出这一共生关系，包括树木在细根与菌根之间投入的权衡（参见 11.1 节相关内容及表 11.1）。

6.5 树的形态

承前所述，由外部机械力所造成的树木形态不在此赘述。在全球尺度上此类形态并非树线所专有，在低海拔地区及海岸带也能见到。例如，冬天积雪造成的茎干变形可以发生在任何有积雪的山坡上；“旗型”树可形成于迎风的山脊上，甚至沙丘上。关于高纬度山区有关该话题的详细论述，推荐读者参考 Holtmeier（2009）的相关研究。

即便没有严重的干扰，在气候性树木分布极限处的树木形态也与低海拔地区有着明显的差别。当树木长大并日益暴露于毫无缓冲的高海拔气候条件下，它们的上部往往要比下部经历更为严酷的环境条件。水平生长（较低的侧枝）得益于地面附近的较暖温度；而垂直生长则变得愈发受限，直到郁闭的树冠形成以后，树木的下部得以荫蔽，这时树冠就起到了避风的作用。然而，树冠完全郁闭在树线位置是相当罕见的。树线处于高大森林（林线）与匍匐状树木之间的过渡地带，在树线之上常常出现垫状的树木形态，这得益于树冠的高密度带来的热量优势及对空气流动形成的高阻力。

在树线条件下，对于任何高度的树木来说，都会形成更粗壮的茎干，以及更大和更长的具有活性的下部侧枝。在单轴型树木中（大多数是针叶树），当树木长大且侧枝变短时，顶枝的生长就变得逐渐缓慢了。在合轴型树木中（非针叶树的树线），伴随着高度化的分枝和内向生长，树冠发展成一个垫状的外形，形成了紧密的冠层（见图 6.13）。在单轴型树木中（针叶树），高海拔的基因型趋向于发展出较短的、更硬的、更紧密的侧枝，冠层间隙也变得更小（见图 6.13）。这种形态上的适应在北方树线中也观察到过［阿尔泰山的瑞士石松（*Pinus cembra*），Khutornoi et al., 2001］。这些特征中有些是可以定量化的。例如，为支撑 1m 的高度需要在树干基部附近“产生”的直径厘米数，即所谓的“锥形化”，在树线与其下几百米处相比该比例几乎翻了一倍

（见图 6.14）。由于锥形化随着年龄而改变，这些数据就需要按照树木年龄或者同生群大小进行分层次处理，不是所有从野外生长树木中获取的数据都可以使用，这些数据可以用来解释一些树木的外在特质。随着靠近树木的分布极限，锥形化现象的增加有加速的趋势，这证实了树高的生长比树径的生长更易受到逐渐增加的不利条件的影响。

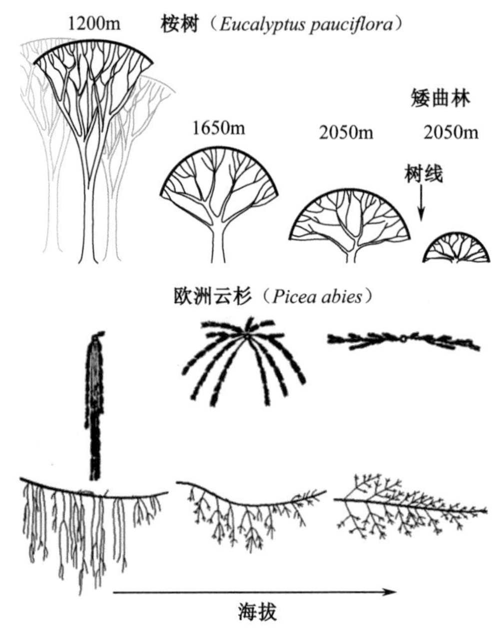

图 6.13　树木形态及其分枝形状随着海拔升高发生的变化：澳大利亚大雪山的桉树（*Eucalyptus pauciflora*）。注：在 1600m 之上由于 ssp. *niphophila* 的出现发生了亚种变化。在接近树线的地方树木变小，其轮廓逐渐接近半球形（C. Körner, 未发表数据）。欧洲云杉（*Picea abies*）最普遍的树冠类型随着海拔而变化。梳子型在低海拔更为常见，而碟型在靠近树线处更为常见（从左到右为丰富度的海拔梯度，Gruber, 1988; Gaburek et al., 2008）。

采用统一的方式进行栽培实验，将源于高海拔的针叶树苗木种植在苗圃中，苗圃正好跨过树线群落交错带，以此可以验证环境对于树木结构的影响。因为相同树龄的树木其个体大小随着接近树木分布极限而缩小，而茎干直径的差异要小得多（见图 6.15），这样就如同图 6.14 所示，可以反映出非均匀树龄样本的锥形化增加趋势。树木随着海拔升高明显变得更为矮小。

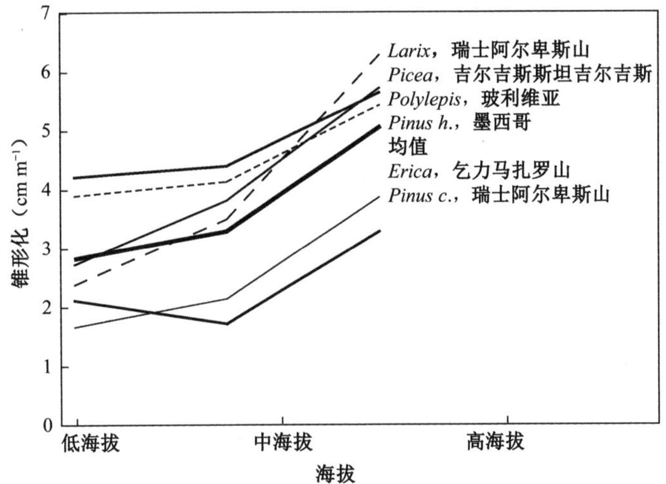

图 6.14　在树线附近向上跨越几百米的海拔范围内树木锥形化的全球比较。为了说明清楚，变化的海拔被分为低海拔（树线下方 100～300m）、中海拔（树线下方 50～100m）及数据采集恰好于树线位置（大部分未发表数据来源于 G. Hoch；吉尔吉斯未发表数据来源于 F. Cohnen）。阿尔卑斯山达沃斯附近斯提尔博格（Stillberg）的落叶松（*Larix*）；玻利维亚萨合马（Sajama）的龙鳞木（*Polylepis*）；墨西哥奥里萨巴山（Pico de Orizaba）的松树（*Pinus h.*）；阿尔卑斯山诺贝尔山（Mount Noble）的松树（*Pinus c.*）。

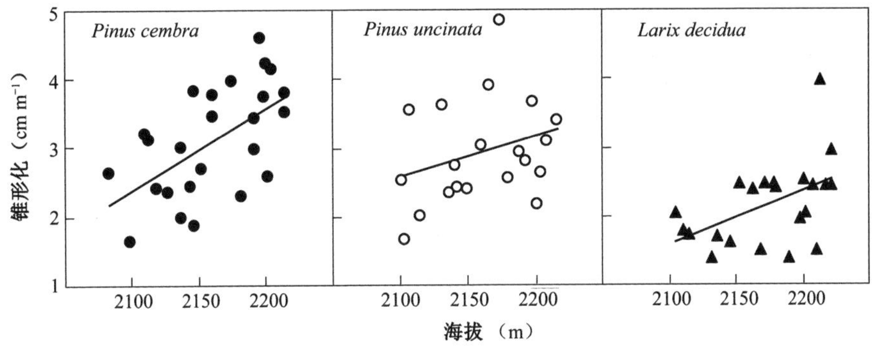

图 6.15　具有均一树龄（大约为 27 年）的三种针叶树同生群（相似的种子来源）的高度和锥形化情况，这些植物于 20 世纪 70 年代初期种植于瑞士达沃斯附近的树线群落交错带（见图 6.17 右图，高度数据来自 Bernoulli and Körner 于 1999 发表的文章；锥形化数据来自未发表数据）。部分的变化是因为动物啃食和顶梢枯死对高度的影响所致。

6.6 树线树木的干物质分配

植物对光合同化产物的投入方式深刻地影响着植物的形态、活力和竞争力。一定量的碳同化产物分配于不同器官其结果的差异是很大的，它可以用于形成新的叶片（产生新的光合同化产物）或者细根（持续呼吸，但需要土壤养分），或者就树木而言，这些同化产物可以分配到枝条以支撑和扩展叶片，或者分配到茎干以支撑树冠并提供竞争优势，同时也确保植物的长期生存和对生存空间的占据，或者还可分配到粗根中以起到稳固树木的作用（Körner, 1991）。很显然树木无法自主选择其干物质的投资对象，但它们能够对环境抑制和植物需求之间的交互作用产生适应性响应。大多数干物质的分配都是受遗传控制的，从而形成了树木的独特外观，但最终投资于此而非彼肯定是有倾向性的，也存在明显的权衡情况：在某个部分投入较多就需要减少其他部分的投入。此关系的研究被称为“功能性增长分析”（最初是在作物科学中发展出来的），尽管此关系能够阐明树线位置树型形成的原因，但却很少在高海拔树木研究中应用（一个早期的工作是 Oswald 于 1963 年对阿尔卑斯山瑞士石松的研究）。干物质分配的变化能够很容易抵消掉光合速率差异对生长造成的影响（Oleksyn et al., 1998）。

树线处的树木叶片是比低海拔更多了还是更少了？投入到根部的干物质是更多了还是更少了？投入到茎干中的干物质多还是侧枝中的多？是粗根中多还是细根中多？极少有证据能够回答树线生态学中的这些核心问题，很多我们所知道的都是来自生长在控制条件下的幼苗。分配性状如“叶质量分数”（Leaf Mass Fraction，LMF，即叶片干物质占植物总干物质的百分比），以及类似的“根质量分数”（Root Mass Fraction，RMF），以及与干物质利用效率相关的一些术语（比叶面积——SLA 和比根长——SRL，如 6.1 节和 6.4 节所讨论的一样），都尚未在幼树阶段之外的树木中研究过，甚至对最初生长阶段的原位观测数据都十分缺乏。

在低海拔地区，落叶和常绿成年树种的平均 LMF 分别约为 2%和 4%（Körner, 1994），更小的如幼苗或者小树的 LMF 在任何地方都为 10%～25%，这接近于草本类群的约 21%的平均值（Körner, 2003a）。在瑞士树线附近 6 年生的蒙大拿松（*Pinus montana*）和瑞士石松（*P. cembra*）的 LMF 分别为 33%

和 47%（RMF 分别为 22%和 20%，不超过茎干生物量的一半）。LMF 随着树木大小和年龄增加而减小是由于树干质量分数的增加而导致的，但其中大部分为死了的心材，这会造成老树中这类分数的功能意义出现严重的偏差（Körner, 2012）。

相同树龄的针叶树幼苗（*Picea abies*、*Pinus mugo*）具有更高的枝条和针叶分数，因此树线位置的根质量分数相比于几百米之下的低海拔地区是显著降低的（Benecke, 1972），类似的趋势 Wardle（1971）通过在同质园中的实验对假山毛榉（*Nothofagus*）的情况也进行过报道，他们都认为树线附近根的生长比茎的生长受到了更大的抑制（Tranquillini, 1979）。相反，来源于高海拔的幼龄欧洲云杉（*Picea abies*）在低海拔同质园或者培养室条件下生长时表现出较高的 RMF，因此说明将适应了寒冷的基因型栽培在温暖气候条件下时，遗传偏好是将干物质分配到根部（Holzer, 1981; Oleksyn et al., 1998）。高山草本植物通常比低海拔植物具有更高的 RMF（Körner and Renhardt, 1987）。由于生物量分配在很大程度上受到光照、太阳辐射对土壤的增温作用和土壤湿度的影响，因此这些数据会受到微生境开敞性（苗床）的显著影响，这就需要对原位生长条件进行高度的分层处理，以使得此类数据便于比较。通过源于高海拔而移栽在温暖低海拔环境条件下的树木，可以观测到根部的干物质分配较高，但就此认为这就是野外实际根/茎比则是毫无道理的。一旦树木变老且根的持续期变长，就会最终导致高海拔地区根量的更多积累。因此，为了解决此问题，必须将每年分配到根部的干物质与根的持续期所起的作用加以区别，适应寒冷环境但受到了增温处理的幼苗可能存在多枝效应（Overshooting Effect），表明所有标准化尝试都存在本质上的两难问题。所考虑的“标准”对于不同来源的植物其实际作用可能是差异很大的。

长得高大却依然年幼的（>20 年）树木（树苗）会具有相对较高的叶片质量分数和相对较低的根质量分数。Körner（2003a）综述的数据表明，瑞士石松（*Pinus cembra*）的 LMFs 为 13%～25%，Oswald（1963）对林线和矮曲林（Kampfzone）之间树苗的经典对比研究发现，针叶∶茎∶根的干物质分配比例分别为 24%∶49%∶27%和 25%∶50%∶25%，而且没有显著变化。在斯提尔博格（Stillberg）树线群落交错区巨大的造林实验场（瑞士达沃斯附近），将具有相同树龄和来源的三种针叶树幼苗栽培在跨度达 140m 直达树木极限的海拔样带中，并于 23 年之后将其收获（树龄大约为 27 年）。这些重复性很好的数据显示，瑞士石松（*Pinus cembra*）和山地松（*Pinus uncinata*）的 LMF 随海拔增加，从大约 10%增加到 20%，而在欧洲落叶松（*Larix decidua*）却没有什么变化（LMF 大约为 7%，见图 6.16）。有意思的是，只有山地松（*P. uncinata*）的 RMF 成比例下降（从 14%到 9%），而瑞士石松（*P. cembra*）（大约为 12%）和落叶松（大约为 13%）的 RMF 保持不变，这表明只有瑞士石松（*P. cembra*）的茎干质量分数增加了。即使树木高度在树线群落交错区的 140m 样带中从 2m 下降到 1m（见图 6.17），但在树木生物量方面却没有出现明显的下降（随微生境变化强烈，瑞士石松和落叶松每株树木的平均值约为 1.5kg 干物质，而在山地松约为 2.5kg 干物质），在树木分布极限位置树木明显变得更矮小，因此促进了图 6.14 和在图 6.15 中锥形化发育现象。

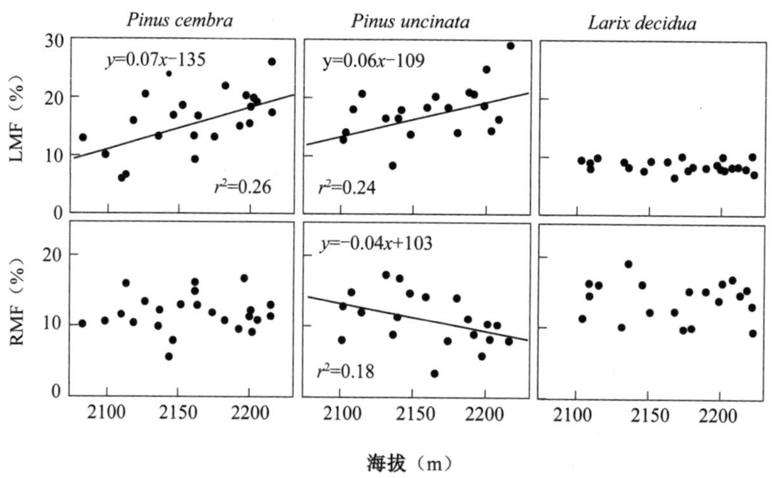

图 6.16　在树线群落交错区中树龄为 23～26 年针叶树幼苗（1～2m 高度）的生物量分配比例（瑞士阿尔卑斯山，达沃斯附近，海拔 2080～2220m，见图 6.17 右）。LMF——叶质量分数，RMF——根质量分数（根不包括根状茎，根状茎被认为是茎的一部分或者是一个单独单元；Bernoulli and Körner, 1999）。

总之，在树线位置，这些常绿针叶树在树苗阶段比低海拔同龄树苗具有相似的或者更大比例的绿叶，而对于根部的投入却随着海拔的升高未受到影响或者出现下降（在一个例子中）。群落交错带树木生物量分配比例的总结如图 6.17 所示。其他地区的数据依然有限，而且缺乏基于树木的数据，但有一些基于地表面积的样品（非树木）可作为替代性证据，在玻利维亚龙鳞木（*Polylepis*）树木样品的调查发现，在树线位置具有更多的根（总根表面积和根尖数，Hertel and Wesche, 2008）。

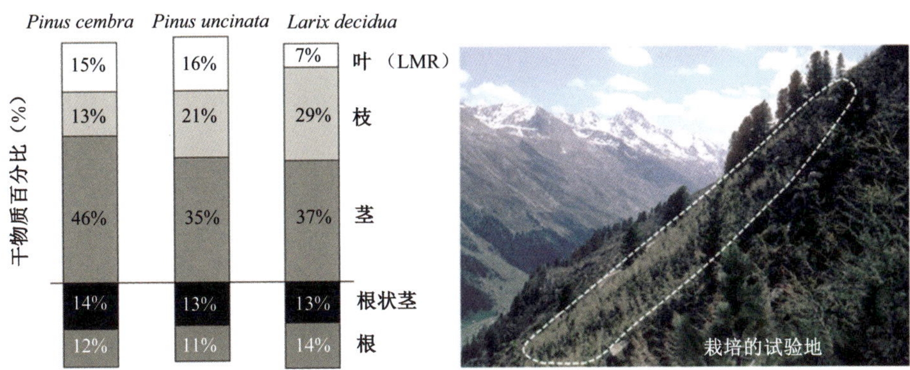

图 6.17　树线处生物量分配比例的总结，如图 6.16 所示。小心挖取瑞士石松（*Pinus cembra*）（24 株）、山地松（*P. uncinata*）（20 株）和欧洲落叶松（*Larix decidua*）（20 株），将地下基茎（根茎）从根部分离（圆圈中的面积表示达沃斯附近的种植园；Bernoulli and Körner, 1999）。

在树线处对于老树的生物量分配比例及其随海拔变化的情况尚未可知，但是所获取的树苗数据显示，叶质量分数随着海拔增加似乎不大可能出现明显下降趋势。在两种松树种植 6 年和 22 年后，对于同样种源及在相同样地进行两次采样后得出的数据是相当一致的，说明与年龄相关的生物量分配比例随着树线树木的变老而变化（见表 6.5）。侧枝的比例情况也类似，但是随着叶和根分配比例的减少，茎的比例相应增加。再次需要提及的是，此分配比例包括不活跃的芯材部分的增加值，因此并非反映了这些器官之间的功能关系变化，这是树木功能变化分析中普遍存在的问题（Körner, 2012）。两个常绿物种针叶和根的干物质比率（不包括茎和侧枝）在 6 年树龄、22 年树龄分别为 2.1%和 1.4%（瑞士石松）、1.7%和 1.8%（山地松），因此，随着树龄的变化，较成功的树种山地松（*P. uncinata*）该比率的变化要更小一些。

表 6.5　瑞士达沃斯附近树线位置（海拔约为 2150m）的两种松树在种植 6 年（9～10 年树龄）和 22 年（25～26 年树龄）后的生物量分配比例变化（总生物量的百分比）。第一次收获：Turner et al.（1982）；第二次收获：M. Bernoulli 和 C. Körner（未发表数据）。

	P. cembra		*P. uncinata*	
	6 年	22 年	6 年	22 年
针叶	47%	15%	35%	17%
枝条	14%	14%	19%	21%
茎	17%	60%	25%	52%
根	22%	12%	21%	11%

注：100%干物质在瑞士石松（*P. uncinata*）为 74g 和 1272g，在山地松（*P. uncinata*）为 143g 和 3880g（22 年），分布对应的是 6 年树龄和 22 年树龄。由于数值舍入误差的原因，百分数的和并非总是 100。

总而言之，本章展示了树木在趋近其分布极限过程中组织特性的变化相对较小，但是茎和侧枝则出现了显著的异速变化，茎变得更短、更粗，树线处比山地森林上部的锥形化趋势更加明显。这说明了近地面的茎（和侧枝）生长速率相对更快，径向生长速率随着树木高度升高而快速下降。除了在接近针叶树海拔分布极限过程中，发现叶片比例增加、根比例下降外，由于干物质分配比例的数据还十分有限，目前还很难从功能上解释影响树线树木外观表现的因素。这些树木的响应与所知的草本植物海拔变化模式并不一致，草本植物随着海拔升高其根量增多，且根和叶的组织质量均表现出明显变化。然而，树线附近树木矮化程度的增加可以看作与高海拔草本植物茎干比例下降并行的特征（Körner, 2003a）。在幼苗阶段，树种的异速生长更类似于其他矮小植物，这即是树苗在树线之上几百米处依然表现良好的另一个可能原因。

第7章
生长与发育

植物要生长，就必须经过内部准备（发育阶段）构建新的组织。植物分生组织必须能够产生新的未分化的细胞，这些细胞必须长大而且分化出不同的功能。上述所有这些过程的发生都需要资源，如太阳能（光子和热能）、二氧化碳、水和养分。此外，还需要时间来完成上述过程，并发育出成熟的、强健的植物组织。细胞膨大的速度和持续的时间受细胞壁增厚的速率控制，而细胞扩展的速度和持续时间则控制着细胞壁物质聚集的数量。因此，分生组织活动既受内部因子（如遗传和激素等）的影响，也受外部因子（如环境）的驱动，而内外部因子都随生命周期（个体发生）和季节而变化。内外驱动因子互动的方式很复杂，因此很难区分什么在驱动、什么被驱动。那么，树木及其组织的哪个发育阶段及哪些过程和驱动因素决定着树线生命的成功呢？本章将从生长（干物质积累）和发育、物候（植物体外形的明显变化，如花蕾展开和叶子脱落）的内在基础角度来探讨这些问题。

要了解低温极限条件下植物的生长，就必须了解植物组织形成各方面对低温的相对敏感度。过去，研究植物在低温下的生长情况往往取决于气候数据、树木年轮和气体交换数据的获得情况。通常人们不是直接测定生长，因为没有合适的设备可以直接测得细胞周期的速度、细胞壁增厚和木质部形成等。由于这些生长过程是无法测量的，因而没有受到理论研究的追捧。

我建议所有希望认识植物生长过程的读者姑且不管研究仪器和手段的限制，首先要想清楚需要认识的问题，即植物生长的机制，而不要过多地考虑如何测定它。本章的主要目的是激发读者对这个问题的思考。要认识这个问题，Lyndon（1998）的《枝条顶端分生组织》（*Shoot Apical Meristem*）是一本很好的入门书，可能大多数读者从没想过要读这本书。显然，生长过程远不止顶端分生组织，但是对于产生全球生物量碳库 90%的顶端分生组织和形成层分生组织而言，我们希望了解和测量的基本内容是大致一样的。在此基础上，我建议读者阅读 Vaganov 等（2006）的《针叶树年轮生长动态》（*Growth Dynamics of Conifer Tree Rings*）一书（至少要读第 3～6 章）。对于那些从生态生理学、种群生态学、群落生态学、森林研究或普通生态学一路学过来的人来说，这本书会把读者引入一个浩瀚的、尚待认知的知识海洋。这类文献浏览过后，希望你已经不再热衷于仅仅是拿着气体交换仪跑来跑去。最后，为防止大家在植物生长研究中对仪器设备产生迷信（有人认为只有用设备能够测量的方面才是值得研究的）的第三剂良方，我建议读者多参阅农业方面的文献（农业专家的首要目的是产量，他们也确实知道如何提高产量）。Evans（1975）、Gifford（1981）或 Wardlaw（1990）等文章也会令人眼界大开。没有任何案例表明作物生长（产量）是同其光合作用的能力相关的。相反，目前人们认为，即便是在作物生活的“最佳环境”下，其生长主要决定于下列因子：(1) 细胞过程，常被称作“汇强度”（Sink Strength），见 Farrar（1993）的评述；(2) 投资策略（生物量分配）；(3) 组织生长期限（对发育与分期消耗的控制）。你是否惊诧于从来没有人向你推荐这些文献？这是因为编写和教授教材的人其思想也被束缚在植物生长中那些能够用仪器测量的方面。科学仪器能够帮助我们在科学研究上取得突破，但是科学仪器（往往很易获得）也很容易使人们忽略真正重要的方面。

树线生态学研究一直以来只关注用仪器很容易测量的方面，而忽略了植物生长中真正需要认识的东西（至今依然如此）。树线生态学研究在这方面与作物研究至少有 30 年的差距，现在是生态学家奋起直追的时候了。在这段感言之后，我将首先以生物量年度或季度积累为例介绍植物组织生长净结果的一些常规证据，然后讨论上面提到的植物组织水平过程，最后简短介绍一下物候学方面的研究进展。不幸的是，本章所介绍的主要是一些有关温带针叶树的数据，因为在其他气候带这方面的研究尚属空白。

7.1　树线附近的树木生长

讨论伊始，需要区分两个“生长速率”：受当前环境控制的生长速率、受遗传基因控制的生长速率。根据物种的生殖适应性进化过程最终选择了相应的基因型和物种，也就是具有成功生殖能力的后代出现的速率。生长快可能有利于提高适应性，但是也可能限制物种的适应，因为植物可能会变得太脆弱或太茂盛，从而更容易吸引草食动物的注意。因此，我们必须从适应性和生长速率权衡（Fitness/Grouwth Rate Trade-off）的角度来评价植物在野外的生长速率，要注意区分表现型（被动）和基因型（主动）的影响。

毫无疑问，在气候性树木分布极限处树木的生长速率比树线以下的要慢。到了一定的海拔高度，树木个体大小已经不及灌木。很显然，这是由于直立形态产生了不适合的空气动力学特征，使其同周围的大气温度产生耦合，从而不像树线以上的低矮植物那样能够“改造”其微气候环境（详见第 4 章）。当天气变冷的时候，在所有的植物生活型中，乔木生活型最先受到影响，因为乔木会直接受到气候的严酷抑制。在这样的情况下，乔木和其他所有的适应寒冷气候的植物受到同样的生长限制，但是乔木受到的限制在周围大气温度都还比较高（或在低海拔地带）的时候就已经表现出来了。实际上，无论生活型如何，在细胞层次上所有适应低温的植物所受到的生理限制都是一样的。我们没有理由认为在组织或细胞层次上乔木应对低温的能力比其他生活型的进化程度低。本节将通过实例分析树线附近树木的宏观生长情况，并与树线以下树木的生长情况进行比较。

7.1.1　幼苗的原位生长

在高纬度地区有关季节性树线附近幼苗和幼树生长情况的研究数据很多，但是在低纬度地区类似信息却几乎没有，这是因为监测幼树的原位生长情况需要研究人员亲临野外现场进行观测，同时在热带地区树线树木通常很难提供可信的年轮数据或明显的年度抽条标记。就我所知，有关树线处幼苗生长的最好数据资料是 Häsler 等（1999）对瑞士达沃斯附近树线处的落叶松（*Larix decidua*）进行的研究。他们在两个不同坡向上（这里只展示了东坡的数据）对枝条和根的伸长生长进行了长达 3 年的连续观测，同时还观测了相关的树冠层空气温度和根区的温度，各次观测的时间间隔很短（见图 7.1）。总体说来，根部生长动态同枝条生长动态步调是一致的，只是在气候存在季节性变化的温带地区，根部生长开始的时间比枝条要早几天，而结束生长的时间要晚几天。根部和枝条生长高峰期没有先后之分，在研究地点都是 8 月下旬达到最大生长速率（枝条生长速率为 8mm/周，根生长速率为 12mm/周）。在常绿树种中不太可能观测到如此晚的枝条生长高峰期，因而这应该是落叶松这类落叶树特有的生长习性。当日平均温度下降到 5℃以下时，根和枝条的生长速率都停止了，只是根部生长比枝条生长对温度变化更加敏感（温度反应线更加陡直；见图 7.2）。因此，微弱的温度变化对根部产生的影响要比对枝条产生的影响更大，但是同空气温度相比，土壤温度变化要慢些，昼夜和季节变幅也要小得多（见第 4 章）。

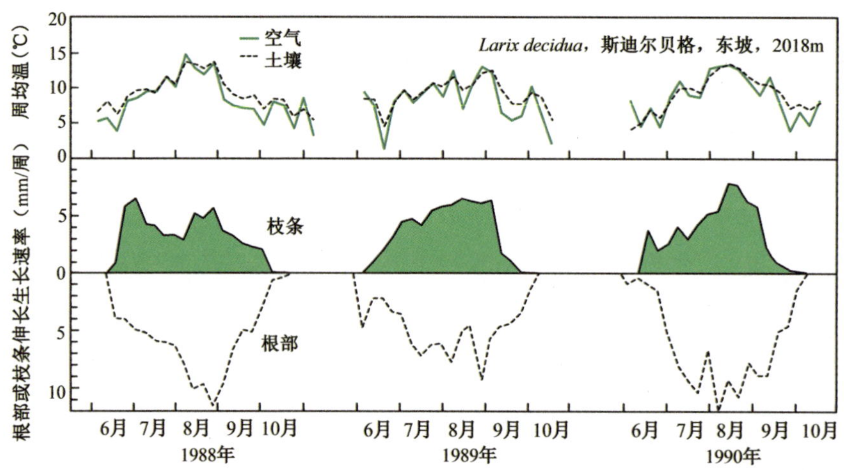

图 7.1 落叶松（*Larix decidua*）根部和枝条伸长生长速率及其与相关温度连续 3 年的观测结果，地点位于瑞士达沃斯附近的树线，海拔 2180m。用于实验的幼苗是用在高海拔地区采集的种子于 1987 年在苗圃中培育的，然后于 1988 年 5 月移栽到树线附近的根部生长观察箱（Root-Window Boxes）中。图中温度为地面以上 10cm 高度和地面以下 10cm 深处测定的。全部数据来源于 Häsler 等（1999）在东坡观测得到的数据。

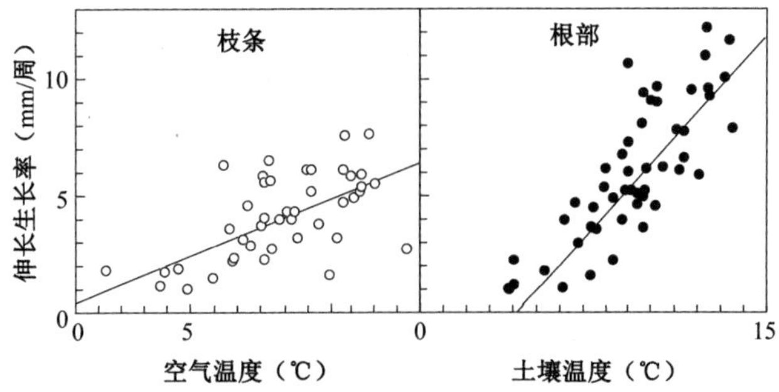

图 7.2 枝条和根的周伸长生长速率及其相关树冠层和根区平均温度的线性回归，数据同图 7.1 中所示。部分偏差是因为使用了 7 天的平均值，从而掩盖了一些真实的情况。而实际情况是当地的气候变异很大，温度较高的日子对生长的影响相对就更大，这种差异用温度的算术平均数是无法反映出来的（Häsler et al., 1999）。

关于树线针叶树的季节性生长变化，有几个短期的盆栽实验（见 Tranguillini, 1979; Körner, 2003a）。这些实验都发现树线针叶树的生长速率相对较低，4～7℃（大多在 5℃左右）的低温限制了根部和枝条的伸长生长。低温对植物组织形成过程的限制（抑制碳汇活动）不可避免地会对光合作用产生负反馈（见图 7.3），加之光合作用本身对温度的敏感性就要差得多，这样具低温适应能力的物种在温度下降到 5～7℃的时候，其光合作用的能力一般只有其全部潜力的 50%。但是，如任何其他生化过程一样，光合作用合成的产物必须从其合成的场所转运出去，以便合成过程能够持续进行。因此，对合成产物的运输和利用速度必须跟糖的合成同步。低温会改变这种平衡，从而有利于光合作用的进行（详见第 11 章）。

幼苗生长随着海拔上升而递减是非常确定的结论。在由温度驱动的季节性气候条件下，生长速率减缓和生长期缩短（季节长度）的联合作用都会导致这样的结果。图 7.4 显示的是阿尔卑斯山落叶松（*Larix decidua*）幼苗直径生长的通常模式。本案例中生长季长度的差异主要源于春季起始生长的时间，实际上秋天完全停止生长的时间是非常接近的。常绿树种和分布在树线以下的落叶阔叶树种一样（Burger, 1926），海拔越高结束生长的时间越早，并且表现出明显的基因型差异（Holzer, 1981b; 见第 8 章）。

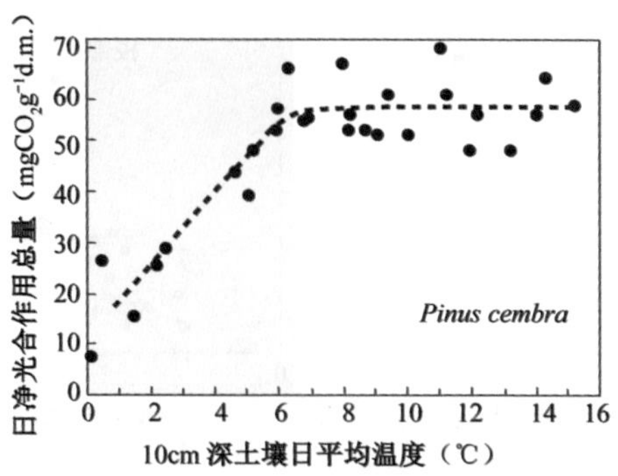

图 7.3　当低温使得根部无法生长时，原位的光合作用也会受到限制，并且随着 10cm 深土壤温度的上升而逐渐增强，直到温度超过约 6℃的阈值。图中所示为奥地利奥贝古尔（Obergurgl）附近树线瑞士石松（*Pinus cembra*）幼树的情况（Havranek, 1972）。

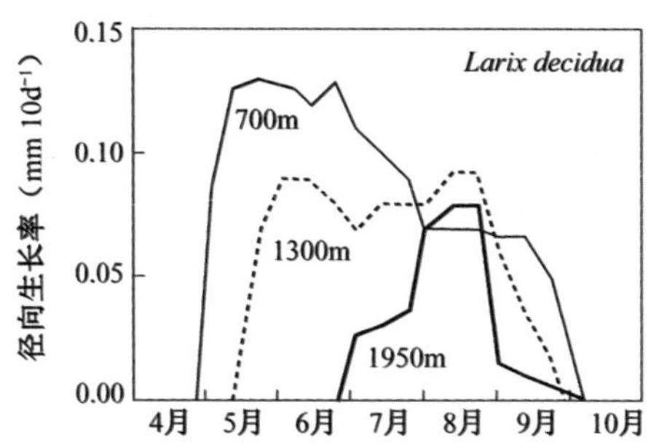

图 7.4　阿尔卑斯山三个不同海拔落叶松（*Larix decidua*）2 年生幼苗的径向生长情况，其中 1950m 的点在树线交错带以内（Tranquillini, 1979）。

7.1.2　树苗和成年树的原位生长

关于树木生长对海拔梯度响应的研究文献很多。但是，这些研究数据的问题在于：（1）很多这样的研究是在树线以下的地方进行的，因而缺乏最重要的树木分布海拔上限 50～100m 范围内的数据（各物种通常是在中等海拔高度生长达到峰值）；（2）在很多的梯度研究中，没有区分温度的梯度下降和湿度的梯度变化影响，因而很难从这些数据中分析出具有普适性的模式（见第 4 章，有关复合气候梯度部分）。在气候梯度是从半干旱的山脚开始的地方（如北美西部），上述问题带来的数据分析困难尤为突出。这些问题的存在也就部分解释了各有关文献（Fritts, 1976; Morales et al., 2004; Wang et al.,

2005）结论相互矛盾的原因。

这并不意味着可以忽略低海拔地区的气候因子梯度或湿度对于树木生长的重要性。与低海拔地区一样，在一些高海拔荒漠或半荒漠地区，水分匮缺也会成为树木分布的限制因子，湿度降低会严重影响局部地区和年际间的树木生长。在地球上任何温度条件足够树木生长的地方情况都是这样。上述这些研究自有其研究的理由和价值（例如，对于气候重建而言），但是在树线海拔高度以下的地方任何湿度因子的综合影响都会以不可预见的方式影响树木的响应情况，湿度状况的局部特殊性对树木生长速率来说具有很重要的生态意义。如前面几章（第 2～4 章）所示，树线是一个全球现象（就位置而言，不管树木在当地的活力如何），而且与一个共同的等温线密切相关。为了正确认识树线形成的机制，就需要了解当树木在微小海拔梯度变化情况下，逐渐接近这个等温线的时候其生长情况如何。遗憾的是，这样的数据并不多。

除非是遇到了相反的湿度梯度，否则树木的径向生长一般都是随着海拔升高（接近树线）而下降的（Gaumann, 1944; Ott, 1978; Sakio and Masuzawa, 1987; Splechtna et al., 2000; Oberhuber et al., 2004）。但是，在接近树木分布海拔上限的过程中，树木径向生长受到的影响要比高度生长受到的影响小得多（参见 Tranquillini, 1979；第 6 章）。因此，高度生长显然比径向生长对海拔升高更加敏感。树木年生长量随海拔而下降呈现出渐进式还是突变式（及发生在最后几米海拔之内），这主要取决于考察的历史时期，因为树线目前的位置可能已经是“树木生长的边缘”（Edge of Tree Life）条件，也可能反映的是过去不利于生长时期留下的印迹，而目前的树线海拔位置无法反映出已经改善了的气候条件（例如，树线没能向上迁徙）。在欧洲阿尔卑斯山，1860—1900 年，树木径向生长速率在接近树线的过程中几乎呈线性下降，且主要发生在最后 250m 海拔范围内，而这种下降趋势在随后的 100 年内则消失了，这很可能就是因为在此期间温度上升了 1.2～1.5K。目前，这些地方树线的成年树木生长速率并不逊于山地林上部的树木（见图 7.5）。从中我们可以得出两点结论：（1）目前的树线位置滞后于气候变化；（2）树木径向生长对微小的温度变化都非常敏感。观察期间发生的气候变暖使得该期间树木分布极限处的径向生长由原来的 0.2mm 增加到了 1.2mm，即增长为原来的 6 倍；到 19 世纪末期，树线附近最后 250m 海拔内，海拔每升高 100m，树木年轮宽度下降 0.5mm；到了 20 世纪末期，这种变化则接近于零。

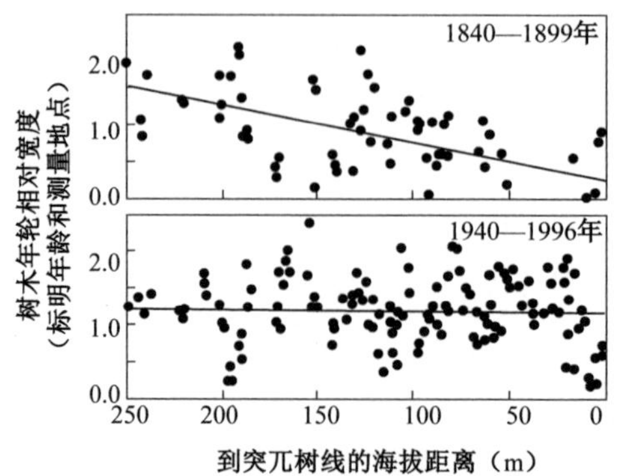

图 7.5　从山地林上部到树木个体分布的最高处 250m 海拔梯度范围内，1860—1900 年和 1960—1996 年两个不同时期树干直径的增加情况。本图展示的是在瑞士阿尔卑斯山对 200 多棵瑞士石松（*Pinus cembra*）和欧洲云杉（*Picea abies*）的观察结果。观察地点的树线海拔高度为 2350m，树木个体分布最高达 2510m。相对年轮宽度数据已经按照树木年龄和测量地点进行了整理，这些单位的平均值接近于毫米（Paulsen et al., 2000）。

虽然在整个树线交错带年轮宽度随海拔升高而降低的趋势消失了，但是树木高度递减的趋势则没有那么大：在最后 250m 范围内，高度递减只是从原来的 15～25m 降低到了目前的 4～7m（Paulsen et al., 2000）。高度增长与直径增长对海拔升高的响应显然不一致（见第 6 章）。

Rolland 等（1998）在意大利阿尔卑斯山对树线附近的云杉（*Picea*）、落叶松（*Larix*）和松树（*Pinus*）进行的研究，以及 Salzer 等（2009）对北美西部三个地点的松树（*Pinus longaeva*）进行的研究都有类似的发现。Salzer 等观察到的生长趋势只发生在树线上部 150m 内的有限海拔梯度上，而与绝对海拔高度无关，这与 Paulsen 等（2000）报道的阿尔卑斯山西部两个针叶树种的情况十分相似。20 世纪 80 年代，阿根廷南部树线附近的假山毛榉（*Nothofagus pumilio*）的径向生长也出现过类似的现象（据推测也跟气候变暖有关），这与历史上记录到的温暖时期的快速生长类似（Villaba et al., 1997）。生长不随着海拔的增高而下降的现象并不鲜见，因为低海拔的参考地点往往更易受到水分的限制。然而，Cullen 等（2001a）报道的新西兰潮湿气候条件下假山毛榉（*Nothofagus mensiesii*）年轮宽度不随海拔升高而变窄的情况，则可能是过去与温度无关的因素制约了树线的向上迁移，如 Wardle（1971）曾提出的有些树种幼苗在全光照条件下无法成功定植。研究人员（Körner and Paulsen, 2004）

发现这是因为这个树线处的温度太“温暖”，直到最近人们才发现在新西兰最南端该物种实际上甚至可以分布到生长季平均温度 6.4℃的地方，同全球平均树线等温线已经十分吻合了（Mark et al., 2008；第 4 章）。Grace 和 Norton（1990）报道了一个十分有趣的案例，这个案例为解释在树线交错带有些树木的生长并不随海拔升高而降低提供了进一步佐证。他们发现欧洲赤松（*Pinus sylvestris*）树木年轮宽度随海拔上升而变窄的典型过程（Classical Decline）一直持续到树木变为匍匐状态的海拔位置。在灌木状的个体中，年轮又开始变宽，这应该与矮化灌丛形成的温暖小环境有关。

高海拔地区开展的树木年轮学研究（Fritts, 1976）大多数是出于气候学目的，因而对海拔本身并没有多大的兴趣。这些研究主要想阐释树木年轮宽度形成的一般规律和主要气候控制因子，且其关注的地点也不仅限于山区。这些研究大多数都认为，随着海拔升高，温度越来越成为决定性因子，而水分的限制作用则越来越小。然而，由于各气候驱动因子或各种隐含功能的自相关作用，人们很容易得出错误的因果关系，或者很难找准主要的主导因子。例如，季节性树木生长同冬季末期降水存在着负相关，但真正的原因是冬季末期降水增加了积雪厚度，春季积雪融化需要更多的时间，因而推迟了植物生长季的开始日期。还有，夏季较高的温度不可避免地会同云层少、日照增加等因素叠加起作用，但是在某些地区也可能跟干旱协同起作用。夏季降水多往往意味着温凉、多云的天气，暖秋天气则意味着更长的有效生长季，而非常短的生长季（积雪融化晚）则不可避免地会使生长季集中在夏季最温暖的月份，凉爽的早春季节缩短会使当年生长季期间的平均温度同正常年份相比显著偏高。这正好可以在很小的时间分辨率上通过实验研究木质部的发生（Xylogenesis）。

很多控制性环境实验都证实了低温对野外幼苗和成年树木生长的影响（较早的研究可参见 Tranquillini 于 1979 年发表的文章）。这里引述 Hoch 和 Körner（2009，见 4.3 节）的研究作为最近的案例，作者测试了平均值同样是 6℃或 12℃的恒温和变温情况对植物生长的影响。实验结果令人大感意外，虽然在 12℃实验温度状况下，树木生长要快得多，但是在两种实验温度（6℃和 12℃）条件下，树木生长速率在恒温和变温情况下都是一样的。考虑到大多数生命过程对温度的反应都是非线性的，这个结果实难解释，但是这个结果与利用生长季温度的算术平均值对全球树线位置所做的最佳拟合（Approximation）结果是一致的，虽然也存在如下不同：（1）温度的季节和日变幅各不相同；（2）热带和非热带（季节性的）地区有相似的树线等温线，包括北极地区（生长季每天的日照可达 24 小时）。

7.2　树线处的木质部形成

虽然我们测量了年轮的宽度，但是关于年轮形成的具体阶段我们还是知之甚少，而这却是解释年轮生长的关键。然而，利用电子年轮测量仪或定期取样（如微钻孔取芯），可以在比较精细的时间尺度上对树干、树枝和扩展枝条的木材形成进行研究，探求组织形成过程及其与气候的关系。这类研究可以回溯到 Vaganov 等（2006）所综述的一些经典工作，但是对树线年轮进行详细研究只是最近才得到重视，人们终于意识到在温度下降的情况下限制树木生长的原因可能是分生组织活动而不是糖的供应。现有数据大多源于针叶树的研究结果，这是因为针叶树的木质部结构规整，仅由径向排列的管胞和射线组织构成，可形成清晰的年轮（Schweingruber, 1996），因而也比阔叶树更容易研究。

Tranquillini（1979）的团队首先针对奥地利阿尔卑斯山树线附近的落叶松（*Larix decidua*）和欧洲云杉（*Picea abies*）进行了相关的基础性研究。正如 Wilson（1964；见图 7.6）和 Vaganov 等（2006）所解释的，在具有很长冬眠期的季节性气候条件下，形成层带着一层薄薄的形成层初始细胞（5～7 层细胞）度过冬天：

（1）在休眠被打破以后，这些形成层初始细胞就开始膨胀和分裂，形成 5～7 列形成层细胞，称为母细胞，并使整个形成层区达到 10～14 个细胞的宽度；

（2）然后这些母细胞开始分裂，经过 5 次分裂后（受当时的气候条件调控），子细胞就开始分化成早材；

（3）到了一定阶段，新的细胞（最新形成的那些细胞，包括最后留下的形成层母细胞）分化成后期的木材细胞，这些细胞的细胞壁更厚（内腔更小）且取决于剩余生长季的温度情况，木材细胞再次木质化；

（4）不管当时的天气如何，形成层活动被光周期控制而终结，从而保证对低温冻害比较敏感的分生组织在寒冷天气到来之前就回到完全的休眠状态，以便使所形成的所有细胞都能够有足够的成熟时间。

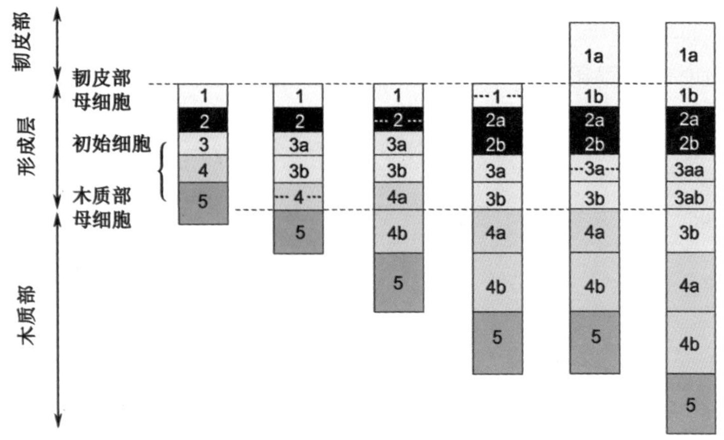

图 7.6　形成层活动图解：图中从左至右，最先的 5 个形成层细胞群经过了 5 次连续分裂。在这个例子中，细胞 5 已经结束分裂（不再分裂），细胞 1、2 和 4 已经分裂了一次，细胞 3 在观察期内已经分裂形成了 4 个细胞。注：细胞开始从虚线处即形成层区边界处进行扩张（Wilson, 1964）。

因此，对于木质部来说输导作用（早材）要优先于机械支撑作用（晚材），这就解释了为什么晚材的大小和质量（密度）变化比较大，而年轮宽度主要是由早材组成的，确切地说是在 5 月末至 7 月初这段时间的气候条件下形成的。形成层开始活动的日期受气候的影响，具有一定的随机性，但是结束日期是受光周期调控的。因此，形成层活动期的长短主要取决于生长季早期的天气条件，而按照固定日期去研究气候—生长关系并不可取（Vaganov et al., 2006，第 158 页）。

如 Wilson（1964）和其他作者的讨论所反映的，形成层本身的定义也很值得玩味。原则上，在木质部和韧皮部之间只能够有一列分生组织细胞：从这一层细胞分裂出的子细胞要么排在这层细胞的外侧（韧皮部），要么排在这层细胞的内侧（木质部）。另一种可能是木质部和韧皮部之间由两列分生组织细胞分别向外侧（韧皮部）和内侧（木质部）产生子细胞，这种模式可能更符合形成层区中央的初始细胞层的干细胞特点。然而，这列“干细胞”实际上却很难甄别，因而人们一般把韧皮部和木质部界面上产生新细胞的或具有产生新细胞能力的所有细胞都当作形成层。在生长开始启动阶段，即生长季初期，构成形成层区域的细胞个数和随后形成的树木年轮里的细胞总数有惊人的相关性（Wilson, 1964）。例如，美国侧柏（*Thuja occidentalis*）在生长高峰期年轮的细胞数是形成层区细胞的 5 倍，在生长缓慢的个体（窄年轮）和生长快的个体（宽年轮）中情况都是如此。随着生长季的推进，形成层区域逐渐变小（见图 7.7）。

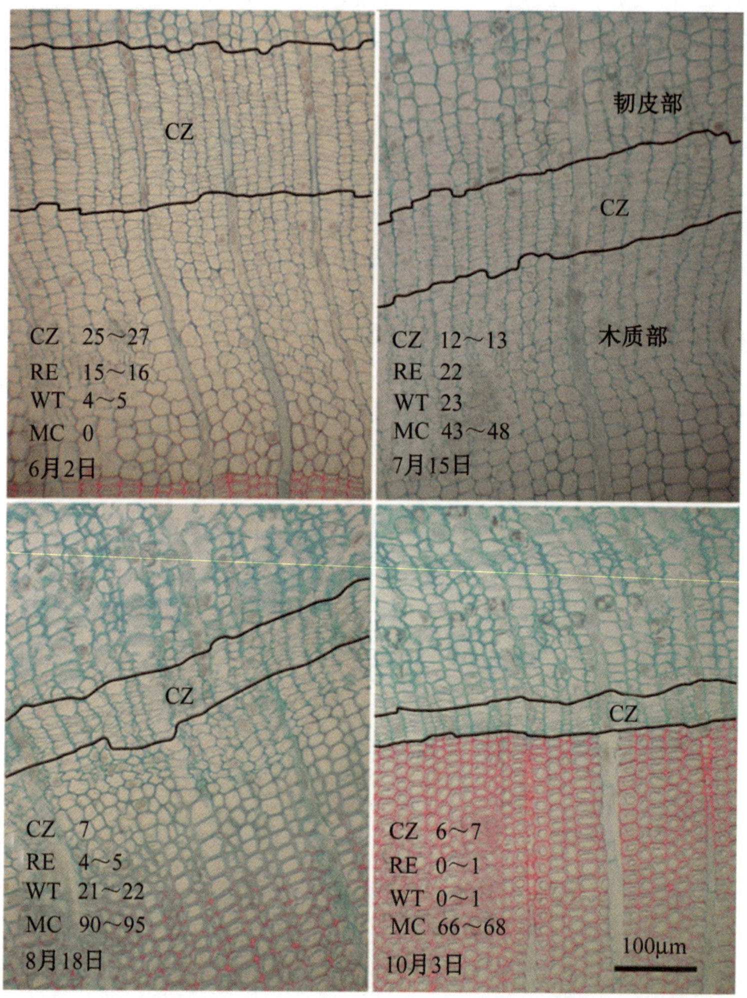

图 7.7　瑞士阿尔卑斯山树线附近松树（*Pinus uncinata*）形成层区的光学显微镜影像。图中显示的是 2009 年 6 月、7 月、8 月和 10 月在树线附近采集的树芯横截面（8～12mm 粗）。横截面用番红花 T（红色，能对木质素进行特异性染色）和星蓝（蓝色，可对纤维素进行特异性染色）进行染色。CZ——形成层区；RE——径向扩张；WT——细胞壁增厚细胞；MC——成熟细胞（字母后面的数字表示各区细胞数量；数据来源于 Lenz 等于 2012 年发表的文章）。

从径横切面观察木质部的形成过程会使人忽略形成层有别于其他分生组织的一个重要方面——细胞的长度。管胞的长度是其宽度的 50～100 倍(例如，长度 2～3mm，径宽 30～40μm)。因此，当初始细胞分裂的时候，从横切面上看起来像是将一个正方形分为两半，但实际上是将一个非常细长的管状细胞纵向一分为二。鉴于细胞过程主要受扩散过程（Difussion）控制，位于子细胞中央的细胞核对新细胞板形成进行“超”远距离控制是通过两个所谓的成膜体（Phragmoplasts）——一种在显微镜下可以观察到的、在细胞板形成后 1～2 天从新细胞中央移动到细胞顶端的微体——来调控的（Wilson, 1964)。在考虑低温对这类细胞过程的影响时，不能忽略细胞的尺寸大小。

木质部形成涉及三类细胞过程：细胞分裂、细胞长大和细胞分化（如细胞壁增厚)。从所需能量和构建材料而言，细胞分化代价最高，涉及的生化“工程”最大，因而该过程是最易和最先受到环境影响的环节。科学家推测形成层母细胞进行的细胞分裂（Cell Division）是受细胞分化的反馈控制的，因而要防止形成过多的机械上比较脆弱的、未分化的细胞。细胞分裂的潜力总是大于细胞分化的潜力。细胞分裂是细胞生命周期（Cell Cycle）的结果。根据温度状况，分裂过程一般需要 10～100 小时（通常需一天时间)，但是周期长可以通过同时拥有更多的细胞周期来弥补（这就是造成形成层具有多层活动细胞的原因之一)，结果是未膨胀、未分化细胞的总生产量（不是个体分化）对低温的敏感度不及细胞分化过程（在低温条件下更多的细胞周期经历着一个缓慢的过程; Körner, 2003a)。细胞大小控制是通过细胞扩展(Cell Expansion)（膨胀驱动的）和初始细胞壁形成（Wall Formation）的速度（随机纤维方向）之间的平衡互动来实现的。细胞扩展过程因次生细胞壁形成中的平行纤维(Parallel Fibers)所施加的制约作用而终结，这通过偏光显微镜可以观察到(Abe et al., 1997)。细胞壁从细胞内开始生长，从多种酶复合体产生的微原纤维位于细胞膜外层，即原生质膜，就像桑蚕从里向外开始构筑蚕茧一样。科学家还不清楚这种原纤维的材料是如何来的（像蚕的头部吐丝)，或者是被“射”进细胞壁基质中（更有可能)。这是多么精致的机械！这就是全球生物量产生的主要过程，因为全球生物量的一多半都是纤维素。木质化（Lignification）是受生活细胞控制的最后一个过程，它使得细胞壁具有疏水特性（干物质的 20%～30%为多酚物质)，然后细胞死亡，变成具有传输作用的管胞。

构建木质部既需要光合同化产物，也需要土壤养分。最终形成的细胞壁是一个非常复杂的结构，主要由纤维素纤维、半纤维网状结构、木质素和蛋白质构成，碳氮比为 300～500。低温在很多环节都可能发挥作用，其中就包括纤维素的构建和木质素的合成，温度有可能直接作用于酶合成（蛋白质）或酶活动/衰退，或为两个过程提供 ATP 能量。

7.2.1　原位的形成层活动

发现新模式是开始探索新科学领域的最好方法。Loris（1981）和 Müller（1981）可能是最早探索利用树木生长测量仪（Dendrometers）来监测树线树木径向生长季性变化的科学家。他们的研究数据对前人所做的不连续的研究结果进行了补充，并且揭示了径向生长开始的时间、直径增长的速度、增长高峰及生长何时结束等（见图 7.8）。在树线处，细胞产生和径向增长的主要时间段大约是 6 个星期（Vaganov et al., 2006），如从 5 月底至 7 月初，这实际上只相当于其全部生长季（在温带大约为 135 天）的 1/3（Körner and Paulsen, 2004）。温度对树木径向增长的任何直接影响都必须发生在这段时间，这进一步说明不能用全部生长季的天数或生长季后期的天气状况等来预测树木的径向生长（Gruber et al., 2009）。Loris 和 Müller 都认为温度是树木径向生长的主要驱动因子，且两人都提出径向生长的临界温度在 5℃左右，这同北方针叶林中实际观测到的情况非常一致（见 Vaganov 等于 2006 年发表的文章）。径向生长在一年中最热的时段就结束了，说明有一个同温度无关的信号，几乎可以肯定就是植物的光周期（Rossi et al., 2005）。径向生长的及早停止可以保证树木有足够的时间用于组织的成熟作用。

这类数据提供了一个很好的切入点，同时也揭示了一个主要问题：径向生长代表的只是植物生长的一个方面，并不一定是投入最大的方面。这列数据没有阐明形成层区早期的形成过程，也没有提供有关干物质投入方面的信息，只有一部分干物质投入是在快速径向生长出现时发生的，而木质化是后期最关键的一步。于是，揭秘木质部形成的下一步就是通过钻芯和显微镜详细分析组织形成过程，如 Rossi et al.（2007）、Gruber et al.（2009）、Moser et al.（2009）等，以及最近我们实验室的 Lenz et al.（2012）所做的工作。

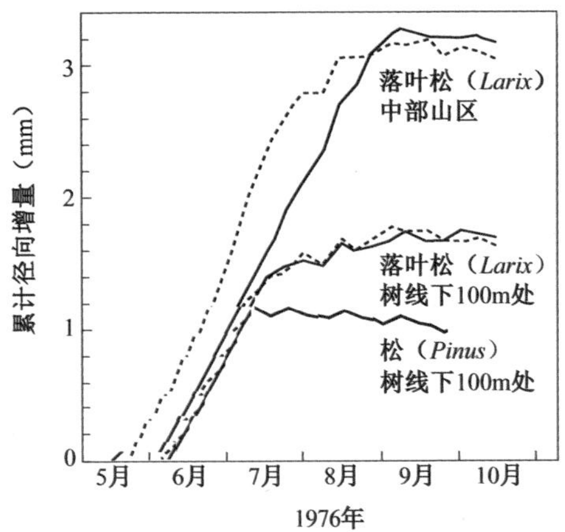

图 7.8　瑞士阿尔卑斯山树线下 100m 处的松（*Pinus montana*）及 600～800m 以下的落叶松（*Larix decidua*）径向生长的季节性积累情况（举例）。注：树线附近的树木径向生长到 7 月中旬就已达高峰，而在低海拔地区其活动期要长一个月左右（Müller, 1981）。

令人十分吃惊的是，所有这些研究团队都没有收集到形成层区形成最初阶段的数据。等到研究地点的冰雪融化，研究人员可以进山的时候，形成层区的扩张已经基本结束了，母细胞已经开始分裂。但是此时，研究地点的地面还处于非常寒冷的状态，在 Lenz 等（2012）的研究地点土壤还没有解冻。因此，形成层的初始活动实际上同土壤温度没有关系，而是紧随大气温度的变暖过程（Leikola, 1969; Begum et al., 2010）。如 Gruber et al.（2009）对瑞士石松（*Pinus cembra*）的研究结果所揭示的那样，即使在土壤温度比较低的情况下（如低于 5℃），只要有 2～4 天温度高于 10℃的天气，就足够树木完成这个过程。从形成层打破休眠到扩张区的细胞个数达到最大值所需要的时间很短，往往不足 25 天，并且在生长季前半期树木年轮的细胞总数就达到顶峰（钻芯取样可以提供这方面的证据）。在细胞壁增厚阶段，最大细胞数出现在 7 月中旬，大多数细胞壁增厚过程在 8 月中旬结束（见图 7.9 和图 7.10）。由于树木年轮的宽度同细胞数量密切相关（Vaganov et al., 2006; Gruber et al., 2009），因此树木年轮每年的宽度实际上在初夏的很短时间里就已经确定，此后的时间不过是细胞壁的增厚和木质化。因此，低温对年轮形成（宽度）的直接约束作用必然发生在形成层区形成到大多数细胞分化完毕这段时间。生长季后期的温度条件对树木年轮宽度的直接影响很小，但是可以影响到细胞壁的增厚和木质化（由此影响晚材密度；Schweingruber, 1996）。研究人员（Kirdyanov et al., 2003; Vaganov et al., 2006）对北方针叶林区和北极树线的研究也得出了非常类似的结论。

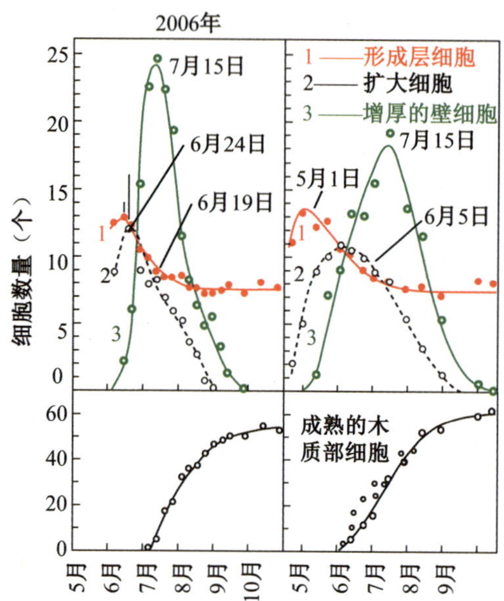

图 7.9　奥地利阿尔卑斯山树线交错带的瑞士石松（*Pinus cembra*）年轮形成过程中各发育阶段细胞数量的季节变化。注：形成层细胞数量到 7 月中旬就迅速下降到了越冬时节的水平，每个年轮（下图）的径向细胞总数在第一批细胞达到成熟后的 2 个月内就达到其最终数目的 90%～95%水平（Gruber et al., 2009）。

最近 Lenz 等（2012）利用 Peltier 效应，通过计算机控制的温度调控室，获得了在形成层活动高峰以后温度对年轮宽度形成影响的有限实验证据（见图 7.11）。他们在瑞士的树线附近以松树（*Pinus uncinata*）的枝条作为实验材料，将形成层温度维持在周围空气温度上下 3℃的水平，观察这种增温和降温对实验对象年轮宽度的影响。这种增温和降温的幅度相当于 600m 的海拔高度变化。人们期望，在树线对形成层的降温将会显著减少细胞数量及年轮宽度。然而实际情况是，降温对年轮宽度的影响非常小（只有 20%～25%），影响从雪融化以后的第 12 天开始显现。增温对细胞数量没有影响，但是改变了早材和晚材形成的比例。增温推迟了晚材的形成，从而使早材的比例增加，这同原先我们期待的刚好相反。由此可见，每列细胞的数量在很大程度上是在生长季刚开始的时候就已经确定了的。这给任何相关分析和理论解释提出了挑战。

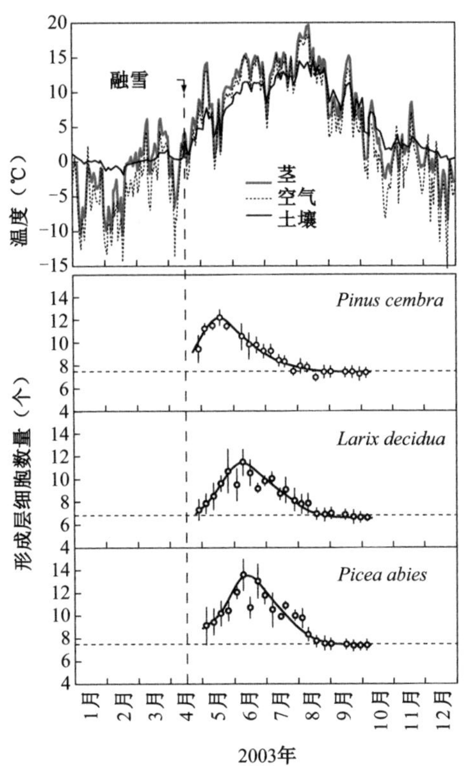

图 7.10 阿尔卑斯山高海拔地区针叶树种处于年轮形成阶段的形成层区温度条件及细胞个数。注：5 月中旬至 6 月初细胞数量达到高峰，到 8 月初能进行分裂的细胞总数迅速减少；横向的虚线表示休眠的形成层细胞个数（Rossi et al., 2007）。

在茎部进行的原位调控实验结果不能够代表整个植株的激素对于生长的调控状况。一旦温度超过某关键温度，继续增温对植株生长可能不会产生任何影响。然而，如果降温幅度超过一定的程度则会抑制组织的形成，而且无论整个植株的情况如何。要达到这种抑制组织形成的效果，在形成层活动开始的时候（一般在积雪融化前 2～3 周，此时空气温度足够高），周围空气温度必须很低而且有关实验仪器也必须到位。

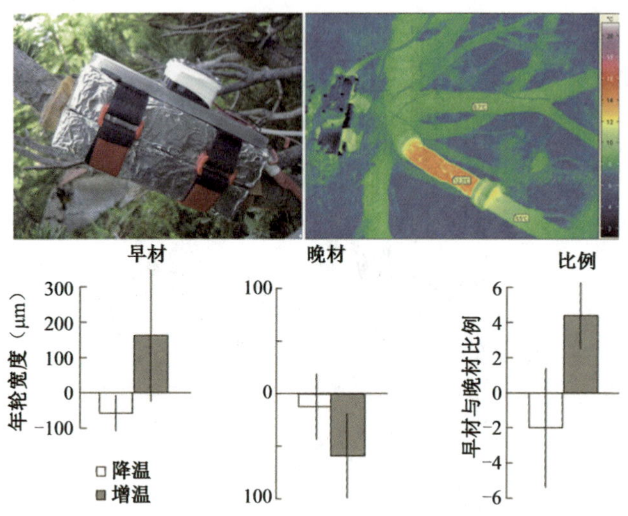

图 7.11　温度上升和下降 3℃对原位树木径向生长的早材和晚材的影响，这是利用计算机控制的 Peltier 恒温器对松（*Pinus uncinata*）的枝条（*n*= 6）开展实验的结果。右图：经过增温和降温处理的样本其早材与晚材比例与未处理的对照样本的情况；红外线（IR）影像显示在刚去掉温控箱后被增温的枝条情况（Lenz et al., 2012）。

从这些数据看来，很显然，无论是空气还是地面在生长季的平均温度都不能直接解释树线树木的增粗生长，至少二者之间没有直接关系。早期形成层区的形成对空气温度非常敏感，但是对土壤温度的敏感性则要低得多，其后的一个阶段增粗生长的速率很可能同形成层母细胞的分裂有关，这个阶段要持续几个星期，而且对空气温度和土壤温度都非常敏感。接下来一个阶段的温度对细胞壁质量的影响则要大于对年轮宽度的影响。晚材对温度的敏感性随物种而异（如云杉比松树更敏感）。总结这 4 个在野外对木质部形成过程进行的原位研究结果，似乎更进一步说明木质部形成过程的启动和早期阶段受温度的控制比较强烈，而其生长高峰出现的时间及其随后的下降过程则更多是一个自我生长过程，并且很可能与光周期信号有关（Rossi et al., 2005; Moser et al., 2009）。再者，在类似的季节性气候条件下，木质部形成过程的时间长短多半受其起始时间的控制。

对于在这么短的敏感期内控制增粗生长的机制，人们目前还只能是推测；但是在做这种推测的时候，我们必须记住：树木的增粗生长并不总是随着海拔上升而下降。如果限制树木增粗生长的因素对树线形成过程起着很大的作用，那么这种解释对于非季节性气候的情况也应该适用。人们可能提出几种解释方式。一种解释是，在季节性气候条件下，有一点很关键，即在树木生长启动的时候，碳水化合物和蛋白质（可以是合成的，也可以是先前储存的）的快速供应以保障生长所需是非常重要的，因此影响碳水化合物和蛋白质转运的因子就会影响该过程；但是在非季节性气候条件下，这个解释却缺乏说服力。另一个解释则集中在需求驱动的树干增粗生长，即传输和支持组织的形成及其与新生枝条和树叶之间的平衡问题，这种解释将关注的重点从形成层分生组织的活动转移到顶端分生组织和芽的特点上。如上所述，高度生长比增粗生长对低温天气要敏感得多（见第 6 章）。也许我们应该放弃这种“自私的”茎的概念，木质部形成过程是有其自身规律的。如果不是为了供应和支持树冠的需要，建造茎组织似乎是毫无用处的。那么会不会是树冠或者枝条的生长在控制着树干的径向生长呢？第三种解释与前一种解释有一定的关联性，即受到来自芽的激素信号控制，嫩芽通过基部花瓣的激素信号控制其下面的生长（Rossi 等于 2009 年对此作了最好的阐释）。后两种解释都要求人们关注顶芽生长对低温的反应及随之采取的更加系统的应对方法。

7.2.2　顶端生长动态

同树木年轮学方面的文献相比，关于树线附近枝条长度生长的原位数据和文献要少得多。我们不仅需要合适的工具（如生长锥和年轮仪等），同时还需要定期到访研究地点（进行采样）。研究人员要么长期呆在野外研究地点，要么就需要一些特殊的自动记录仪器（如数码照相机等）来获取此类数据。众所周知，对于温带和寒温带针叶树，前一个生长季会形成下一个生长季的芽，芽又决定了节的数量，因而前一个生长季通过对芽的影响而影响当前季的生长（Tranquillini, 1979, 第 27 页; Junttila, 1986; 第 6 章）。这个信号是前一个生长季的后期产生的。虽然在这个阶段该信号对茎的径向增粗生长似乎没有直接的影响，但是可能会通过要求枝条和叶簇扩展而影响到茎在来年春季的生长。

虽然没有先验的理由说明为什么顶端分生组织比形成层分生组织对温度

更加敏感，但在树线附近经常可见到树干的径向扩张良好、顶端生长却出现不良的现象（Rossi et al., 2009）。然而，顶端区（Apical Zone）也是树冠层最少得益于遮蔽效应的区域；低温会直接作用于枝条的末端，而夜晚的辐射降温则会强化此效应（Li and Yang, 2004）。天空的夜间屏蔽（Screening）作用被人们当作模拟气候变暖的一种手段，因此与此相类似的树冠层上部将会给下部（特别是树干）起到屏蔽作用，使其在夜间免受低温的影响。在太阳照射下，树干可能不会像树冠层那样受热增温，但是在夜间树干温度的下降幅度也不如树冠那样大（Wieser, 2002）。相比之下，根部不会从郁闭树冠的遮蔽中受益，反而会因为土壤的热容量高及土壤热通量、热对流降低遭受其害。

也就是说，树线树木的“头顶”和“脚尖”都比较寒冷，而二者之间的部分其温度则比较温和。从这种微气候学的角度来看，树冠下的树干分生组织（为了方便起见，人们常取地面上 1.3m 处钻芯）最不可能受到周围低温空气的消极影响，而顶端及根尖的生长则是最易受影响的部位。当然，对于孤立生长的树木，当其根伸展至树木周围更开阔而温暖的地方发生的情况则属于例外（见第 4 章）。Moser 等（2009）在瑞士阿尔卑斯山采集的海拔梯度数据清楚地支持了这一点。其研究表明，在树线附近 4～10 月地面以上 1.5m 高处树干的温度比土壤（根部）温度高 2.5℃，而在树线之下 800m 的地方这种差别就要小得多，只有 1℃。土壤温度沿海拔梯度的递减率是 0.5℃/100m（类似于空气平均温度的递减率；见第 4 章），而树干温度的海拔递减率是 0.41℃/100m，说明树干温度随海拔升高而降低的幅度要小一些，这也解释了为什么随着海拔升高树木高度增长变得微乎其微，而径向生长却很显著。在生长季结束的时候，成熟细胞的数量（通常决定了年轮的宽度）在树线位置和比其海拔高度低 800m 的地方几乎相等，而两处的生长季长度分别是 135 天和 101 天，相差 1 个月左右，这说明生长季长度对年轮宽度几乎没有任何影响。Scott 等（1987）在研究中发现了“头顶”和“脚尖”之间的联系，他们发现寒温带树线的云杉（*Picea glauca*）其顶端伸长生长同根区温度呈线性关系。

在研究树木生长控制的时候，人们常问的一个经典问题就是茎的径向生长与顶端生长之间的联系。以前的看法是，枝条率先生长，激活的芽会发出激素信号，并向下诱导和激发形成层的生长。正如 Rossi 等（2009）所解释的，这个模型已经被多次证伪，形成层活动同枝条生长并没有系统性的联系，而是因物种而异，二者的生长开始都受温度驱动，出现在生长季早期，枝条的伸长生长通常比径向生长结束得早（见图 7.12），除非树木在较低海拔出现二次生长的现象。木质部形成过程与叶发育之间也没有紧密联系。要检验嫩芽对形成层生长的影响，最简单的方法就是把芽去掉。虽然人们对树线的去芽效果进行过一些研究（Li et al., 2002; Susiluoto et al., 2008），但是对于去芽对低温环境条件下木质部形成过程的影响还是缺乏了解。在这类研究中最关键的是要区分去芽对不同阶段的木质形成过程的影响，而不仅仅是考虑其总的影响。研究枝条—茎干耦合关系的另一种方法就是考虑树冠层的需求（水分损失）和供给（输导潜力、机械强度等）之间的平衡，当枝条增长减慢的时候，供给能力也会导致茎生长的减缓。

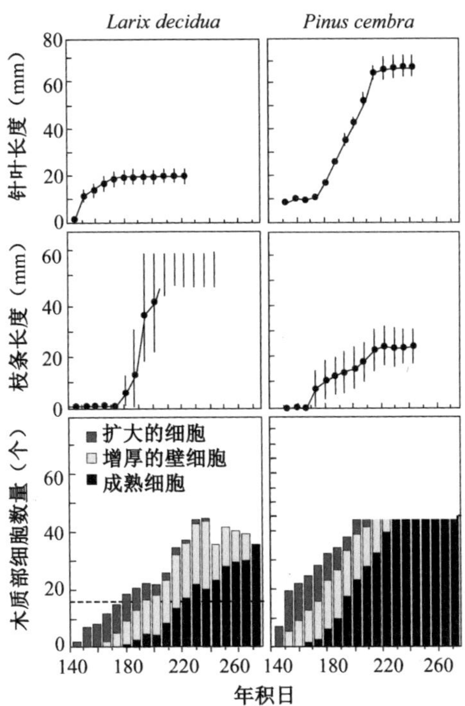

图 7.12　意大利阿尔卑斯山树线附近的落叶松（*Larix decidua*）和瑞士石松（*Pinus cembra*）木质部形成过程与枝条扩展和松针长度生长的关系（Rossi et al., 2009, 数据表示的只是阳坡的情况）。注：虚线表示早材形成和晚材形成的分界线。

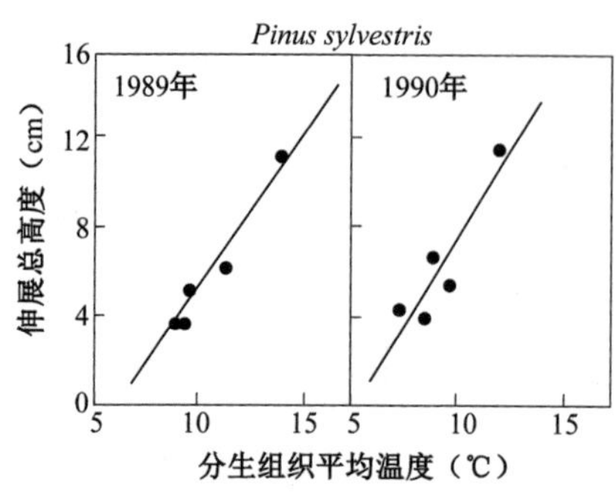

图 7.13　苏格兰树线附近欧洲赤松（*Pinus sylvestris*）枝条扩展的温度依赖性（James et al., 1994）。

总之，就科学家目前对温带地区针叶树的了解，枝条生长和木质部形成过程之间没有直接的联系，但是树线枝条生长不良的现象是非常普遍的，而这种生长不良同温度有直接关系(见图 7.13)。作者在这里无意对 Tranquilli（1979）编辑的详尽资料（一直追溯到 Burger 于 1926 年所做的开拓性工作）进行重新评估，但是在其编辑的资料中收集了很多例子，显示树木高度和枝条长度随着海拔升高而呈非线性递减（加速递减），在树线处递减程度最大。侧枝也不例外，在靠近树线处迅速缩短。但是暖季温度能明显增强下一个生长季枝条的长度，而对常绿针叶树当前生长季的生长影响很小(见图 7.14)。虽然异常高温天气可能会通过干旱等限制低海拔地区树木的生长，而对山地林的最佳生长状况却没有影响，在树线附近的生长还会出现加速的现象（Jolly et al., 2005），不过径向生长不如长度生长那么明显。由于枝条上节的数量是在 8 月芽形成过程中决定的，环境影响有一个年度累积效应（见上)。热带树线的数据非常少，但是鉴于在树线附近树木个体迅速变小，因此伸长生长也必然出现了剧烈减少的情况(见图 7.15)。

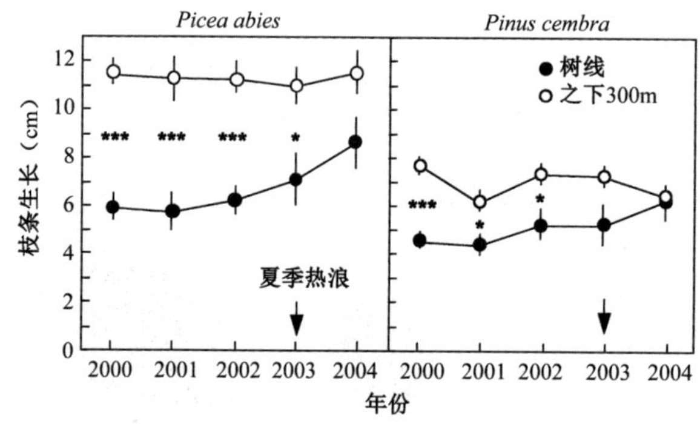

图 7.14　瑞士阿尔卑斯山树线及树线以下树枝生长在一次百年一遇的热浪(2003 年)之前、之中和之后的生长情况。注：在亚高山带（离树线至少还有 300m），热浪对枝条生长的影响很小，甚至没有任何影响，而对树线树木具有非常显著的正影响，从而造成各海拔带之间的差异消失或不显著（数据来自三个地区，每个地区测量 5 棵树，5 棵树分别来自不同的地点；M. Krnoul 和 C. Körner，未发表的数据)。

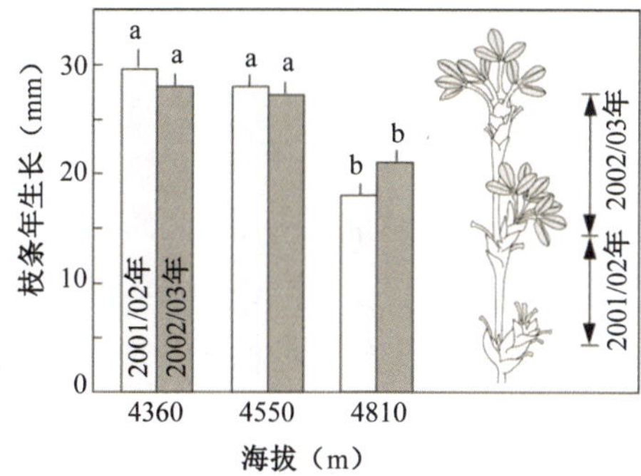

图 7.15 玻利维亚树线处（4810m）*Polylepis taracapana* 的枝条年生长情况，这里的季节性变化是由水分驱动的，树木在潮湿季节的凉爽晚期（由于云层作用）和干旱季节的温暖早期（没有云）会出现蓬勃生长的现象（Hoch and Körner, 2005）。

7.3 根部生长

根部经历的温度变幅要小得多，但也比枝条对温度的微小变化更加敏感（Hasler et al., 1999; 见图 7.2）。有人对根部生长与温度的关系进行过详细分析，结果发现当温度降到 5℃以下时，根部生长几乎停止（关于 1990 年以前研究的综述，见 Körner, 2003a）。研究人员发现，西伯利亚落叶松（*Larix gmelinii*）的根部更喜欢伸展到温暖的微生境中（Kajimoto et al., 1998），其根系主要集中在土壤表层 10cm 内，多分布在凸起的地形上，在这里夏天的地面温度比低洼处要高 5～8℃。阿尔卑斯山树线附近的落叶松（*Larix*）和松树（*Pinus*）也有类似的浅根现象（Bernoulli and Körner, 1999）。

最近在控制条件下开展一项根部研究中，Ryyppö 等（1998）用寒温带的欧洲赤松（*Pinus sylvestris*）进行了水培实验，证实了 5℃作为生长临界温度对根部生长的抑制效果。把桦木（*Betula pendula*）植株个体逐渐增温到 17℃，然后分别种植在 2℃或 6℃的水培箱里。在这两种低温条件下，根都出现了小幅的生长，不过在 2℃下生长幅度微乎其微（Solfjeld and Johnsen, 2006）。

然而，冷处理（“生态休眠”）过的幼苗在经过 8 个星期的培养后发现，在 2℃温度下未见任何生长，在 6℃温度下也几乎没有任何生长。或许在高温处理组观察到的生长部分是源于分生组织在实验开始之前就已经开始的细胞扩张。不过，桦木（*Betula*）根的生长似乎对低温土壤表现出非常强的耐性。研究人员选取了 6 个适应寒冷气候的树种，将其幼苗放在土壤容器中培养，并将土壤容器半浸泡在冷水浴缸内，浴缸内水的温度从上到下逐渐降低（14℃降到 1℃），形成一个垂直温度梯度。结果发现，只有桦木在 2℃的时候还能表现出一些生长迹象，而其余 5 种都没有出现任何生长（Alvarez-Uria and Körner, 2007）。实际上，即使当芽处于最佳生长温度条件下的时候，所有新生的根系中只有3%是在6℃以下生长的（实验对象为*Alnus viridis*、*Alnus glutinosa*、*Picea abies*、*Pinus sylvestris* 和 *Pinus cembra*），85%以上的新生根集中于温度在 9℃以上的土壤最上层（见图 7.16）。

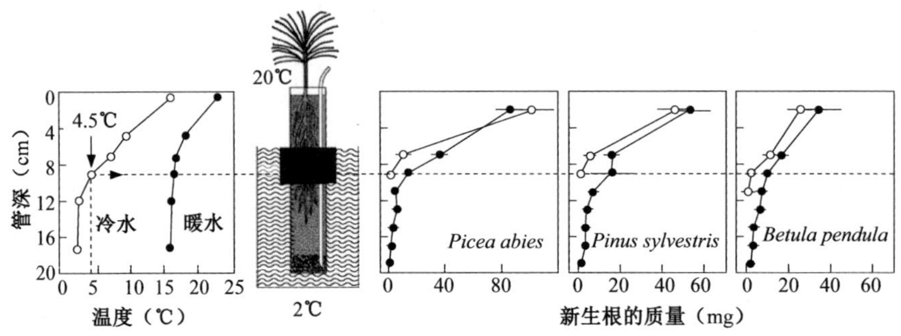

图 7.16　适应寒冷气候的乔木树种幼苗其根部在温度梯度下的生长情况。如左图所示：装幼苗根部的试管浸泡在冷水—暖水缸里；水浴缸不同深度温度不同，因此，同一根部不同部位生长的环境温度是不同的。注：经过冷处理的植物（空心圆）根很少深入到 4.5℃的临界温度以下（Alvarez-Uria and Körner, 2007）。

还有很多其他例子同这些观测结果一致，都指向一个事实：根部在 5～6℃以下很少生长。当然，不排除这种情况，根部可能会利用寒冷季节里出现的短暂土壤表层升温开始生长，而这类短暂的温暖天气又没有被记录到，从而导致人们误认为根部在低于 5～6℃的情况下也会生长。无论根部在这种低温下是否出现过一些微小的生长，绝大多数根系会利用温暖的微生境和土壤最上层环境（特别是在树林比较开阔的时候），在温度大于 9℃时出现生长的情况，这可能会增强树线附近根在寒冷天气下的生长。

7.4 树线的物候

植物的物候指的是植物在一年生长过程中的不同时期呈现出的不同外貌特征，其重点是强调与植物发育过程（而非干扰过程，如落叶等）有关的可见特征。植物发育是一个由外在因子引发的内生过程。这些外在因子在实际中可以调控发育过程或起到开关阀门的作用。植物体上发生的很多发育变化是很难看得见的，而那些看得见的过程（如植物在秋天颜色褪去等）又不一定与植物内在变化过程在时间上完全同步。看得见的过程可能只是外在驱动因素（如夜间霜冻）对植物产生的可见效果，而之所以能够产生这样的效果是因为植物内在机制已经使植物进入到这个阶段。我们需要认识植物的发育过程，而物候反映的只是植物内在状态和驱动因素的一个近似情况。

在湿润的赤道热带地区，乔木的物候往往同一些细微的外在信号（如连续几天少雨等）同步（保证种群同时开花，而开花对于植物繁殖是至关重要的）。在亚热带地区，水分是导致季节变化的主要因子，因而也决定着植物的物候。在高海拔气候条件下，温度是季节变化的最主要驱动因子。在亚热带和高海拔气候条件下，发育过程和外在气候间的精准同步不仅能保证繁殖成功，也能够保证环境胁迫因子（如干旱和冰冻）等不至于造成植物组织损失或整个植物的死亡。虽然季节性变化是受水分或温度主导的，但是这些气候因子的日间差异是非常不可靠的信号，因为有时候异常天气会造成高湿和高温气候条件出现在“错误”的时间，给植物传递出错误的信号，从而导致当气候回归“正常”的时候对植物造成致命的后果。因此，在这类地方，植物发育及物候是由更加可靠的信号［如某些条件（如寒冷天数）的累积时间］或天文信号（如光周期）协同控制的。通过这种方式，植物“知道”诸如是否已经真正进入了秋天或春天。因此，我们能够观察到的物候反映的通常只是植物对其内部机制和外部驱动因素联合作用的响应，即是植物进化的结果，也是对天气的短期而直接的反应。

虽然环境对树木的功能和生存都具有至关重要的意义，但令人吃惊的是，我们对于环境因素对树木发育过程的影响却知之甚少。环境越严酷，环境因子与树木发育的相互关系就越微妙。由于高海拔树线大多数都是由常绿树种（多半是常绿针叶树）构成的，其物候阶段与落叶树种相比并不是太明显，我们对其的认识要么来自利用幼苗在控制条件下的实验（见第 8 章），要么来自用落叶树种［如落叶松（*Larix*）和桦木（*Betula*）等］进行的实验。破芽、叶子/枝条伸长、形成越冬芽（Over-wintering）和叶褪色及脱落等是最重要的物候阶段。其他一些关键的发育步骤/阶段是在暗中进行的，如形成层活动、抗冻能力的变化、叶脱落层的形成、根部活动及休眠/活动状态等。正是这些由基因和激素决定的看不见的状态在决定着树木可以生长的时间段。

在全球范围内生长季的长度，短的只有 90 天左右，而长的可达 365 天，因而生长季长短不可能是树线形成的决定因子，不过生长季短肯定会限制高海拔山区树木的年生长量和树叶的成熟过程。生长在高海拔地区树线的物种必须展现出非常好的发育控制水平，以便在避免组织受损或死亡与最大程度利用有效生长时间之间达成最佳的妥协。这种妥协或权衡要求植物在生长季早期和晚期对环境做出不同的反应。

在高海拔地区，植物春季发育的最佳时机必须能够最大程度减少类似倒春寒的事件对组织的损害，在过了主要的低温阶段后，随着温暖季节的到来，植物面临的风险会逐渐降低。因而，植物春季发育一般受三个因素控制，因素之间以非线性方式相互作用：（1）植物经过了足够长的寒冷期，保证冬天已经过去；（2）光周期信号“开启”植物结束冬眠状态的窗口；（3）实际天气状况（温度）的影响。因此，一旦植物的寒冷期要求得到了满足，光周期（白昼/夜晚时长比）也发出了“安全”信号，温度就成了影响发育即物候的唯一因素（Körner, 2006a）。这种分步式的、相互作用的信号传递，能够防止植物在生长季来临前，由于异常的高温天气而提前发育。由于实际察觉到的物候变化通常发生在光周期—临界期之后，给人留下一种整个发育过程只受温度主宰的错觉，因为前两个先决因素在物候上不会留下任何（可见的）痕迹。很显然，将此种温度响应外推到日渐升高的春季温度是不完全可靠的，因为低温控制和光周期是植物的进化特征。

在生长季后期，发育面临的问题又大不相同：即将到来的低温可能会损害植物的活跃组织，一旦提前发生霜冻天气，植物很难及时调整。因此，控制植物发育的机制必须保持适度的能力（休眠）来防止这类事件发生。这就是为什么生长季晚期的发育过程主要受光周期调控，包括生长季中期就终止形成层活动，在夏季晚期的时候就形成冬芽，然后再形成叶片脱落分生组织等。寒冷天气的到来将这种内在的过程转化成看得见的现象，如叶绿素的分解。这种安排是不受天气影响的，而外显的事件则是由夜晚低温所驱动的。需要再次强调的是，这类物候事件同温度的关系不应同休眠状态混为一谈，休眠状态是受内部因子控制的。由于休眠状态是受激素（脱落酸；ABA）控制的，所有的新陈代谢过程都会关闭，细胞/膜水平上的抗冻机制开始起作用，这时任何由于良好天气导致的叶子色素脱落推迟都不应被误认为是生长季的延长。基本的控制机制是植物进化的结果（见第 8 章），但是异常天气能够对这些过程起到小幅的调节作用。

图 7.17 和图 7.18 所示的野外观测数据，说明了树木春季生理活动具有明显的随海拔升高而推迟的现象，而越靠近树木生长的极限，树木生理活动在秋天的结束时间也越早。其深层的选择性（基因型）过程将在第 8 章讨论。

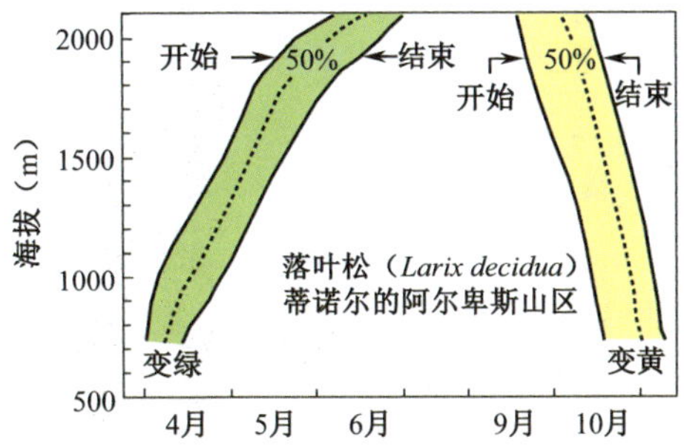

图 7.17　季节性物候：奥地利蒂诺尔（Tirol）沿海拔梯度上落叶松（*Larix decidua*）春季变绿和秋季变黄（Friedel, 1967）。

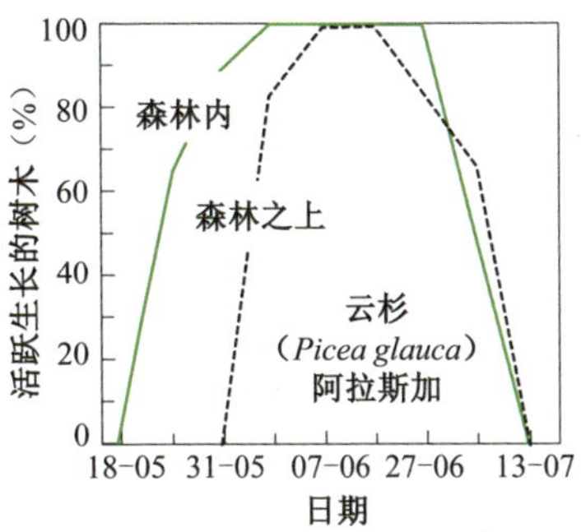

图 7.18　阿拉斯加南部树线云杉（*Picea glauca*）芽伸长生长的季节变化过程，表示从郁闭森林上限到树木分布上限枝条的伸长生长活跃期缩短（W. Abadie, 引自 Sveinbjörnsson, 2000）。

在冬季末期和春天，树木的发育及其有关的物候现象会随植物组织、器官类型和涉及的发育过程而不同。常绿针叶树种的光合作用开始得很早，从而造成树木在进入生长季的时候光合同化物质累积很多（Hoch and Körner, 2003）。在土壤温度尚很低或未解冻或积雪尚未融化的时候，暖空气会诱发芽苞或花蕾膨大，榛子和一些适应低温气候的北极或高山柳树（*Salix*）和桤木（*Alnus*）（见图 7.19）在这方面都表现得很明显。人们发现，形成层初始细胞在雪融化前 2～3 个星期就开始活动，构建形成层区域，比增粗生长和伸长生长开始的日期要早得多（见 7.2 节）。然而，如本章所述，全面的代谢活动和生长只有在当土壤温度超过 5～7℃的时候才真正开始。

图 7.19 在温暖的春季条件下，嫩芽可能会膨胀甚至张开，科学家观察到针叶树的形成层区在土壤解冻、积雪消散之前很久就会开始活动［如阿尔卑斯北部地区的柳树（*Salix* sp.）和桤木（*Alnus incana*）］。

有关热带树线附近树木物候的仅有数据是来自 Velez 等（1998）的研究（1998），他们在哥伦比亚对 *Polylepsis quadrijuga* 叶的出现、叶寿命和花及果的物候进行了观测。其所研究区域气候潮湿，年降雨量达 1400mm，植物一年四季都能长出新叶，但在 2～8 月，当月最低温度从 0℃上升至 3℃时，产生新叶的速率就有所加快，开花的高峰期出现在湿润季节的高峰（8 月）。然而，正如该文作者所指出的，发育的季节性变化部分原因可能与草食动物采食的季节性活动有关。半干旱的热带树线树种（如玻利维亚的 *Polylepsis taracapana*）其全年物候情况还有待研究。

第 8 章 树线生命的进化调整

第 6 章和第 7 章中讨论的现象可能反映了环境的直接作用，即进化背景或两者结合条件下的基因型选择结果。在低温限制情况下，生命的进化调整要么在种系内发生（选择具有提前适应能力的类群），要么在特定的分类群中出现基因型分化，如在一个形成树线的物种内。如果这种基因型的调整是针对特定的环境，那么他们就被称为生态型。及时应对环境（不是基因型的）而出现的适应性形态响应往往是不可逆的，被称为修饰性调整。此外，树木会采取顺应新气候（可逆的）的方式来调整其新陈代谢，从而应对环境条件（见第 11 章）。这些不同层次的调整可以区分为：

(1) 遗传进化选择（分类群）；

(2) 基因型分化（生态型）；

(3) 形态修饰；

(4) 生理性适应。

无论在野外观察到的特征是否有特定适应值，而且无论他们是不是基因型的，都只能通过一些诸如移植实验的标准化方式进行比较研究，即在一个同质园或同质样点上种植起源差异明显的植物。只有等到实验结果出来了才可能知道，个体选择是否属于基因型分化。这类被测试的个体就是通常所说的同源种（Provenances），意味着他们属于某个特定的地理来源。虽然会有一些不可避免的重叠（见第 6 章、第 7 章、第 10 章、第 11 章），但是本章将集中讨论系统发育适应和基因型适应。

8.1 系统发育的选择

从只有不到 20 个显花植物科中进化出来的分类群能够在树线条件下生存（见表 3.1；Clausen, 1963）。在表 3.1 中列出的 13 个科中，松科植物显然是温带和北方寒温带山地中最成功的，其中包括落叶和常绿物种。然而，高海拔树木生长的世界纪录却是被蔷薇科和柏科所拥有。就蔷薇科植物而言（*Polylepis* sp.），这一成功并不能反映其抗寒性更强（暴露在较低的温度中），而是反映了在非常“正常”的树线温度条件下分类群在区域尺度上的可能分布范围（见第 4 章）。至于柏科，在中国西藏东部如果刺柏和冷杉这两个分类群同时出现的话，那么他们在分布地点选择上是明显不同的。

系统发育选择中首要的选择力量似乎来自抗冻性（Freezing Resistonce），随着每 50～100 年出现一次的极端低温，不能忍受这样极低温的科或属就会被淘汰掉。因此，所有在热带以外树线发现的类群都必须考虑其抗冻性（见第 10 章）。在蔷薇科中有一个有趣的进化分化现象，那就是热带安第斯山区的 *Polylepis* 属植物在高海拔地区具有超冷现象（Super-cooling）（从而可以避免冻害的发生，Squeo et al., 1991），而且分布海拔最高的种（*P. taracapana*）是具有抗冻性的（Rada et al., 2001）。主要分布于暖温带的花楸属（*Sorbus*）大约有 80 个种（从亚北极一直延伸到中国台湾的高山地区；McAllister, 2005），但在树线位置只发现了两种植物是完全抗冻的（北欧花楸 *S. aucupari*、中国台湾东南部的西南花楸 *S. rehderiana*），还有其他两种是属于接近抗冻的。在菊科植物中，安第斯山地区的 *Gynoxys* 属包含 138 种植物，多为高海拔分布的灌木（Robinson and Cuatrecasas, 1992），但只有两三种能在树线或 4000m 以上的地区成长到树的大小。

同样，只有一小部分的松科物种能够进化成为生活在树线的类群。例如，有 111 种植物的松属（Richardson, 1998）进化年龄超过了 1 亿年，但只有大约 20 种分布于北半球的树线区域。相比之下，落叶松属（*Larix*）能够充分适应树线条件且进化出许多类群，但是这不包括喜马拉雅南坡（尼泊尔），因为那里的当地落叶松只能分布到树线以下很远的位置，也就是说，在这种受季风影响的气候中，落叶松的分布要低于冷杉（*Abies*）和桦木（*Betula*）。具有树木形状的欧石楠（*Erica*）和刺柏（*Juniperus*）也只进化出很少的树线物种，其大多数物种一般都分布于海拔较低或很低的地区。在所有形成树线的属中，都存在着树线物种与非树线物种的同源遗传分化现象，这是很值得深入研究的，因为这可以揭示树线位置的生物在分类群水平上的进化适应性。目前还没有发现哪个植物属是仅限于树线区域分布的。

进化出树线分类群的科在系统发育上没有关联性，因此树线位置的生长能力必然是从当地植物区系中反复进化而来的。正如在第 3 章中讨论的，世界上的一些山区缺少能够分布到气候性树木极限位置的分类群（如夏威夷群岛、智利和新西兰的暖温带地区、地中海地区），因此这些地区的生命类型出现分布范围缩小的现象。因为赤道地区的树线受海洋或信风主导的气候影响（见第 4 章），所以无霜冻现象，这就造成该地区没有特别耐寒的分类群（如新几内亚、婆罗洲）。进化的显著事实是，这些类群仍然有其分布极限，也就是通常的 6～7℃树线等温线（年平均值）。因此，正如第 7 章中讨论的，他们的分布极限可能是受低温生长的限制，而不一定是霜冻。尽管 Wardle（1971）报道过在新几内亚树线位置的鸡毛松（*Dacrycarpus*）受到了冻害。另外，确定树线或以下相同树木属中的物种特异性生理差异将会是非常有趣的，如菊科、桃金娘科、莽草科的植物，特别是在这种热带的“温暖”树线地区。

8.2 生长发育的基因型响应

一个多世纪以来，人们认识到树种会随着海拔和纬度变化出现基因型分化（见 Langlet 于 1971 年的综述; Ohsawa and Ide, 2008）。这种观点可以追溯到 19 世纪中期，当时研究人员试图解释植物生长的热量限制作用（Hoffmann, 1859, 1886）。1898 年，Engler（1913a）在瑞士阿尔卑斯山的三个不同海拔地点选择建立同质园，利用大量不同的森林树种进行了第一次交互移植实验。这个非同寻常的实验采用了相当现代的理念，而且建立了一个巨大的数据库（包括近 3000 个植物的近 200000 个测定结果），这远早于 20 世纪 40 年代在北美开展的经典同质园实验（Clausen et al., 1948）。Engler 种植了 7 种针叶树和 8 种落叶树，他们之间有一定的海拔高程差异，而且至少来自两个不同的海拔地点，多数为 3 个海拔地点的同源种。他的第一份报告摘要（Engler, 1913a, 1913b）得出的结果已经接近后来人们研究得出的一些结论：

（1）在相同生长条件下，种源为高海拔地区的植物比来源于低海拔地区的植物生长得更慢；

（2）从所有用于移栽的苗圃情况来看，即使在海拔最高的苗圃中高海拔种源的植物生长也是最慢的；

（3）在生长季开始时，物候表现出许多差异，但是无论用于移植的苗圃海拔是多少，高海拔种源的植物其生长季活动的结束时间都更早。

Burger（1926）已经对这些数据进行了深入分析，在此进行一些归纳。有两点是需要提醒的。第一，这一老旧的林业文献（一直到 20 世纪 80 年代）很难提取信息，因为他们记述的方式往往不易理解，采用的方法也不是很清楚。然而，这些浩繁的工作仍然奠定了与山地气候有关的现代森林遗传生态学的基础。第二，虽然这些工作不涵盖树线，但是仍然与之相关，因为没有理由认为已证实的海拔响应仅限于树线之下的区域。Burger 通过逐个物种的研究确认了 Engler 的上述观点，但是对物候数据进行了修订，认为不论这些植物生长在哪里，高海拔种源植物的活跃期更短这一特性是始终如一的。从本质上来说，他们的枝条伸展期在 7 月中旬停止，而低海拔种源的植物此时的生长仍然在继续。当被移植到低海拔地区时，高海拔种源的植物较他们在原来的海拔位置开始生长的时间更早，但是不会早于预计的季节进程（温度）。与当地的物种相比，种植在高海拔地区的低海拔物种表现出生长停止时间延迟的情况，而且经常在进入冬季时枝条都还没有成熟。

这些结果为海拔的生态型分化提供了清晰的证据，而且表明生长期的结束强烈地受到光周期的控制。但是，春季的开花只受到中度（调节）光周期的控制。这些对高海拔进化适应性的信号存在于不同物种之间，对此有三点结论超出人们的认知：

（1）森林的植物区系相对年轻（距今 8000～9000 年，即大约为末次冰期后的第 150 代）；

（2）由于风媒传粉，山地森林上部会出现基因型混合的情况，同时，小于 200m 的海拔高差不会产生显著的地理或物候隔绝作用（Wright, 1976）；

（3）风媒类（云杉、冷杉、大多数松树、桦树）和鸟媒类（瑞士石松、花楸）保证了种子的广泛传播，然而，进化选择成就了特有的高海拔基因型，下面的实验会对此予以解释。

半个世纪后，在雪崩过后的高海拔地区造林仍然是困扰阿尔卑斯山区的一个问题，而且北欧国家也在为高纬度地区的人工林寻找成功的造林经验。尽管起初造林很成功，种源的遗传多样性也很高，但特定的基因型对于特定地区和造林目的（高大或者高产）适合程度的问题还是没有解决。这引发了在第二次世界大战之后对此开展的广泛研究，本节将描述几个与树线生态密切相关的经典事例。

其中最引人注目的研究是在20世纪60年代由奥地利森林遗传学家Holzer带领的团队对欧洲云杉（*Picea abies*）开展的相关工作（Holzer, 1979, 1981a, 1992）。他们在海拔 550～1700m（接近该地区的树线）的 11 处地点采集树木种子，而且在昼长为 16 小时（该地区在 40° N，其天文最大值为 16.5 小时）的标准化培养室内种植了 13500 株幼苗，同样的后代在 400m、900m、1500m、1700m 处的同质园中生长了 13 年（全交互种植设计）。

四个月之后，在相同的培养室条件下，来源于低海拔地区（550m）的幼苗其测量高度为 88mm，来源于高海拔地区（1700m）的幼苗为 28mm（1/3），而所有其他种源的植株在两者之间呈完全线性分布（Holzer, 1979）。最高海拔来源的植物比起最低海拔来源的植物而言，每毫克生物量的高度生长平均要少 10%。因此，这些幼苗的生长响应完全对应于种源的海拔，而且种源海拔越高，幼苗的生长就会越慢。来源于高海拔的种子稍微要小一点，这影响了下胚轴和子叶的质量与长度，正如作者所详细解释的那样（参见下文）。图 8.1 提醒我们，任何进化过程都有一个关键点：它是建立在群体水平上的变化。每一个种源（海拔）的特征都是一种典型的频率分布，这里举例的是新生枝条和幼苗总生物量之间的生物量分配。随着原产地海拔的升高，枝条的生物量分配（及相应的叶子生物量分配）比例就会显著减小。对于接近树线的种源来说，这一分配比例是 38%，而对于低海拔的种源来说是 72%。在树线附近采集的种子其幼苗在上部分的生长投入要少得多。然而，这些方式掩盖了一个事实，那就是在所有这些不同来源的种群中，其性状变化（范围）都是巨大的。很容易想象，对于单个的世代，优异的性状（如与强壮有关的性状）可以很快地被选择出来。

发育及由此产生的物候也清晰地揭示了与种子起源的海拔相关的基因型特点。作者报道了每个种群个体停止生长的情况，以及萌发后 16 周形成 5～6 个顶芽的频率。第一次调查中，850m 及以下地区的植物中没有发现芽的形成，但是 1700m 的种源个体中有 85%已经停止了顶端生长并形成了芽。在第二次调查中，仍然只有 20%的低海拔个体形成了冬芽，但来自高海拔的个体却有98%有了冬芽。这类基因型发育上的制约作用很大程度上限制了来自高海拔的物种在 16 小时日长的培养室条件下新枝条的生长（Holzer, 1979）。在野外 4 个海拔高度上种植 13 年后，相同种源植物的响应能力强有力地说明了对高海拔生活进化适应的重要性（见表 8.1，只展示了部分原始响应数据）。同时，高海拔物种通常生长缓慢，而且人们还发现，生长较快的低海拔物种当生长在高海拔的同质园中时气候造成的损害会出现累积迹象。

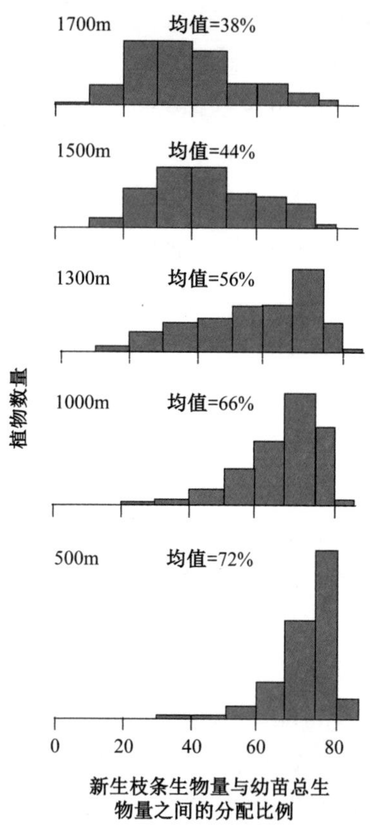

图 8.1　同质培养室条件下，欧洲云杉（*Picea abies*）幼苗生物量分配的基因型差异。相对于总的幼苗生物量而言，高海拔种源新生枝条的生物量分配比例更小（Holzer, 1981a）。

与个体大小相关的（生物量、高度）基因型分化包括种子中子叶的数量。比起来源于低海拔地区的物种（有 8～10 个以上的子叶），高海拔植物种子的子叶数量更少（6～7 个子叶；Holzer, 1992）。子叶的数量与幼苗的活力具有明显的相关性。需要注意的是，当发芽后子叶的数量被人为减少时，对新梢生长也会有同样的影响，减少的子叶数量也会导致新梢生长的提前结束（冬芽形成）。因此我们可以这样认为，高海拔的生命条件限制了种子的发育，而且这个母体信号被传递为幼苗活力的下降。因此，它反映的是树线附近生物的环境影响，而不是遗传效应（Johnsen and Skrøppa, 1996）。为了验证这个假设，Holzer 和他的团队在低海拔的苗圃中栽种了来自不同种源的无性系植株（扦插苗），结果发现来自高海拔的无性系，植株即使在最佳生长条件下产生的种子也很小，而且子叶也更少。因此，这种性状具有很强的基因型属性（Pelekanos, 1988）。基于苗圃中得出的经验，他们进一步认为，当植物变老后，种子最初对幼苗大小的影响会随之减弱［这点 Reich 等（1994）也提出过］。因此，这些种源（见上文）的 13 年生树木的区别是生态型的，而不是种子质量和幼苗大小的产物。

另一个植物生长的基因型海拔分化的例子来自欧洲范围内的欧洲冷杉（*Abies alba*），人们将来自卡拉布里亚（意大利南部）的植株栽培到德国北部地区（Larsen, 1986）。当接近种源的最高海拔时（1700m），同质苗圃中 3 年生的植株生物量从 12g 减少到 7g（见图.8.2）。这项研究还揭示了种子的抗冻性是随着种源的海拔而增强的。当在一个大的地理区域范围内只有几百米海拔高差时，单位海拔高度（m a.s.l）上是不会表现出基因型差异的，但当与温度相关时，则能看出基因型的影响［在瑞典的欧洲赤松（*Pinus sylvestris*）实验；Persson, 1994］。在北美对森林类群进行广泛排查后证实，森林树木的生态型分化是为了应对低温条件（Carter, 1996）。

表 8.1　将采集于不同海拔高度采集的欧洲云杉（*Picea abies*）种子栽培在 4 个移栽苗圃中，进行了 13 年的种源实验，其中 2 个苗圃中的树木最终高度数据如下表所示（Holzer, 1979）。

种源海拔（m）	树　高（cm）	
	生长在 400m	生长在 1700m
700	295	89
1000	279	92
1200	265	85
1600	194	67
1700	175	58

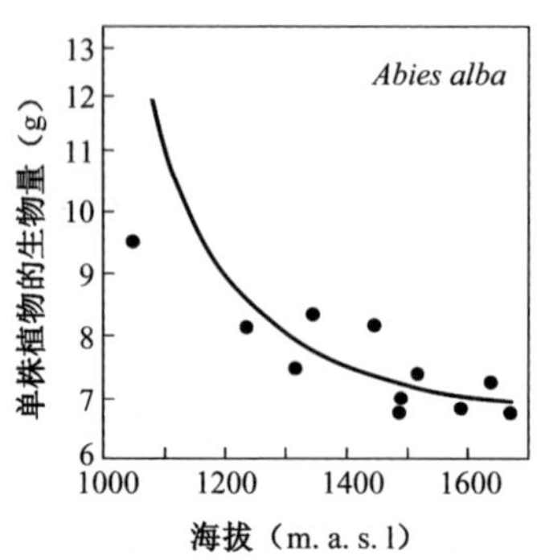

图 8.2　种子来自卡拉布里亚特定海拔种源的 3 年生欧洲冷杉（*Abies alba*）生长在德国的同质园中时的生物量积累（Larsen, 1986）。

在温带地区，为什么来自高海拔的植物会选择缓慢生长并提前终止季节性生长呢？提前终止生长显然与早期冻害风险有关：光周期控制的生长终止能够确保植物及时转换到休眠状态，因为温度是一个不可靠的信号。从基因型上减少种子和胚胎大小可以降低幼苗的活力，但是对来源于高海拔的植物来说，幼苗的生长速率也同样降低了。这些基因型的响应反映了活力与种源产地环境需求之间的一种权衡（抗逆性）。这种权衡关系是基于北美森林树种在纬度分布极限处的树木高度和抗冻性而提出的（Loehle, 1998），其基本机理还有待于利用分子手段来加以探索。

遗憾的是，对于来自热带至亚热带树线植物的生态型调整还缺乏应有的研究（除了来自夏威夷的数据，见下文）。不过，考虑到这些区域较长的进化历史及不受约束的生长季长度，很难想象这种进化选择会没有发生过。本章随后会对一些性状随海拔发生的基因型分化进行分析，这些分化可能有助于树木在树线的成功生长。

8.3　生理性状的基因型响应

树线的树木可能有许多选择出的遗传性状超出了单纯的气候适应和诱发变异，然而这很难被证明。任何针对基因型和表型的实验都有一个基本的制约因素：人们选择的相同生长条件在生态意义上其实从来都不是相同的。例如，如果在低海拔地区进行实验，低海拔种源的植物将处在“家园条件”中，而高海拔种源将面临对他们的适应状态非常不利的条件。反之，在树线附近种植来源于低海拔的植物则是一个胁迫实验，而对于树线的本地物种来说则是正常条件。这一问题不可能通过在中度海拔地区种植所有植物来解决（对一组来说过于温暖，而对另一组来说则过于寒冷），而且交互移植结合了所有这些问题。同质园仍然是我们所拥有的最好办法，但是对于这些内在固有的制约因素需要加以充分考虑。

鉴于此问题的重要性，我将举一个高山生态学的例子：在常温的实验室中可以发现，高山植物比他们的低海拔亲缘类群表现出更高的线粒体呼吸率（Larigauderie and Körner, 1995）。这在文献中已经被引证为生物对寒冷地区的适应（成本较高），其实这是一个具有误导性的结论。实际上，相对于低海拔的植物而言，这些高山环境中的植物不是呼吸得更多，而是更少。这是因为高海拔地区更加寒冷，尤其是在夜间（详见 Körner, 2003a）。因此，实验室的工作发现了遗传分化的确凿证据，但其含义仍然模糊不清，除非考虑植物的真实生活条件。

与移植相关的第二个问题不是温度，而是环境因子的复合作用（见第 2 章和第 4 章）。除了土壤条件（这可以在某种程度上用化学方法量化，而不是用生物学方法），一些气候因素会随着海拔高度通常以不可预测或系统性的方式共同变化。当植物生长在特定区域内有巨大差异的海拔高度上时，相似的温度会出现在不同的光周期中。众所周知，发育的两个驱动因素是相互作用的。进一步说，极端温度可能比平均温度更重要，湿度条件会与温度一起变化，除非总辐射中紫外线辐射的标准化分数和大气压力（O_2 和 CO_2 分压）出现不同。因此，进行同质园实验不仅非常辛苦，而且在解释数据时也十分困难。

虽然早期有一些人试图确认植物的性状与高海拔生活的遗传联系，包括 Bonnier 于 1890 年做的一些工作（更多参考资料见 Körner, 2003a）。总的概念框架首先是由 Clements 等（1950）定义的，并被 Mooney 和 Billings 于 1961 年应用于寒冷环境的研究中（在他们的例子中是北极与高山环境）。虽然此类实验很具有启发性，但令人惊讶的是只有很少的研究是与树线生态有关。本节将描述几个例子，只是为了强调一些明显的趋势，并鼓励这一方向的研究。此外，数据的基础主要来自温带和寒温带（加上一个夏威夷的例子），但是这些原理是可以被广泛应用的。为了避免过度重复第 10 章和第 11 章的内容，我主要专注于同质园实验，而不会全面论述树线特有的生理生态学问题。

如上所述，来自寒冷地区的树木比来自温暖地区的树木在基因型上更具抗冻性（如欧洲冷杉的 28 个种源），即使这两组植物一起栽培在温和的条件下也是如此（Larsen, 1986）。Larsen 还发现，在某个狭窄的地理区域，即使种源地的海拔高差仅为 600m，其植物发生的变异分化也比整个欧洲西部和中部发现的总变异（方差）要大 2～3 倍。他的数据支持了上文讨论的生长速率与抗冻性（见图 8.3）之间的显著权衡关系。这种权衡关系在利用墨西哥不同海拔种源的灰叶山松（*Pinus hartwegii*）进行的同质园实验中也有发现（Viversos-Viveros et al., 2009；随后进一步举例）。在夏威夷进行的一个铁心木（*Metrosideros polymorpha*）同质园实验（一个具有超冷能力的物种）也显示出树线种源耐低温的能力要略强一些（Melcher et al., 2000）。

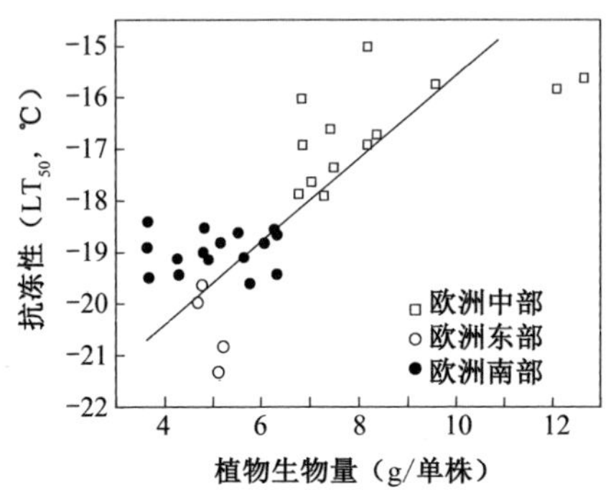

图 8.3　欧洲冷杉（*Abies alba*）在 11 月生长速率（3 年后的干物质）和抗冻性（LT_{50}）之间的权衡；所有幼苗均在德国哥廷根附近进行生长和测量（Larsen, 1986）。

与代谢和气体交换相关的树叶性状也表现出与种源相关的修饰调整。将种源来自喀尔巴阡山和苏台德山脉海拔 600～1500m（林线）48 个地方（各 10 棵树）的欧洲冷杉（*Picea abies*）幼苗栽培在波兰的低海拔地区（95m）（Oleksyn et al., 1998）。研究发现，随着海拔的降低，种子质量从 9.5mg 变为 6.0mg，而且正如上文 Holzer 的实验报道的那样，所有的生长性状都随着原产地的海拔降低而一致调小（包括生长的提前终止）。出人意料的是，针叶的光合作用能力随着原产地的海拔而显著升高，而且氮和叶绿素的浓度也是如此（见图 8.4）。正如早期在许多物种中发现的那样，在相同温度（23℃）测得的暗呼吸也随着原产地的海拔而升高（Larigauderie and Körner, 1995）。

值得一提的是，尽管在种群中有变化，但这些性状并没有表现出海拔的特异性信号：既不是比叶面积（SLA），也不是针叶的长度。而糖的浓度、总非结构性碳和叶绿素 *a*:*b* 表现出与海拔相关的基因型分化。不同种源的针叶其寿命在同质园中没有差别，这在原位时也是这样（Reich et al., 1996）。因此，如果这些性状在产地原位时是不同的，那么响应就是适应性的或者修饰调整过的（表现型）。

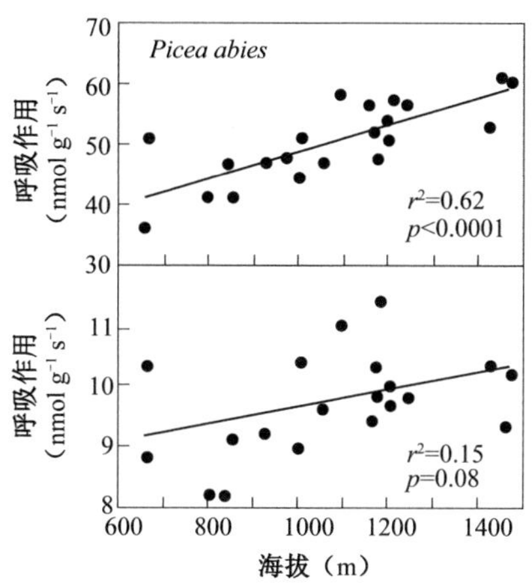

图 8.4　来自不同海拔（包括树线）种源的欧洲云杉（*Picea abies*）幼苗，栽培在一个低海拔同质园中时，其针叶的光合能力和暗呼吸的基因型响应（Oleksyn et al., 1998）。

利用来源于高低不同海拔的瑞士石松（*Pinus cembra*），详细研究其对温度和季节的光合响应，Tranquillini 和 Havranek（1985）发现了有关基因型热量调整的明确证据，在高海拔起源的物种中存在着低温偏好（“喜好低温”，Slatyer, 1977），这一趋势类似于 Slatyer（1977）在澳大利亚阿尔卑斯山对 4 个稀花桉（*Eucalyptus pauciflora*）种源研究中发现的情况。此外，瑞士石松的高海拔基因型对温度的变化表现出更大的适应潜力，在所偏好的温度条件下，其碳同化速率要高于来自低海拔地区的植物在同样温度条件的碳同化速率。

这些基因型响应/或者缺失（针叶的年龄）部分反映了动态平衡的趋势（Trends in Homeostasis）。例如，在 Oleksyn 等（1998）的实验中，同质园与树线之间有 1400m 的海拔高差，CO_2 的分压下降了约 15%，而树木经历的实际平均温度大约为 7℃以下。温度和 CO_2 分压的下降减少了原位的光合作用，但这种情况又会常常得到缓解，因为高海拔地区的低压会增强扩散作用，反过来又会被低温导致的扩散作用下降所抵消。在低海拔地区可以看到，与高海拔种源的影响相比，温度下降可以补偿甚至是恢复原位呼吸作用。考虑到季节长度随海拔升高而缩短，固有的“功能性”（非休眠）针叶持续期必然变长，在原位经历数年，包括其长时间的休眠（见第 6 章）。

类似于上文提到的云杉数据，来源于树线的桦木（*Betula pubescence*）通常含有更多的氮，但是在遗传上比低海拔种源生长得更慢（Karlsson et al., 2000; Weih and Karlsson, 2001）。考虑到 Mitchel 等（1999）在数个北美落叶树种中发现的跨海拔渐变群中存在着类似的趋势，这似乎也是一个普遍的现象。在所有这些研究中，氮浓度和叶子新陈代谢活动之间的基本功能性关系具有跨基因型的普遍性。与此相反，当栽培在低海拔的同质园中，热带夏威夷的铁心木（*Metrosideros polymorpha*）就失去了与叶片气体交换相关的分化现象（光合作用、气孔导度、稳定碳同位素），而这在不同海拔的原位观察时是存在的（Cordell et al., 1998）。然而，有一组叶形态的分化被保留了下来，这是因为他们是属于基因型的（高海拔种源的叶子更厚、更小）。铁心木无法在树木的气候上限位置生长（见第 3 章），也不能在缺乏热带气候的典型大陆性山地树木类群的孤立群岛上生长（这需要进行与树线生命相关的基因性状的探索）。

对于温带和寒温带地区而言，这些例子说明处在或接近气候树线的生命在新陈代谢和相关结构上发生了许多进化性适应。结合一系列将在第 11 章中讨论的气候适应性（非基因型的），这些进化的响应确保了树线附近树木的生存，而且产生了保留这些有利性状的后代。从本质上讲，这些树线的基因型具有较高的新陈代谢活力，较低的生长速率及严格的发育过程，而且在生命的早期阶段，还伴随着从枝条到树根生物量投入的变化。在树线，种子和幼苗的选择似乎主要是由安全而非活力所主导的。投资于安全性将会使这些基因型或物种更成功（如树根），正如在加利福尼亚州的内华达山脉树线交错带发现的红冷杉（*Abies magnifica*）比白冷杉（*A. concolor*）更成功一样（Barbour et al., 1990）。

第9章

繁殖、早期生长及树木种群统计

人们普遍认为，任何植物（包括树木）在其最初的生长阶段是最为脆弱的，且通常具有最高的死亡率。鉴于任何的成林过程首先需要幼苗的成功建植，因此本章将探讨在树线位置树木的最初发育阶段和生长早期受到了何种程度的制约。

在树线处树木更新是否取决于当地产生的种子或者来源于较低海拔的种子传播，且在何种程度上依赖于这两种来源，尚是悬而未决的问题。考虑到所涉及的距离有限及在最后 50m 海拔范围内树木的生命力通常突然下降，一个可能合理的假设是：树线处的树木更新并非取决于现存成年树木周围所成功产生的种子，而是牵涉到整个交错带，包括来源于林线位置的高大乔木所产生的种子。种子远距离传播的证据将在下文呈现给读者。

本章将举例说明树木种子数量和质量的海拔变化趋势，树木幼苗是如何建植的，以及是什么因素决定着其经历的最初生命阶段。本章还将讨论从幼苗成长为高于 1m 的树苗过程中所涉及的相关问题，并以树线位置的树木种群统计作为种群生命力指标的例子来收尾。关于胁迫生理和气候变暖方面的相关工作将主要放在第 10～12 章进行讨论，但是在本章中将不可避免地有所重复。与树线的生理生态学和树木生长研究相比，繁殖生态学的工作就显得明显不足 (Smith et al., 2009)，这可能是因为此类工作通常需要长期定位监测，同时年复一年的天气变化造成的种子补充的不规律性也严重地影响着这类工作的开展。

9.1 高海拔种子的数量和质量

风媒和虫媒物种均可形成树线。然而，处于较高海拔位置植物的种系发育偏好于风媒传粉（Pinaceae、Cupressaceae、Betulaceae、Nothofagaceae），而在较低海拔处虫媒物种所占比例往往更大（见表 3.1）。蔷薇科在高纬度地区为虫媒类群（*Sorbus* sp.），而在低纬度地区为风媒类群（*Polylepis* sp.）。因此，树线位置的传粉模式对于植物生长似乎并不具有决定性作用，这与高山植物区系类似（见图 9.1）。

图 9.1　树线树木的开花与结果：（a）大果圆柏（*Juniperus tibetica*），果实（青藏高原东部，4500m）；（b）绿赤杨（*Alnus viridis*），雄花（阿尔卑斯山脉，2000m）；（c）英格曼云杉（*Picea engelmannii*），球果（加拿大落基山脉）；（d）短叶木荷（*Schima brevifolia*），花（基纳巴卢山，婆罗洲，3700m）；（e）欧洲落叶松（*Larix decidua*），雌花（阿尔卑斯山脉，2100m）；（f）欧洲花楸（*Sorbus aucuparia*），果实（阿尔卑斯山脉，1850m）。

对于植物的开花时间已经有一些零星的观测（物候，见第 8 章），但有关树木开花生物学的资料却十分有限。据 Sveinbjörnsson 等（1996）报道，在海拔梯度样带上欧洲桦（*Betula pubescence*）每个个体的雄性柔荑花序发育情况是相似的，并在森林分布上限达到其最高平均值。相反，雌性柔荑花序的发育情况则随着海拔升高而下降。基于 Hustich（1948 年发表的文章及其引用的其他内容）非常详细的评估，在极地地区的树木分布极限位置，樟子松（*Pinus sylvestris*）在花密度方面并没有出现减少的情况，也没有出现明显的雌花/雄花比例变化，而是雌花多生长在主梢上，雄花多生长在老枝上，种子产量也出现了下降。总之，对于树线树木而言传粉和开花生物学方面的证据都是十分缺乏的，这就制约了对于普遍规律性的表述，这无疑是一个需要深入研究的领域。

单位土地面积上可见种子的产量通常随着接近树线而下降，这可能有四个方面的原因：（1）森林稀疏（大多数情况）及树木个体变小；（2）种子丰产年之间的间隔更长；（3）成年树木单位生物量产生的果实/种子数量减少；（4）单个种子质量下降。如下即将讨论的这些趋势毫无疑问属于苗床质量随海拔变化的内容。山地森林上部树木补充的四个主要限制因素是：（1）成年个体的竞争（遮荫）；（2）由此导致的寒冷微生境（见第 4 章）；（3）因为厚积的凋落物、苔藓层或形成的粗腐殖质，导致缺乏适宜（开敞）的地表；（4）动物采食。缓解因素（1）～（3）的限制状况通常需要干扰作用（林窗形成、风倒、火烧和中度侵蚀）。就自然条件而言，树线交错带比山地森林能提供更开阔且更温暖的微生境（见第 4 章）。由于地面植物（高山）更加丰富，除了那些啃食者所偏好的物种，如欧洲花楸（*Sorbus aucuparia*），单位土地面积上食草动物的采食压力也得到缓解。相反，与森林庇护的幼体相比，树线之上的极端环境条件对其影响则更为迅速（Germino and Smith, 1999），但是也有些物种无法在郁闭的森林中建植。因此，就树线及以上的幼苗成功建植而言，作用是有利有弊的，而其净结果则很难预测。在本节中，作者将选择一些案例以增加从生物学角度的理解，而非像 Holtmeier（2009）那样对此进行详细的阐述。

在瑞士阿尔卑斯山树线以下 200m 范围内，深秋和冬季的欧洲云杉（*Picea abies*）在雪被表面的种子数目迅速减少（呈指数型下降）（Fischer et al., 1959）。然而，即便是这种下降趋势也只存在于树木分布极限附近一个非常短的距离范围内。也有作者报道，对于典型的小种子针叶树而言，在从森林到树线的过渡区域内种子的产量可以达到 1～1000 万颗/公顷（Tranquillini, 1979）。在新西兰对假山毛榉（*Nothofagus solandri*）的一个详细研究中也得到了非常类似的结果（Wardle, 1970）。最近，Richardson 等（2005）对于此物种的研究发现，随着海拔升高种子雨没有明显的差异，但是几十年来在低海拔和高海拔总体上是增加的，而在树线附近表现得更为明显。在树线位置种子雨或果实雨非常多，甚至比在毗连的山地森林中更多（见图 9.2）。据 Molau 和 Larsson（2000）报道，在瑞典北部的桦木（*Betula*）树线种子雨可以达到 4000 万颗/公顷/年，而在树线以上 300m 的记录依然为 600 颗/公顷/年。在接近树线的过程中矮假山毛榉（*Nothofagus pumilio*）的果实雨甚至是增加的，特别是在结果的小年（低产年）则显著增加（Cuevas, 2000）。在厄瓜多尔没有观察到 *Polylepis* 的种子雨在树木分布极限位置出现减少的情况（见表 9.1）。星鸦（Nutcracker）将大种子松树的种子搬运放在树线及其以上的开阔地带，以便以后更好地找回，这与种子是在树线还是在树线之下产生无关（Holtmeier, 2009）。尽管这一发现尚未被定量化，但可以设想星鸦搬放种子的行为使得树线处的种子数量在较低海拔处郁闭森林中增加了。

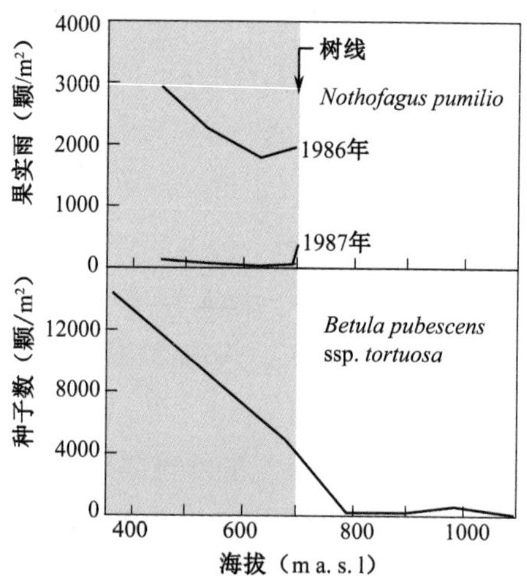

图 9.2　瑞典北部阿比斯库（Abisko）附近欧洲桦（*Betula pubescens*）种子雨的海拔变化趋势，以及智利火地岛（Tierra del Fuego）矮假山毛榉（*Nothofagus pumilio*）果实雨在两个不同平均坡度水平上的海拔变化趋势。二者树线均位于海拔 700m（数据源于 Molau and Larssen, 2000; Cuevas, 2000）。

表 9.1　在厄瓜多尔 *Polylepis incana* 分布的最高海拔范围内种子雨和种子大小，及其个体/花序密度数据（9 个区域均值±标准差；Cierjacks et al., 2008）。在相同区域对于 *Polylepis pauta* 的类似观察数据表明其密度大约要低 10 倍。

特　征	3700～3900m	3900～4100m
花序（m^{-2}）	195（34）	98（15）
花（m^{-2}）	68（27）	44（17）
种子（m^{-2}）	56（19）	50（15）
每个花序中的种子	2.0（0.2）	2.3（0.2）
种子平均长度（mm）	3.3（0.1）	3.0（0.1）
平均存活率（%）	3.8（0.9）	2.0（0.9）
种子平均被采食率（%）	10.3（1.7）	19.6（4.3）

注：*Polylepis* 形成总状花序；如果花数目小于花序数目，则意味着存在不育总状花序。除了花序密度（接近显著，P=0.055），其他所有差异均不显著。

大多数这些数据的问题在于它们无法满足因果分析。是单个的枝条还是单棵的树木产生了更少的花或种子？种子的减少是因为树木变少还是树木变小？为了从机理上对此进行了解，就需要知道森林单位基径面积的种子雨数据或一些其他的密度测量数据，正如表 9.1 所示。在表 9.1 中的数据表明，树线位置唯一显著减小的性状是单位面积的花序数目，但它又可依靠花序繁育能力的提高而得到补偿，因此种子雨没有受到海拔的影响。所有研究一致认为，在树线位置有大量的种子（尽管绝大多数情况下种子数目比低海拔要少），而且相当多的种子会扩散到树线之上。

另一个与种子数目相关的问题是种子丰产年（大年）之间的间隔期，人们发现在热带纬度之外的地区，越接近树线其间隔期就越长。根据 Tranquillini（1979）的文献研究，当低海拔的针叶林每隔 3～5 年有个种子年（大年）时，树线位置的种子年间隔就增加至 8～10 年。结实是森林中树木具有的普遍现象，传统上是用碳水化合物需求和储存库循环来解释的。最近，此假说在低海拔地区受到了挑战，在低海拔地区结实对于不同物种的储存库都没有明显的影响，这也许是因为树木在当前 CO_2 浓度下已经处于碳饱和状态（Hoch et al., 2003），并且也有证据表明此原因对于树线同样适用（Hoch and Körner, 2003；见第 11 章）。在很多针叶树中，结实可能直接与球果所历经的多年成熟期有关，还与带有繁殖体的树冠所占据的空间位置有关，因为其阻碍（通过激素）了周围枝条的开花和结实，这是从果园中了解到的（侧向抑制）。在一个区域内植物同时大量开花并结实的现象对人们来说依然是一个奇迹，况且年际间的天气总是有所变化的。一个可能的诱因是某个地区由于晚期的冻害导致所有的花完全消失，这样就会造成来年大量开花（没有侧向抑制），多年以后就逐渐形成了同步的结实周期。

结实周期（Masting Cycles）的延长在温带地区的树线（生长季平均长度大约为 135 天；见第 4 章）可能直接与球果、种子和胚胎成熟所需的时间有关，正如常绿针叶的寿命长短，当只用历年计数时，会随着海拔升高而增加，但是如果用生长活动期计算时则并未出现此结果。如果按照实际生长季长度计算，树线针叶树的结实周期可能与那些低海拔的树木差别不大。

为了保证种子的存活，第二个关于结实的解释是所谓的“采食者饱食”（Predator Satiation）（Kelly, 1994）。此解释经常被质疑，且如果种子极其微小则与此无关。至于具有大种子的松树，人们经常忽略了树木的相互依赖性，以及星鸦需要在种子库中存储适量的种子（Oswald, 1963; Lanner, 1988; Holtmeier, 2009）。在球果漫长的成熟期中，受激素控制的侧向开花抑制作用似乎是对树线针叶树结实周期形成的最好解释。

考虑到大部分树线物种幼苗的建植需要开敞的生境，因此相比于郁闭的山地森林，在树线交错带此类生境的增加也就意味着用于保证树木更新的种子数量相应减少。因此，最终的问题就是在树线位置是否有足够的幼苗补充以平衡树木的死亡，从而维持森林的存在。这个问题无法通过计算确定年份的种子数目来回答，而需要考虑长期（百年尺度）的种子雨、种子质量、萌发和幼苗的成功建植。

种子大小和胚胎大小属于植物最保守的性状，因此，当条件恶化时，种子宁可减少种子数目（如通过早期败育）而非降低种子质量。种子大小（以质量单位表示）表现保守，而一些植物大小则发生数量级变化（Thompson and Rabinowitz, 1989）。在草本植物中，高海拔的生存环境会选择属内具有更大种子的物种，但对于特定物种而言其种子大小相对稳定（Körner, 2003a; Plüss et al., 2005）。然而，当靠近树线时，有调查显示种子质量出现了下降（Tranquillini, 1979），尽管实际证据并不多，有几个研究也显示种子质量并没有变化（如理论所期望，见表 9.1），或者随着海拔升高甚至出现了质量变好的现象（见图 9.3）。类似于表 9.1 所示的数据，阿根廷 *Polylepis australis* 随着海拔升高种子质量并无显著下降；实际上，那些树线位置（2700m）的物种其种子要比低海拔下限处（900m）的种子更大，但是树木分布极限处的种子产量总体上要比山地森林最适区域的种子产量小（Marcora et al., 2008）。

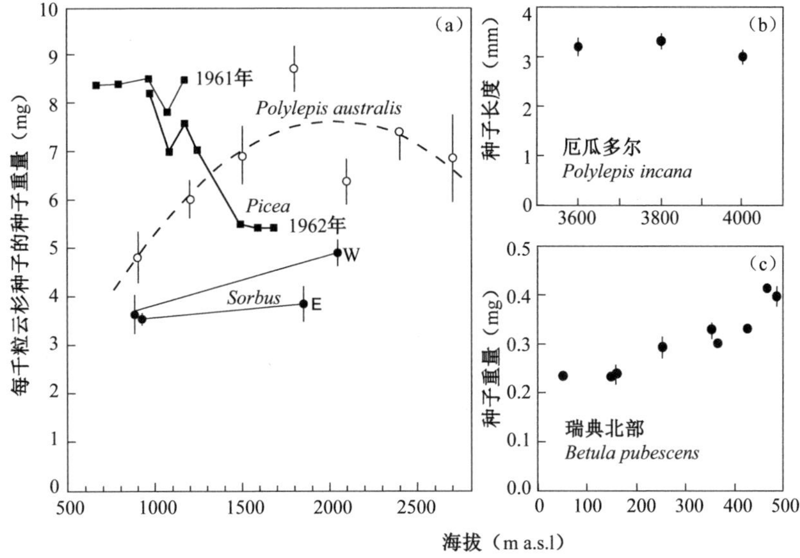

图 9.3　种子大小和种子重量的海拔变化示例：（a）奥地利阿尔卑斯山脉欧洲云杉（*Picea abies*）（以千粒重表示；Pelekanos, 1988）、*Polylepis australis*（Marcora et al., 2008）、瑞士阿尔卑斯山脉的欧洲花楸（*Sorbus aucuparia*）（Kollas et al., 2011）；（b）厄瓜多尔的 *Polylepis incana*（Cierjacks et al., 2008）；（c）欧洲白桦（*Betula pubescens*）（Holm, 1994）。

那么，为什么种子质量（Seed Mass）在一些研究案例中会随着接近树线而出现下降呢？更令人感到疑惑的是，为什么将高海拔植株产生的种子放在低海拔进行栽培实验发现（见 8.2 节），欧洲云杉（*Picea abies*）胚胎尺寸的减小（而非种子质量的减少）表现出可遗传性（而非单纯受同期的气候影响）呢？对于树线位置种子质量下降的现象目前尚无遗传分化方面的相关证据。但是，值得推敲的是，到底是什么原因有可能导致树线处的植物会选择更小的种子？资源的限制可能会导致植物在单个种子的质量与种子产生的总数之间进行权衡。基于生存策略的解释会考虑到小种子更具“杂草型”或先锋特性，因为树线交错带相对郁闭森林具有更开敞的环境条件。在郁闭的森林中植物更倾向于选择大种子，因为遮荫条件可以保证幼苗存活率的提高。因此，植物缺乏耐阴性的选择过程会导致树线附近的植物种子变小。至少，对应于被动"承受恶劣天气"影响的假说，不要忽略这种"主动"选择过程的可能性。

观察到的欧洲云杉（*Picea abies*）胚胎大小在遗传上的减小（不考虑种子大小）需要考虑到裸子植物和被子植物之间的差异，裸子植物单倍体胚乳是母株的唯一产物，而胚胎却携带花粉基因。在被子植物中，通常的三倍体胚乳是配体融合的产物。由于胚乳大小和胚胎大小紧密关联，裸子植物的母体可以通过胚乳大小控制胚胎大小（Sorensen and Franklin, 1977；相关讨论见 Holzer 于 1992 年发表的文章）。目前仍不清楚，胚胎大小和种子质量关系如何，且为什么二者能够互不关联。这些细节尚需要在不同种类的植物中探讨以明确严酷气候的直接作用，以及在树线处种子特性在繁殖—适应性范畴内的遗传选择。

树线位置的种子质量（Seed Mass）变化范围可以从 *Erica trimera*、*Eucalypts pauciflora* 或短毛桦（*Betula pubescence*）的<1mg 到形成球果的石松，例如，瑞士石松（*Pinus cembra*）或 *P. albicaulis* 其种子质量可以达到 150～300mg。在形成树线的物种中由风传播种子的针叶树，如松（*Pinus*）、云杉（*Picea*）、冷杉（*Abies*）和落叶松（*Larix*）其种子每粒重 3～8mg（范围：2～14mg；作为对比：一粒小麦重量约为 40mg）。种子越小，其幼苗需要的光照越多，物种特征越具有杂草性（先锋类型）。除了落叶松，高海拔针叶树的种子需要一年以上的时间才能成熟，而在季节性气候中，随着海拔升高也有种子后熟现象。在特定的年份，人们发现奥地利阿尔卑斯山海拔 900m 处的瑞士石松（*P. cembra*）种子在 8 月的第 1 周就成熟了，而在树线处（1900m）则是在 9 月 10 日之后才成熟（Nather, 1958）。落叶松和被子植物的类群，如桦（*Betula*）、桤木（*Alnus*）、花楸（*Sorbus*）、*Polylepis* 和假山毛榉（*Nothofagus*）的种子是在开花年份中就成熟了，这就意味着在三个月内完成。因此，这些物种与那些果实需要多年才能成熟的物种相比，在生长季末期所遭受的恶劣天气影响要小得多，而热带树线处的种子成熟是没有季节限制的。

在温带及北方寒温带的山区，种子的活力（Viability of Seed）是随着海拔升高而下降的。例如，在瑞典 63° N 处，就树线的欧洲赤松（*Pinus sylvestris*）而言，6～8 月的温度与种子活力之间存在线性相关（在特别好的年份里可超过 20%）（见图 9.4）。普遍的证据表明，在寒温带山地完好种子的比例随着海拔升高而下降（Wardle, 1970; Sveinbjörnsson et al., 1996; Holtmeier, 2009），但是对于热带地区而言，我们现存的唯一证据表明种子活力没有显著下降，虽然总体上种子活力相对较低（见表 9.1）。活力下降的原因可能是晚期的败育（种子出现空壳）或者没能成熟，由于天气寒冷，这种现象在高纬度树线处的小种子物种中特别明显。在瑞士石松（*Pinus cembra*）球果中可以看到明显的经种子后熟发育形成的胚。胚尺寸仅为 1～2mm 的成熟种子可由星鸦来散布。这些生长在苗床中的胚在萌发前可以生长到 6mm，但是这些后期散布的胚在较温暖的环境条件下才能生长（Nather, 1958）。因此，小型胚胎会在生长季的早期“耗费”大量时间为萌发做准备，而萌发则可能在 8 月末才开始，这就增加了植物在第一个冬季存活的风险。

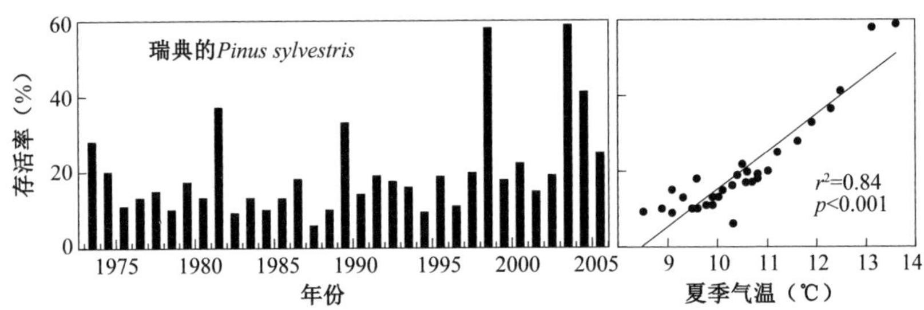

图 9.4 通过标准化实验室测得的瑞典 63° N 大约 700m 海拔处 *Pinus sylvestris* 树线附近的种子活力（Kullman, 2007）。

总之，单位土地面积上的种子产量通常随着海拔升高而下降，尽管并非总是如此；另外按照种子大小和活力来排序，种子质量的情况变化更大，大多数研究实例也不支持这样的观点，即植物个体的种子质量/大小会随着趋近树线而下降。但是，目前有关种子活力的数据却支持此下降的普遍趋势，至少凉温带/北方寒温带的树线如此。在世界范围内，树线处的种子性状、结实策略、散布方式和季节性是多种多样的，在树线及其之上都可以看到种子雨，这些都表明在同一等温线上并不存在专门的传播体来控制树线的位置。因此种子限制很有可能并不是影响树线形成的普遍原因，但是在特定情况下这种限制又有可能发挥作用。然而，无论种子是在树线处产生的还是从其下树林中传播而来的，许多幼苗能够在树线处存在却是事实。这与特定年份的幼苗如何成功更新补植无关。在一个世纪的时间尺度上其实只需要少数几个好年景就可以弥补树木死亡的损失，甚至造成树线的向上迁移。因此，接下来将阐明幼苗建植和幼树成活及其更新补植的净结果，这可从树线的树木种群统计状况反映出来。

9.2 萌发、幼苗和树苗阶段

为了减少由于恶劣天气或者虫害对幼苗萌发造成的影响，人们选择来自相同种源的野生物种进行渐变或者逐步解除休眠的发芽实验。这种时滞效应在相同季节内（从几天到几个星期）及季节间均起作用（直到几年）。对于高纬度的树线物种而言，小种子的物种通常在播种后 8～20 个月内萌发（大多数是在下一个生长季），而大种子物种则可能延迟达几年之久。萌发过程通常遵循指数型时间释放模式，具有早期的峰值及长尾值。一些非常“晚熟的种子”可以保证更新补植，以防止大部分种子在发芽时受到不利环境的影响。这种解除休眠的情况甚至可在同一批星鸦埋藏的种子中发现（见图 9.5）。因此，萌发的时间性至少受到三个因素的控制：（1）遗传生物钟；（2）满足高纬度所需的低温条件（寒冷）；（3）实际天气和土壤条件（温度和湿度）。此外，萌发过程还有两个潜在的驱动因子：（1）红光/远红外（R/FR）光谱比值，能够透过种皮及浓密枝叶造成的荫蔽而传输信号（竞争度；Salisbury, 1985; Scopelet al., 1991），（2）光周期（实际的天文日期；Lambers et al., 2008, 第 380 页）。对于树线处的类群来说，这两个潜在驱动因子的作用还没有研究清楚。芬兰的一项研究表明，就萌发对于 R/FR 的敏感度而言，在垂枝桦（*Betula pendula*）中最强，欧洲云杉（*Picea abies*）属于中等，而在欧洲赤松（*Pinus sylvestris*）中最弱（Ahola and Leionen, 1999）。在温度驱动下具有季节变化的地区（冬季），因素（1）和因素（2）可通过遗传生物钟编码对所需的低温变化（严寒）进行耦合。低温经历和光周期可以确保适宜天气条件并避免诱导种子在错误的时间萌发（如秋季）。在类似的条件下，解除休眠过程是极具物种特异性的，树线物种也毫无例外，对此文献中有大量关于各种萌发模式的报道（Tranquillini, 1979; Holtmeier, 2009），但遗憾的是对于热带和亚热带地区则缺乏与温度相关的季节性变化。

图 9.5　由遗传控制的萌发时滞（箭头）甚至在同一批星鸦埋藏的种子里都有发现，这可以确保补苗成功，以防不利条件导致的早期萌发失败。然而，对于瑞士中部阿尔卑斯山脉的瑞士石松（*Pinus cembra*）来说，最早期的更新补植的确是成功的。

所有目前已有的研究都表明，树线种子萌发所需的热量与那些低海拔树木并无明显差异，最佳的萌发通常出现在苗床白天温度为 20～25℃（Nather, 1958; Tranquillini, 1979; Sveinbjörnsson et al., 1996）。在均匀的苗床温度下发芽率一般较低，如在温室中。这种通过昼/夜温度波动产生刺激的现象通常存在于适应寒冷的植物中（Körner, 2003a）。因为日照对于地面的增温作用（见下），树线处斑驳的开阔地点日间就可以提供温暖的苗床条件。因此，不断有报道发现树线物种的种子能够在树线以上萌发，甚至可以成功建植（Viereck, 1979; Wardle, 1981b; Ferrar et al., 1988; 见图 9.6）。

由于太阳辐射导致的地面增温，使得树线生态交错带及其以上区域开敞地表的苗床温度实际上比山地森林地带还要高（Aulitzky, 1961; Körner et al., 2003; 见图 9.7）。在文献中可以看到（见第 4 章），这些在开敞地表出现的热量正效应有益于幼苗的建植，并且这种效应在大部分或者整个生长季都可以保持（Scherrer and Körner, 2009, 2010a）。有时可能会出现由于偶尔过热造成的危害（Turner, 1958；Körner and Cochrane, 1983），特别是在植物生长的早期阶段过热会引起干旱性损伤。然而，开阔地形也导致了更强的地形效应，特别是在太阳高度角较低的高纬度地区，因此可以将地表分为有利和不利两类微生境，这是在高海拔地区造林的初期就应该认识到的问题。一旦森林建植完成，这类地形效应也就消失了（Paulsen and Körner, 2001; Li and Yang, 2004）。因此，正如 Li 和 Yang 认为的，幼苗阶段受微地形（庇护所）控制，而当植物长高以后则逐渐受到大气的直接影响。

图 9.6　树线处的树木幼苗通常隐蔽在高山灌丛中，以便生长初期得到周围植被的庇护，图中所示为阿尔卑斯山脉中部的瑞士石松（*Pinus cembra*）和欧洲落叶松（*Larix decidua*）。

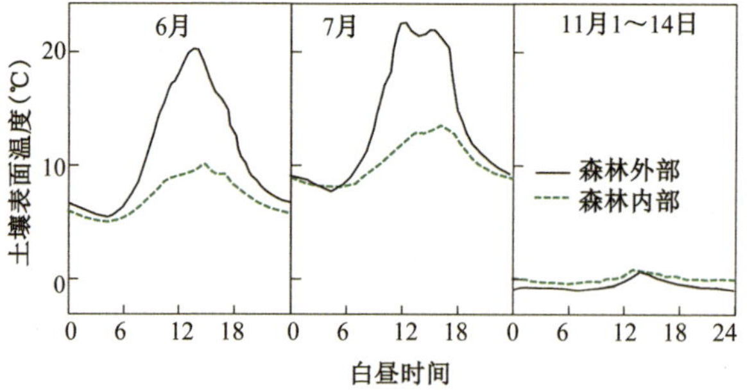

图 9.7　奥地利阿尔卑斯山脉开敞的高山矮灌丛与树线处郁闭森林的苗床温度对比。在同样位置地下 1cm 和 10cm 温度记录显示出类似的趋势。注意雪下的细微相反情况（在 11 月开阔地面比森林地面要冷；Aulitzky, 1961）。

除了侵蚀作用，地表裸露往往是由于土地利用、火烧、不利的地质条件或者位于风吹的山脊所造成的（Holtmeier et al., 2003; Akhalkatsi et al., 2006），在长期持续的土地利用或者反复火烧影响下，树线交错带的通常情况是森林逐渐被矮灌丛甚至草地所替代。这种植被的高度通常在 10～50cm，物种数量比山地森林上部地带要丰富许多，它们通过所有的生物方法来适应由于树型和冠层郁闭所带来的温暖微气候条件（Körner, 2003a; Körner et al., 2003）。因此，隐蔽于低矮灌丛中的树苗与高山带下部的所有植物都处于相同的生存条件之下。众所周知，郁闭而低矮的高山植被由于冠层增温及相互遮荫具有积极的作用，近来又被称为“促进效应”（Callaway et al., 2002），这对于保证树线幼苗生长最初阶段水分不至于匮缺具有明显的益处。近一百年以来，遮荫作用（Shelter）作为影响树线及其之上幼苗建植的关键因子早已被人们所认知（早期文献见 Oswald, 1963; Friedel, 1967; 也可参见 Hättenschwiler and Smith, 1999; 综述见 Holtmeier, 2009）。造林人员把苗圃中培育的幼苗栽种在这样海拔高度上的坑中以创造出遮荫效果。在地势起伏的高山上，有许多凹陷的浅坑、突兀的岩石、低矮的灌丛等，它们都可以在幼苗最为关键的生长初期保护其免受干旱的影响（Batallori et al., 2009）。然而，所有关于树线处及其以下地带幼苗成功存活的研究都表明，在高纬度地区的幼苗第一年即第一个冬天承受的风险最大，但温度并非是最关键的因子（Ferrar et al., 1988; Hättenschwiler and Körner, 1995）。在第一个冬季之后只有不超过 1%～3%的萌发种子能够存活，而这种现象并非树线处所特有。

通常来说，树木幼苗与矮灌丛或灌木都面临共同的不利之处，就是它们的芽都位于地面之上（禾草类和地面芽草本植物通常都将其顶端分生组织隐藏在地下）。因此，树木幼苗与灌木作为高山植物面临的生命条件其利弊是一样的。这意味着它们同样面临着白天增温、晴朗夜晚的辐射冻结、强烈的太阳照射及在高纬度地区由于风的影响造成的雪被变化（Aulitzky, 1963; Aulitzky et al., 1982; Germino and Smith, 1999, 2000）。和其他任何树线以上的低矮植物一样，树木在幼苗阶段容易受到胁迫的影响。至少对于幼苗而言，考察人员的经验往往容易高估风的直接作用。在幼苗阶段，风对树木的影响与其他包括灌木在内的矮小植物没有任何差异。风的影响可能会在局地起作用，一旦幼苗生长高出地面植被（如下），特别是在裸露的山脊上，这些幼苗就会遭受风的肆虐，其生长也会受到影响。

在树木幼苗和高山植被之间，有一个逐渐从助长（庇护作用）到竞争关系的转换。郁闭的灌丛像茂密的森林一样会严重制约幼苗的生长。例如，喜马拉雅山脉东部的 *Abies forsterii* 幼苗丰富度与杜鹃（*Rhododendron*）灌丛呈负相关，而在林窗区域幼苗明显地具有较高的存活率，这与其他物种及其他树线位置发现的情况一样（Zhang et al., 2009）。对于桉树（*Eucalyptus pauciflora*）幼苗来说，它们与最近的草丛之间的最优间距是 5～6cm，当间距小于 3cm 或者大于 15cm 后幼苗的数目就为零（Noble, 1980）。人们发现，清除植被对此物种的幼苗建植有负作用（Ferrar et al., 1988），但是，令人惊奇的是树线附近刚经过火烧的区域比未被火烧的区域具有更多的幼苗，在当前树木分布极限之外，火烧对幼苗的散布就没有促进作用了（Green, 2009）。对于厄瓜多尔树线附近的 *Polylepis incana* 而言，其最优间距是 9～10cm（Cierjacks et al., 2008）。在大多数温带树线，幼苗在其他荫蔽植被（或岩石）之间间隙或裸地上表现得最好。但是，幼苗的遮阴需求是极具物种特异性的，一些类群[如假山毛榉（*Nothofagus*）]的建植需要完全的荫蔽条件（Wardle, 1971, 1985a），然而喜马拉雅山脉的糙皮桦（*Betula utilis*）（Shresta et al., 2007）或者阿尔卑斯山脉欧洲赤松（*Pinus sylvestris*）（Hättenschwiler and Körner, 1995）却不能在郁闭林冠下更新，它们需要一定的干扰（林窗）或者开阔地形才可建植幼苗。英格曼云杉（*Picea engelmannii*）幼苗在郁闭草丛中存活最佳，其次是在裸露的土壤，最差的是在暴露于空气中且由于土壤水分竞争所导致胁迫增加的小林隙内（Smith et al., 2003）。对于比利牛斯山脉的山地松（*Pinus uncinata*）而言，海拔梯度上幼苗丰富度的峰值明显与树线之上矮曲林带（Krummholz Belt）的微生境有关，而不是出现在树线之下（Camarero and Gutierrez, 1999）。相反，厄瓜多尔热带树线受到海拔的制约，其上的任何幼苗补充都受到太阳直接暴晒的抑制（Bader et al., 2007b），当土地遭受火烧而清空并且与太阳暴晒交互作用时，就会导致森林形成明显的边界（Bader et al., 2008）。与此相反，同样区域天然气候树线位置的 *Polylepis incana*（海拔约 4000m）和 *P. taracapana*（海拔 4800m）需要开阔的空间来进行更新，因此大多数幼苗都出现在林缘位置（Hoch and Körner, 2005; Ciersacks et al., 2008）。

由于植物的耐阴性、区域的湿度状况、地形的荫蔽条件及地被物的竞争性不同，树线处及其以上的幼苗有可能被限制在一个狭小的更新生态位（Regeneration Niche）中，或者有可能变得数量庞大。有很多证据表明，幼苗可以在树线以上几百米的荫蔽处得以顽强生长并存活良好。此类幼苗出现在树线之上的现象绝不能解释为与树线上升或者气候变暖有关。在幼苗阶段，树木的高度与高山草地或石楠灌丛一致，展现出高山景观风貌。经过几年的好光景之后，此类幼苗就有可能从荫蔽处“脱颖而出”，从而变得鹤立鸡群（见图 9.6）。

幼苗建植之后，最关键的生命阶段是从由高山石楠灌丛或者微地形营造的空气动力边界中暴露于自由大气的开阔对流环境中。此转变是一场持续的“斗争”，因此德语称之为“战斗区”（Kampfzone），该词用于描述生态交错带最上部地带的状况，树木逐渐失去抗争能力而成为匍匐状，形成灌木状结构，称为“矮曲林”（Krummholz）。也许，这就是树线形成的核心问题，是什么原因导致树种局限于灌木层而非成长为笔直的树木。它们在婆罗洲基纳巴卢山平缓的山坡上、萨合马火山开阔的岩石堆中、乞力马扎罗山侧或奥林匹斯山坡上到底在与什么作“斗争”？我们可以列举出许多可能阻碍“灌丛状树木”成为“真正”树木的原因（见第 3 章），但是在全球范围仅有一个因素最终会导致树木覆盖的山地与没有树木的高山泾渭分明，这就是温度（见第 3 章）。当然，也不能忽视其他一些局地变量的小尺度调节作用，人们需要了解温度如何扮演着支配性角色，以及幼树如何能暂时性地逃避低温环境的支配性作用。毫无疑问，在树线及其以上区域，当幼树脱离地被层的庇护后，对其茎干而言气温确实是变得更寒冷了（见第 4 章）。晴朗天气下夜间受辐射冷却影响的环境则是例外，这时地被层所经历的温度比高大的树苗还要低（Squeo et al., 1991），因为树苗与空气动力的耦合关系更好。然而，这更多的是一个耐冻能力的问题，树木幼苗与其他高山植被一样能够抵御冻害（见第 10 章），因此冻结不会限制树苗的发育。

当幼树挺立于低矮的地表植被之上享受自由流动的空气时，它们就承受了比幼苗阶段更为寒冷的生存条件，这与高山植被所经历的极为不同。如同第 7 章和第 11 章所描述的，就低温下的生理功能而言，有充分理由可以假定树木并不比任何其他适应寒冷的物种/生活型差。问题在于笔直的树型不允许通过任何“空调小把戏”来逃避低温的影响。与此非常相似的是，当过于寒冷的时候，任何植物的生长都会停止，这也会影响到屹立的树木上未受保护的幼嫩枝条。红外热影像清楚地记录了树线附近直立生长的树木所具有的劣势（见第 4 章）。许多人多次错误地引用了我的论述，认为树木的自我遮荫及根部的降温阻碍了树线及其以上树木的生长（Holtmeier, 2009; Melanson et al., 2009; Smith et al., 2009）。一旦地面被郁闭的冠层完全覆盖，此类地表遮荫的负反馈就将起作用，这就需要树木在体型上长到一定大小。实际上，地表遮荫在极地树线的决定性作用更强，它能够导致林分下永冻土的周期循环（Crawford et al., 2003）。由于根部通常是隔绝的，而幼年个体包裹于高山矮灌丛下相对温暖的土壤中，因此，高海拔的树线问题显然就是树木发育的关键阶段中枝条生长的问题。甚至在一小丛树木中，一簇根系周围的根也会受益于太阳辐射对地面的增温。

树木的垂直对流热量显然阻止了气温的降低，在高纬度地区暴露的位置也会受到风的机械作用，这就是 Holtmeier（2009）关于树线形成的核心论点。但是，从全球角度来看，树线并非专门出现在多风的地方，相对于平原地带，山地的地形起伏减弱并屏蔽了锋面天气（见第 4 章），正如山体内部通常比山前地带受到风的影响更小，对此 Fliri（1975）就阿尔卑斯山脉的情况进行了定量描述（也参见 Körner, 2003a）。关于树线位置风吹形成的旗型树或匍匐型树木等现象的研究，主要局限于一些寒温带和北方地区山地的山脊，而在世界其他大部分地区并不存在这种现象。实际上，如果想着眼于拍摄整个壮观场景，这将是一项跨越整个地球树线的艰巨任务。最可能发现此类“雕塑品”的地点一般是在山脊顶部（包括海岸带），或者是具有稀疏植被的宽阔山背，如在乌拉尔山脉和落基山脉北部。假如风是决定树线位置的普遍性决定因素（见第 3 章），那么凭直觉判断，在较高纬度地区树木会经常分布到山脊的最高海拔处，可事实却不是这样的。

在由幼苗转变为树苗的过程中，群体性的再生长能为枝条提供一个更适宜的环境，因为在空间上是将高山矮灌丛发展成为空气动力避难所（见图 9.8）。然而，在关于直立生长的簇状幼树群可提高温度方面还缺乏必要的数据支撑。相对于那些孤立生长的幼树，成群生长幼树的冠层温度差异不大（见图 9.9），并且幼树簇状群越大温度对于根区的副作用就越大（Holtmeier and Broll, 1992）。因此，除了温度外还必须考虑其他因素。在受到风吹打的地带，相互的机械性支持/保护是具有明显优势的。然而，在由 Schönenberger（2001）精心设计的唯一对树线处聚集效应进行验证的实验中，却得到了几个意外的结果：在实验的四个物种中，有三个树种（欧洲山松 *Pinus mugo*、瑞士石松 *P. cembra*、欧洲落叶松 *Larix decidua*）其聚集群的边缘与中心个体的大小差别不大，另外一个物种欧洲云杉（*Picea abies*）在树木长到 1.0～1.7m 高度时边缘的个体大于中心的个体。而且，研究显示簇状树苗的显著优势是周围个体被啃食得更严重，从而保护了中心个体免受伤害。但是，中心的落叶松（*Larix*）个体比周围的个体遭受了更多的雪压而折断。几个研究已经揭示了啃食伤害对于树线生态交错带的树木更新建植具有关键作用（Stöcklin and Körner, 1999; Anschlag et al., 2008; Hofgaard et al., 2009; Zhang et al., 2009），在这些地方食草动物的影响实际上可能超过了任何气候的作用。在低温情况下，被啃食后的恢复或再萌发都需要非常长的时间，因此啃食的影响在树线位置持续的时间更长。在强风易造成机械性损伤，以及草食动物影响大的地方，微气候对树木生理的作用是中性的（几乎没有热量优势，相互遮荫甚至会导致一些不利条件），成群生长会更有优势。正如 Schönenberger（2001）在阿尔卑斯山中部的研究所总结的，在聚集群组内的再生长受益于地形斑块形成的有利地表环境条件（更新生态位的镶嵌体），因此，这种对于生长的促进作用反映了微地形的作用而非幼树群的优势。

图 9.8　集群生长（簇状）的可能原因：(a) 苗床的镶嵌状（地形，沟谷中成组的欧洲落叶松 *Larix decidua*）；(b) 星鸦埋藏的瑞士石松种子（*Pinus cembra*）；(c) 树苗生长早期阶段出现的相互荫蔽作用（簇状的落叶松 *Larix* 树苗）；(d) 克隆繁殖的结果（欧洲云杉 *Picea abies* 的岛状克隆体）。然而，促进作用（如果存在）不大可能与温度相关（见图.9.9）；所有照片来自瑞士的阿尔卑斯山脉中部。

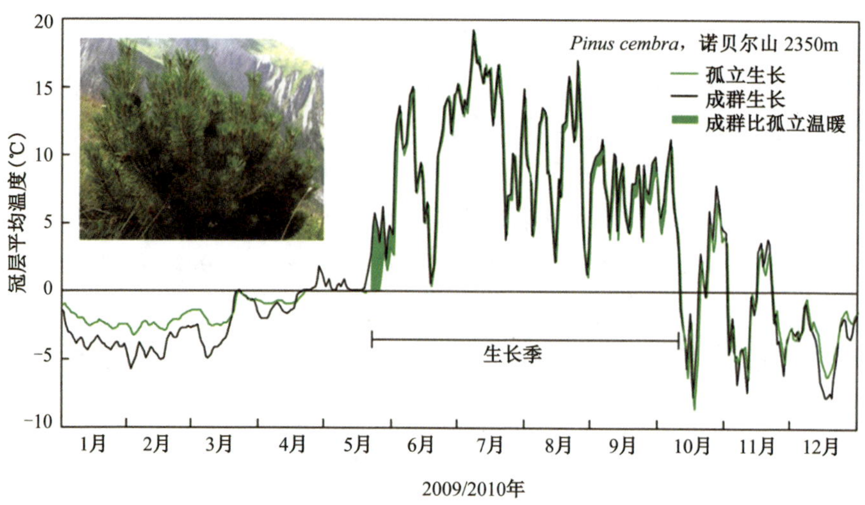

图 9.9　海拔 2350m 处的瑞士树线，孤立生长或密集成群生长（意味着三个孤立生长幼树和两组幼树；Mont Noble, Valais; G. Hoch，来源于私人通信）的瑞士石松（*Pinus cembra*）幼树（大小为 50～60cm）的冠层温度（高于地面 30～40cm）。

树线处树木成簇状频繁出现的第二个原因是由于竞争导致植被之间出现间隙，例如，形成浓密的灌木，或者相反，苗床不是受到低矮植被的荫蔽保护，就是暴露在光秃秃的地形上。在青藏高原东部对 4400m 冷杉（*Abies forsterii*）不同大小级别个体空间关系的详尽研究中发现，该物种树木的出现并非是随机的，而是在空间上呈现出聚集状态（Zhang et al., 2009）。此处的树木密度从林线到树线仅仅 32m 的海拔距离内下降了 6 倍，但是幼苗（下降了 7 倍）下降的比例比其树苗（下降了 2.5 倍）更快，这两个方面反映了过去更新情况的波动变化，或者正如作者所认为的，这是因为幼苗需要在不断扩展的杜鹃灌丛中寻找生存的间隙。在南坡类似海拔高度的方枝柏（*Juniperus saltuaria*）幼苗中却没有发现同样的簇状聚集现象，这些地点的杜鹃非常稀疏，而且牦牛的践踏非常严重，从而使得在这种载畜量条件下树木的更新几乎被抑制了（关于牲畜的作用见 Wesche et al., 2008）。

然而，以上这些研究似乎都尚未回答这样一些问题，当树苗呈簇状生长时更容易定植成功，或者种子在苗床中呈聚集状而使得树苗表现出簇状分布（如地形、土地覆盖、星鸦的影响）。簇状生长的一个特殊类型是克隆植物的聚集（树岛，Tree Island），产生聚集的原因是单一基株的营养生长不断扩展。

这种非常紧密的树岛在一些高纬度树线以上的树线交错带起着非常重要的作用（Holtmeier , 2009）。但是，在温带纬度上最高位置的树木（树线的上边缘）通常呈孤立状而非成群分布，说明树木孤立生长并不一定就处于劣势。至少根区温度将从更开阔的空间中获益，正如人们熟知的北极树线情况一样（可参见 3.6 节）。

在树苗阶段簇状生长是否对树苗存活有利，事实情况是，在大部分树线之上有大量的匍匐状个体（Crippled Individuals）及灌木大小的矮小树木，它们通常具有多茎形态，且不能长成大树（最近的实例见 Camarero and Gutíerrez, 1999; Anschlag et al., 2008; Hofgaard et al., 2009）。很明显，这些个体在这些地方可以建植，甚至可以存活几十年，但是其枝条的生长不会超过周边具有保护性的灌丛或矮曲林层之上。正如 P. Wardle（1981b, 第 60 页）所阐述的，"……林线之上老龄幼苗和矮曲林的存在正好说明种子的散布和幼苗的建植尽管稀少，但也是有效的。"因为这种现象并非局限于多风或者有雪的区域，空气动力作用及完全暴露在自由大气的低温下，就会抑制枝条的生长。树线之上植物的更替需要空气动力阻力来改善微气候条件，因此，植物更替就取决于树木的低矮状态及植物聚集的紧密程度，而与是否真的像大树无关。

9.3 树线树木的种群统计

树木幼苗定植成功的净结果、幼树在树苗阶段的表现，以及成年树木的表现，就是树线位置真实客观的种群结构。树线群落交错带的树木种群结构能告诉我们树线处于一个什么样的关键阶段，也许是扩张阶段，或是处于更新和死亡之间的稳定平衡状态，或是正在经历演替的不同历史阶段，或者已经处于老化/衰退阶段。除非采取费劲的破坏性取样办法，树木的年龄一般很难知道，因此树木的大小通常被用于替代树龄。然而，树木大小（高度）/年龄的相关性在树线位置通常是非常弱的。在斯堪的纳维亚由短毛桦（*Betula pubescence*）形成的树线处，在任意地点对 50cm 高度的树苗进行取样，均可发现其树龄为 10～60 年（见图 9.10）。当采集的样本数量足够大之后（>1000 个树苗），基于树木大小或（最好是）树干直径的统计结果可以提供一个有效视角，从而可以了解主导某一树线近期历史的种群过程。

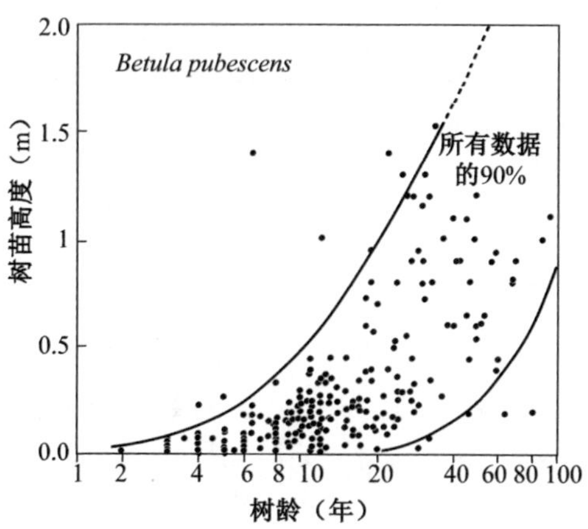

图 9.10　树线处树木的大小和树龄之间的相关性很弱。数据来源于斯堪的纳维亚短毛桦（*Betula pubescence*）树线群落交错带（Hofgaard et al., 2009）。

所有此类种群统计中存在的问题在于人们不了解干扰历史。因此，某一特定条件下看到的树龄或树木大小分布可能与决定树线处树木生长的生物学过程和胁迫无关，更多反映的是野生动物或家畜的采食、昆虫爆发、火灾或人为干预等干扰事件的结果。但是，相反的论点则认为，一个平衡的树木种群统计包括了所有级别的树龄/大小，反映了过去细微的干扰和稳定的生命状态。在世界上大部分长期存在人类活动、野生食草动物采食或者有规律地出现极端气候事件的地方，这种稳定状态可能根本不存在。新西兰偏远山区的天然混交林，没有本土食草动物群落的影响，处在十分温和的海洋性气候条件下，可以作为高海拔无严重外在影响的平衡年龄结构范例，这可能最接近所提及的稳定的树木种群统计（见图 9.11）。这些森林中最古老的树龄可达250～300 年，具有 50cm 的茎粗（最大可达 80cm）。然而，诚如作者所述，由于最小级别个体（1～7cm）的减少，此树木种群统计也偏离了理论上的“理想状态”，该级别的个体仅为 192 株，而非从死亡曲线推断的 646 株。作者认为这可能与 55～60 年前（在第一次世界大战前后）从欧洲引进鹿有关。此森林中的树木平均胸径为 5cm，大致相当于 40～50 年的树龄。尽管此大小/密度关系取决于物种的不同，但相互关系的基本形态对于其他物种也应该是类似的，任何偏离这种形态的现象都说明过去存在着影响此“平衡”树龄结构的干扰事件或者不利的气候事件。

图 9.11 展示了一个理想的树龄分布状况，这在其他任何地方均很难出现。因此，真实情况是树龄结构总是同时受到密度驱动的死亡率、干扰或者不利气候现象的综合作用。树木的更新可能只局限于每百年时间内一些特别好的年份中，期间出现的更新间隙表明“大年”的缺失，而非异常影响的存在（波浪式更新）。例如，图 9.12 所示的松树高度种群统计可以作为线索解读过去那些非正常的状况（干扰或更新失败）。作者提供的树龄/大小相关性说明了在假定的天然和未受干扰的再生树线处，最古老的树木平均树龄为 80 年，3～4m 级别的树高代表了 50 年的树龄，0.5m 的树高代表着平均树龄 18 年的个体，所有个体中有 11%是小于 10cm 的或小于 7 年树龄，而其余级别的个体是树龄更大或者树型更大的树木。

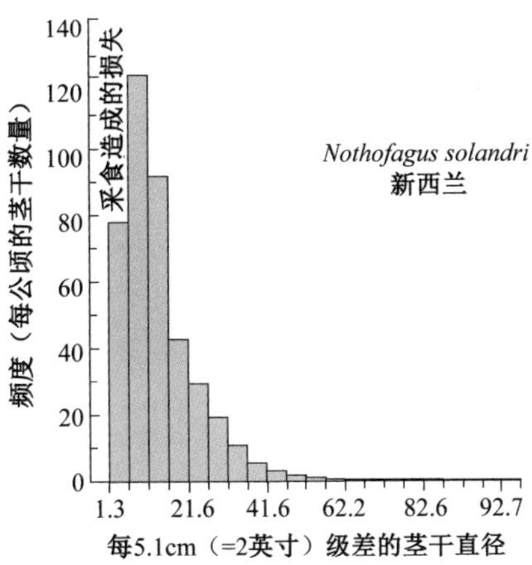

图 9.11 在新西兰北岛中部和南岛西北部假山毛榉（*Nothofagus solandri*）森林上部，从未受干扰的、“平衡的”混交林带选取 49 个样地采集数据，得到一个几乎“理想”的树木种群统计。树木大小/频度关系与树木质量/树木密度关系之间是相对应的，主要受以样地等温线表征的自疏和随机性树木死亡所影响，除了那些最年幼的树木同生群，它们受到了引进的欧洲鹿的影响（Wardle, 1970）。注：直径分级必须保留原始的英寸比例，从 0.5 英寸开始以 2 英寸为梯级（1 英寸=2.54cm）。

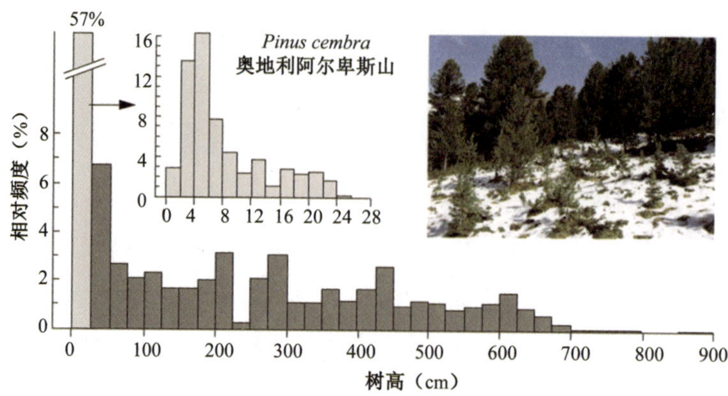

图 9.12 奥地利阿尔卑斯山脉树线位置的瑞士石松（*Pinus cembra*）树高频度分布。插入的小示意图表示所有个体的 57%由高度<25cm 的同生群组成（Oswald, 1963）。

图 9.13 展示的是亚极地桦木树线非连续更新的一个例子，在调查前波动周期大约为 20 年，近期几乎没有更新。相反，玻利维亚树木极限处的树木大小分布表明，调查中出现了很重要的种群统计现象，即最小的个体（可能最年幼的个体）占据了优势（见图 9.14）。最后一个例子来自斯堪的纳维亚北部，在整个高原上树线 20m 以下的松树其大小分级（按照树干直径分级）出现了统一的下降趋势，这是驼鹿啃食导致死亡率升高造成的，直径超过 13cm 的幸存者具有恒定比例（这是驼鹿啃食不到的冠层高度），茎粗超过 30cm 的树木通常树龄都在 200 年以上（见图 9.15）。

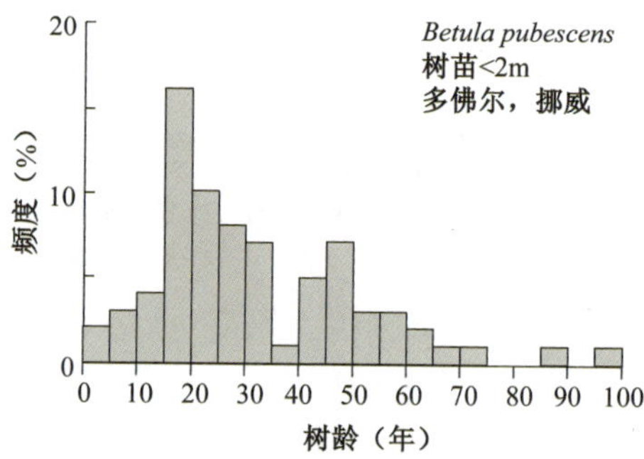

图 9.13 斯堪的纳维亚中部树线之上最近的更新波动（达沃斯）通过短毛桦（*Betula pubescence*）的树木年龄得以证明。注：最近几年内缺少更新（Hofgaard et al., 2009）。

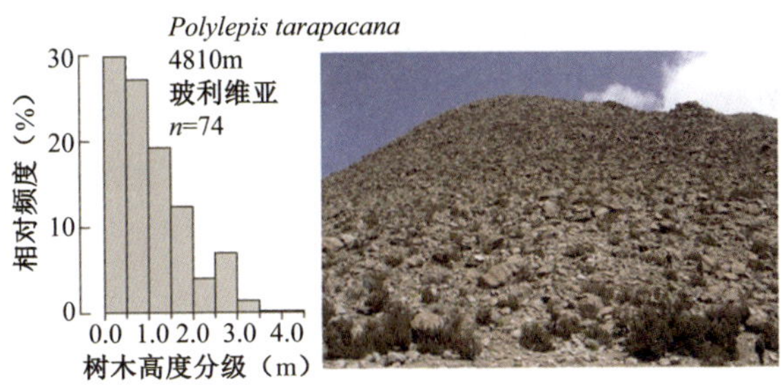

图 9.14　玻利维亚萨合马位于海拔 4810m 树线处的 *Polylepis taracapana* 树木大小频度分布（Hoch and Körner, 2005）。注意底部右下角的人。

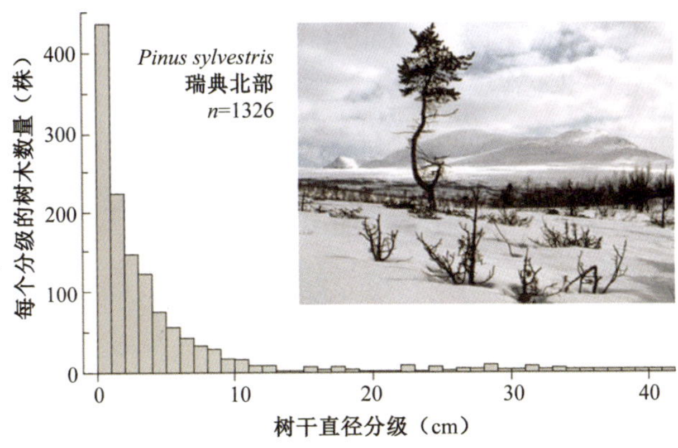

图 9.15　瑞典北部阿比斯库（Abisko）亚极地附近树线欧洲赤松（*Pinus sylvestris*）的树干直径频度分布。这个种群中最老的树木树龄大约为 230 年。直径>15cm 的树木死亡率非常低，但是由于驼鹿的采食，直径<10cm 的树木死亡率惊人（Stöcklin and Körner, 1999）。

因为种群统计代表的是一次的评估结果，任何关于目前或者将来种群动态的结论都具有局限性。当前的幼苗缺失可能代表了正常的周期性不利事件，而目前具有丰富幼苗的种群也可能与类似的幼苗“正常性”高死亡率相关联。然而，此类种群统计调查能够揭示过去树木成长过程中的波动本质，可以确定历史时期树木更新同生群的缺失，并将此类格局与过去的气候或土地利用模式相关联。目前幼苗或者树苗的缺失，或者树木过去的更新同生群出现了几十年的间断，都表明树木的更新出现了严重的问题。缺少老树且具有大量幼年种群使得森林呈现出欣欣向荣的景象，但是这并非意味着就必然比过去（目前已经缺失）更新的同生群生长得更好，因为老树可能由于伐木、火烧、虫害爆发或其他干扰因素而缺失，而非与树木生长的生物学和气候相关。

通过最近几十个树线种群统计调查样本来看，其格局可归纳为两种类型：在树线及其以上峰值出现在非常小的径级中，或者树线处缺少小级别的个体，反而以大量的高大树苗和成年个体为主，就会出现图 9.12～图 9.15 中所展示的混合景象。在 Callaway（1998）提供的实例中，美国白皮松（*Pinus albicaulis*）（落基山脉）在最高海拔处的小个体中出现了峰值；在埃塞俄比亚 *Erica trimera* 树线处也出现了大量的幼龄林分，但是明显缺少非常小/年幼的个体（Wesche et al., 2008）。同样，在厄瓜多尔树线位置的 *Polylepis incana* 其峰值出现在中等径级中，径级<5cm 的更新苗非常少；在中国的天山新疆云杉（*Picea schrenkiana*）的峰值出现在中等径级中（胸径 10～15cm, 树龄 80～100 年），在树线附近只有很少径级<5cm 的个体（Wang et al., 2004）。相对于较早时期的情况，所有这些在中等径级出现峰值的地点都可看成近期土地利用、啃食或恶劣天气作用的结果。

从理论上将种群统计上最小径级（最小年龄）的间断与预期在小径级树木中出现峰值相比较，在图 9.11 中可以简单反映出一种统计现象，即树木的更新是呈波浪式的。树龄约为 100 年的树木其频度峰值出现在中等径级，每 50 年出现一次为期 10 年的良好更新期，在种群统计上这样一个更新时期出现的树木就是表现最好的 1/5 部分，为中等大小的同生群。这样的格局说明，树线处的更新明显呈波浪现象，在特定年份或特定 10 年期看到的格局仅仅是一个片段，因此不能下结论说，树木更新的瓶颈制约了树线的形成。

在秘鲁的树线处对树木年龄/大小级别的广泛调查中，Young（1993）在整个群落交错带（3225～3425 m a.s.l）收集了 9 个物种在 7 个不同海拔高度（调查样地）总计 64 个样地的数据。其中，在 55 个样地中都有选定的可出现在所有海拔高度的物种。研究发现，在其中的 49 个样地中最小径级（<2.5cm）都呈现出最高的频度（占总个体数的 50%～100%），如果这些物种出现在所有的样地中，那么即使在样带的上端其频度也没有出现明显的下降。在 15 个样地中，只发现了非常少的更新个体（与海拔无关）；而在另外 4 个样地中（位于样带的下半部），只有高大的树木（胸径>10cm），而缺乏幼年的更新个体。这项唯一的研究捕捉到的重要信息是，小的个体既不局限于树线交错带，也不局限于低海拔。幼树连续出现在整个交错带，整个地段表现出一种有规律的更新，而不是波浪式的更新，也许这是由于湿润的热带气候在树线高度处形成的相对适宜的条件（降水量>2500mm/年）造成的。另外一个原因可能是人为作用导致树线的下降，因为作者报道说，树木的林斑可以向上分布到3700m 海拔高度处，但在样带的下端就出现了森林被草地所替代的现象。

从树线位置的树木统计调查中可以发现，树木的更新补植在树线位置是有效的，但是否成功还要视立地条件、气候和不同物种的更新周期而定，而这种周期间隔可达 50 年甚至更长（Wesche et al., 2008; Zhang et al., 2009）。幼苗或者树苗的丰富度可以看作长期更新循环和波浪式更新过程中的一个部分，在缺乏足够因果关系分析的情况下，不必以此作为对近期环境变化响应的证据。

第10章 冷冻及其他形式的胁迫

本章将总结树木在树线位置可能经历的各种胁迫。然而，胁迫这一术语的含义却相当模糊，在生态学领域（从进化的角度）其含义与农学领域（从产量角度）是不一样的，因此开篇就需要对此概念有一个详述（见第2章）。树线位置最重要的胁迫是冷冻胁迫，这是很多读者可能不太熟悉的一个极其微妙的生理生态学领域，因此值得深入介绍。随后，本章将继续对大家熟知的树线树木抗冻性问题进行归纳总结，并从生物学角度对其他可能的胁迫进行讨论。鉴于很多内容已在他处有所述及，我将尝试对此只进行全面的理论性评述，而省去繁文细节。因此，本章的目的不在于详尽综述，而致力于阐述原理。关于冷冻胁迫（包括更普遍的冬季胁迫），建议读者参考 Larcher（1985a, 1985b）、Sakai 和 Larcher（1987）、Havranek 和 Tranquillini（1995）的有关综述，以及 Neuner（2007）近期的归纳总结。至于其他形式的胁迫，Wieser 和 Tausz（2007）已经进行过相关的探讨。

10.1 在适合度范围内的树线胁迫

有些人认为，当特定植物物种或者基因型的实际生长偏离了其生理承受能力（最大值）时就反映出胁迫的存在，或者说轻一些，就是存在着抑制。若其属实，胁迫对于正常的植物生命而言就没有什么特别之处，因为在自然界中没有植物是在满负荷的压力条件下生长的。事实上，若真如此，植物将不会存活太久，因为快速的生长使得植物对于害虫、草食动物、机械作用等都十分敏感。因此，可以肯定的是，生长状态不佳与胁迫毫不相关。

正如在第 2 章中所解释的，生态学中的核心议题，限制与胁迫，在生态学家涉及之前就由作物生物学家给出了定义。因此，限制与胁迫被赋予生长或者产量的内涵，而并未被赋予基于植物适合度基础上的进化内涵。适合度（Fitness）是指在特定环境条件下的特定个体或者种群能够成功繁衍后代的能力，而无关乎其生命力强弱。也就是指物种在空间中随着时间推移所具有的持续性，而非生物质产量，这就是所谓的进化选择。因此，生态学意义上的胁迫概念，包括树线生态学，必然是基于进化适合度的，而非基于生物质生产。

鉴于术语胁迫和限制的定义所具有的此历史渊源，生态学家通常会提及胁迫环境，即植物经常遭受胁迫的地点，也就是所谓的生命条件的逆境，如极地苔原或者炎热的沙漠。人们曾经认为，极地苔原的植物受到了养分匮乏的胁迫，沙漠植物受到了水分短缺的胁迫，而高山植物受到了极端低温的胁迫，但其实人们可以检验一下，当减轻这些环境中植物所经受的胁迫或限制会产生怎样的结果。也就是说，在苔原中施肥，在沙漠中浇水，或者在高山上增温，结果是当地的植物区系会快速灭绝，而全新的植物区系会随之建立起来。当去除了植物存在的基础条件，被认为是受到胁迫或限制的物种恐怕也会因此消失。这些物种其实是从一个区域的物种库中选择出来的，因为在此环境条件下它们具有比其他物种更高的进化适合度。这是树线位置胁迫概念意义的出发点：物种的自然分布是环境抑制（包括生物的和非生物的）作用下选择过程的净结果。可以假设当地的生命条件恰好是某个物种成功的原因。只有当超过物种或者基因型的特定抑制阈值时，毁灭性胁迫（Destructive Stress）才产生作用（称为“Dis-stress”）。以人类中心主义的观点来看，胁迫可能仅仅是几个假设“抑制”要素的碰巧结合，并使得其中一个物种在纷繁的竞争物种中显得最为成功。

环境抑制性可分为渐进性作用（Gradual Effect）和一步性作用（Step Effect）。水分不足、养分匮乏或低温的渐进作用达到某临界值，此时限制作用变得极为严重，从而对植物造成胁迫（如生长停滞），但此时植物依然可以存活。然而，像低温这样的因子在一个很宽的范围内并不会产生破坏性作用，只有达到关键（致死）的一步，超出阈值之后情况就再也无法挽回了。因此，胁迫概念的生态学意义在于指出影响作用的破坏方式（严重的生长抑制、组织损失），并将不可逆方式（一步性作用）与可逆方式（渐进性作用）造成的影响区别开来。

树木的高海拔极限明显反映出树木的环境条件依然是可以忍受的，但超越树线之后树木将无法存活。因此，不管是什么抑制因子作用于树木，在树线之上它们的影响都会变得非常严重，并导致正常发育受到阻碍。树木的消失可归因于胁迫，而树木的出现却与此无关。需要回答的问题是，树木的分布边界是否源于抑制性的逐渐增加，并超过其临界值（温度决定的新陈代谢过程），或者是环境的“一步性”信号达到了极限值（如抗冻性）。本章将探究第二种可能性，而第 11 章将涉及渐进性作用。

另一个重要的区别存在于胁迫（Stress）和干扰（Disturbance）之间。作为一种广泛接受的约定俗成概念（Grime, 1977），胁迫指的是严重导致生长下降或者组织损失（如干旱或冻害胁迫）的生理性作用；干扰指的是导致组织损失（如火、践踏、岩崩、风雪作用及牧食）的机械/物理影响；而微生物病原的影响则介于其间（先是表现为胁迫，但达到传染水平后就变为干扰）。由此可见，胁迫和干扰不应混为一谈。一般来说，干扰是泛域性的（能够在任何地方发生），而胁迫是地带性的，通常与一定的环境条件相关（如海拔地带）。既然本书旨在回答全球性的树线现象，鉴于干扰不是海拔带上所特有的（见第 2 章和第 3 章），且从一个地方到另一个地方以一种非系统性的方式变化，因此干扰就不在我们的讨论范围之内。

总而言之，此处的胁迫作用在很大程度上是相对于正常生长、发育和繁殖等生理活动而言，具有渐进性抑制影响的极端情况，通常被称为“良性胁迫”（Eustress），因为在一定条件下它具有积极作用，可以使得植物更加强壮（“训练”）。当特定环境中出现了某个物种，其实就是告诉我们破坏性胁迫是不存在的或者相当罕见的。因此，不存在受到潜在严重胁迫的物种。既然一个区域内的植物已经通过了胁迫的筛选，那么这些物种在此环境条件下受到致命性伤害的可能性也就几乎没有。

10.2　抗冻的机制和原理

低于 0℃的温度属于气象驱动力，冻害是植物需要应对的可能后果。造成严重冻害的条件（冰冻）在很多（尽管并非所有）树线位置都是很常见的，由此应当专门介绍一下植物应对冷冻环境的机理。从最重要的一点开始：没有某个单独的低温数值能告诉我们某种植物的热量极限。这一致死温度的极限取决于年龄、一年中出现的时间、发育阶段、气候历史、基因型和组织类型（Larcher, 1985a, 1985b, 1985c, 2003; Sakai and Larcher, 1987）。这就使得要定义抗冻性变得非常困难。从 10.1 节可以清楚地看到，要回答的问题并非是某个物种在其成功建群的地方是否正在经历致命性的低温胁迫，而是冷冻条件是否阻碍其在超出温度范围后的生长，从而成为该温度范围的极值。

冻害胁迫指的是温度很低从而导致组织受到不可逆的损害。为了避免此伤害，植物有几种选择应对。很多人认为一些抗冻因子以类似汽车散热器的方式起作用。可惜由于非常简单的原因，这并非是正确的概念。由于正常的功能和膨压，植物细胞在略微小于 2MPa 的渗透压下运转。细胞以低于 1mol 的细胞液获得此渗透压（2.24MPa 的渗透压需要 1mol）。1mol 渗透压浓度大约可降低冰点温度 1.8K。因此，大多数植物会在-1.8K 时结冻，除非它们采用了其他机制。如果植物再增加 1mol 的溶质，冰点将会变为-3.6K，即约为 4MPa 的渗透压“代价”。在水分充足的环境条件下要承受那样的压力（如下雨的时候），就需要更厚的细胞壁。因此，当温度远远低于 0℃时，增加溶液浓度就不再是有效的办法。然而，正如下文所述，摩尔渗透压浓度在由其他机理形成的抗冻性中是有作用的。

另外已知的重要一点是，没有活的植物细胞能在冰冻状态下存活（原生质体中形成冰晶）。一些特别抗冻的植物，例如，挪威虎耳草（*Saxifraga oppositifolia*）能在液氮的极端低温中存活（形成冰晶；Larcher et al., 2010），但是这并不代表自然界中的普遍现象。因此，可以顺理成章地得出结论——冰晶的形成对于细胞来说是致命的，要在冰点温度之下存活就意味着要在细胞内阻止冰晶的形成，更确切地说是在原生质体内。

解决此问题有三种基本方式：（1）逃避（Escape）冻害，通过落叶或者种子休眠（非一年生植物）的方式；（2）避免（Avoid）冻害，通过降低冰点或者所谓的过冷却方式（见下文）；（3）忍耐（Tolerating）冻害，通过促进胞外冰的形成来增加抗冻性。高海拔树线位置的一些冬季落叶类群在霜冻开始之前就开始落叶[如落叶松（*Larix*）、桦木（*Betula*）、桤木（*Alnus*）、花楸（*Sorbus*）]，从而使得叶片不至于暴露在严酷的低温中，但是其他组织则必须忍受冬季低温。过冷却现象（Supercooling）指的是在没有溶质的情况下结冰点出现下降的现象，通过尚未完全理解的方式使水分保持在胶体状态。其核心机制是防止冰核的形成。植物叶片采用的此抗冻办法可以在-16～-7℃时发挥作用，在大多数情况可以维持在大约-12℃（在一些热带高海拔植物类群中，Squeo et al., 1991; Rada et al. , 2001; Bodner and Beck, 1987; 更详细的综述请参考 Sakai and Larcher, 1987）。如果温度降低至过冷却极限以下，冰晶就会立刻形成，组织就会死亡。因此，此办法仅限于叶片温度不会低于过冷却极限的区域。由于在热带树线经常会超过此临界值，过冷却现象通常仅限于较低的海拔区域，在树线的同源种会出现从过冷却类型向抗冻类型的转化（Rada et al., 2001）。

现在有确凿的证据表明，所谓木质部深度过冷却（Deep Supercooling in Xylem）的薄壁组织温度能够达到-40℃［极端情况可达到-50℃；对于一些类群，如松（*Pinus*）、云杉（*Picea*）和铁杉（*Tsuga*），见 George and Burke, 1984］，深度过冷却程度与纬度和海拔有关（如在日本的例子；Kaku and Iwaya, 1979），且最有可能与属于类黄酮糖甙的抗成核作用剂有关（Kasuga et al., 2008）。现在甚至有一些此类糖苷的专利，因为它们具有明显的技术用途。过冷却的阈值温度通常可以通过探测组织在冷柜中缓慢冷却时的放热温度来估算。随着冰晶的形成，会有热量迅速释放，这可以通过附在样品上细小的电子温度计来测量。至于木质部，第一次的放热出现在-12℃左右，即当木质部水分的主体超过其过冷却极限之后，而木质部的薄壁组织则在大约-40℃到达深度过冷却点之后出现第二次小规模放热（Becwar et al., 1981; 见图 10.1）。

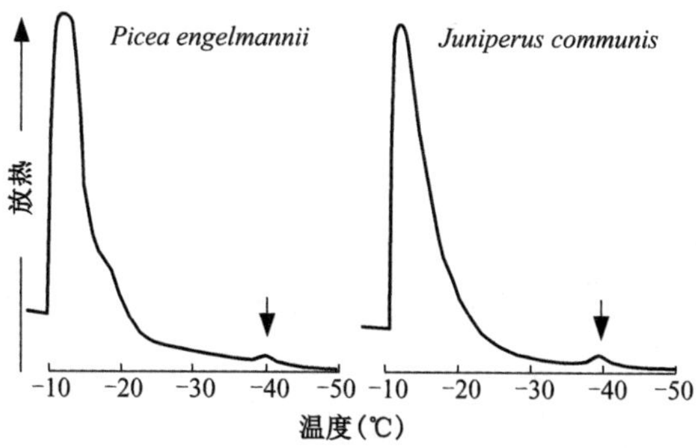

图 10.1　科罗拉多落基山脉恩氏云杉（*Picea engelmannii*）和欧洲刺柏（*Juniperus communis*）的过冷却和深度过冷却放热现象（Becwar et al., 1981）。第一次放热是因为木质部水分的冻结（过冷却）；第二次小规模的放热是因为木质部薄壁组织中深度过冷却的限制作用（箭头所示）。

通过形成胞间冰晶而阻止胞内冰晶的形成，这是植物在溶质冰点温度之下存活的最常见方式。因为细胞液中含有溶质（导致冰点温度略微下降，见上），且共质体外部的木质部—细胞壁连续体中存在很少量的质外体水分，冻结过程往往就从细胞壁中和细胞壁表面开始。随着冰晶的逐渐形成：（1）冷却过程被延迟，因为冰晶的形成是一个放热过程；（2）水分从细胞的原生质体中析出。随着新的水分注入，细胞外冰晶得以形成，就使得细胞间空隙被冰晶充满（组织变得僵硬，叶片则变黑），细胞水分含量下降。最终，原生质体可能收缩，原生质膜—细胞壁之间的空隙充满冰晶。这样，胞外原生质的冰晶形成导致原生质体干化。在此阶段，溶质会变得高度浓缩，从而防止剩余的细胞液及其细胞器出现冻结。

为了让这些情况都能实现并维持细胞的存活，就需要如下几个先决条件：（1）冻结必须尽早开始（与超冷却过程相反）；（2）高度“流动”的原生质膜可保证向原生质体外的冰晶体持续供给液态水（特别是对于流动的脂层）；（3）原生质体内的保护性措施可维持膜和大分子的完整性，就如同细胞液浓度一样。一些保护性蛋白质、氨基酸、糖或糖醇以某种方式“覆盖”着这些精巧的结构，这样形成的 3-D 结构不易坍塌，而且能够在冰晶融化后重新在湿润条件下得以恢复。很明显，如此复杂以防原生质体冻结的过程既需要对季节的适应，也需要进化上的适应，包括防止冻结延迟的成核物质（内生细菌的潜在角色；Sakai and Larcher, 1987）、膜状脂层的调节（低黏性的磷酸脂和脂蛋白在低温下依然具有流动性），以及细胞液中保护性化合物的累积。很明显冷却速度也是关键。为安全起见，在冷冻实验中最好不要超过 3～4K h^{-1}（Tranquillini, 1979）或甚至 1～2K h^{-1}（Sakai and Larcher, 1987）。如果环境冷却太快，冰晶形成的速度就会超过细胞通过膜输送水分的速度，冰晶的前端也会延伸至活体细胞并致其死亡。因此，在抗逆植物中，冻结的组织中充满了胞间冰晶，但是细胞的原生质中必须保持非冻结状态以便组织的存活。实际的脱水情况是很严重的，并可能超过膨胀细胞含水量的 2/3，这其中有一系列深刻的含义（作为讨论，参见 Sakai and Larcher, 1987；强烈推荐德语读者阅读 Hansen 和 Beck 在 2002 年对此话题的探讨）。理解这些过程不仅对于认识验证抗冻性的正确实验条件非常重要（如缓慢冷却和融化速率），对于解释下面的某些冻害现象也很有帮助。

在自然界的某些环境条件下，植物面临的冷却速率超过其细胞按如上时间过程运转时所具有的抗冻能力，即使温度还远高于逐渐冷却情况下的冻害耐受温度，也会造成细胞的死亡（见 Sakai and Larcher 于 1987 年的综述；Havranek and Tranquillini, 1995）。例如，在非常缓慢冷却的情况下，欧洲桦（*Betula pubescence*）的芽能够在瑞典北部极地地区冬季–70℃的实验温度下存活。如果实验中以 0.3℃/min 速度降温，芽在–30℃的温度下就将受损，或者当此快速冷却循环往复后，更小的降温就会造成损伤。然而，如同很多野外的实际情况一样，大多数芽在–12～1℃的快速温度波动时就会死亡。Björn Holmgren 允许我采用他在瑞典北部阿比斯库（Abisko）实验站尚未发表的数据解释此现象。

在 1997 年春季人们观察到山地桦树林出现了一个明显的受损带，对此唯一的专业解释是冻害造成的，尽管通过标准仪器记录的同期温度显示并没有特别低的温度出现，但却记录到了相当奇怪的温度变化。在同样的位置于 1998 年重新安装了仪器，并在随后的冬季采用细金属丝热电偶以极高分辨率（响应时间小于 1s）记录了空气温度（见图 10.2）。结果证明是逆温现象（Temperature Inversion）导致临近山谷中充满了冷空气（在此冷空气层上方的温度偶尔大于 0℃）。此冷空气层上表面位于图 10.2 中所示的损伤区中，并且发现其具有高频率的垂直波动，类似海岸波浪一样。因此芽就处于几分钟内温度波动达到 15K（–14～–1K）的区域范围内。1999 年 4 月，科学家收集了那个区域的枝条，枝条上面的芽能在温室 20℃的条件下膨胀并展开，原生叶的死亡及新生叶出现蜷曲或者叶上的孔洞均反映了冻害的发生（见图 10.3）。此类事件可能并非每年都出现，传感器刚好安置在事件发生过程中也纯属巧合。在随后的实验中，通过安装在芽上的热电偶探针，证实了在冰箱中温度剧烈变化时，芽随着外部（空气）温度而变化，且几乎没有延迟在 1 分钟内 18K 的温差就达到了平衡）。因此，芽的确遵循着此类温度的波动。Turner（1998）在瑞士阿尔卑斯山就冷空气分层/波动作用对于树木的影响也进行过类似探讨。

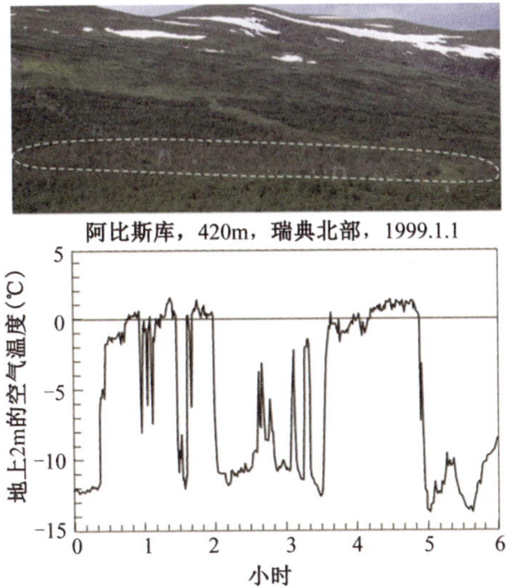

图 10.2 在瑞典北部阿比斯库（Abisko）附近快速垂直波动的寒冷空气层（逆温现象）形成了山坡上欧洲桦（*Betula pubescens*）受冻害的狭窄区域（包围的面积），以受影响树木附近的快速空气温度记录来描述（B. Holmgren，私人通信）。

图 10.3 桦树在温度快速波动时的冻害情况研究发现，快速波动的温度条件可导致芽的死亡或者新生叶的受损（工作中的 Björn Holmgren，阿比斯库，瑞典，1999 年）。

不太快的温度波动可能引起茎干组织的冻融循环，从而导致树线位置的木质部出现栓塞，如 Mayr 等（2006）在奥地利树线位置对欧洲云杉（*Picea abies*）和欧洲赤松（*Pinus cembra*）的研究中提及的（见 10.3 节）。此类事件需要非常精细的温度数据才能捕捉到。在标准气象记录中不一定能看到实际的极低温度。由于晴朗夜晚的辐射冷却，小型的树木和幼苗可能经历了与气象站记录差别很大的温度条件，可能要比附近气象站测量温度（Sakai and Larcher, 1987）低至少 3K。

对于一个组织中的所有细胞而言，引起冻害的实际温度是极为类似的，但却并不一致。这也与细胞内冰晶形成状态的略微不同及整个组织中细胞干化情况有关。因此，尽管冻害是一个阈值现象，但对于整个特定组织而言这是一个在狭窄温度范围内的统计过程。通常认为，对应于没有受到冻害的对照样品（0%）和冻死的样品（100%），用于评估死亡情况的标志是指 50%的损伤。鉴于这个值在特定植物材料的不同来源样品中也会发生变化，因此需要检测多个样品，这样才能进一步拉宽由生到死的转变。例如，Gross（1989）报道了在蒂罗尔的隆冬时节（−36～−30℃），7 株分布于树线之上的矮小欧洲云杉（*Picea abies*）个体在 LT_{50} 时的温差为 6K。如果在不同的罗盘方位对某个个体的枝条进行取样，温差也能达到 6K。这些样品 50%损伤时的平均温度称为 LT_{50}（致死温度）。这并不意味着损伤少于 50%的组织就会存活，但由于温度范围狭窄，此 LT_{50} 习惯上采用折中的办法。在柔软组织中，通过肉眼对可见损伤评估（Damage Assessment）是一种稳妥的测定损伤情况的办法，而将溶质渗入到蒸馏水中（电导率测定）并不是一种很好的办法，只是产生了一个数值。在硬叶植物的组织中，此类损伤的间接测定方法常常是必要的，而在更脆弱的组织（如芽）中，也可以采用现存组织的活体染色方法（如采用氯化四唑），尽管由于细胞室的破裂造成的褐色在刀片切割的表面很明显。

最后还有两点需要说明。首先，树木样品无一例外都在实验室中进行过研究（分离材料）。Taschler 和 Neuner（2004）开发的原位冷冻技术揭示了（对于 10 株矮小的高山物种）原位抗性在夏季比已知的实验室结果平均高 1.1K。因此，基于这些数据可以认为，实验室冷柜中的冷冻实验可能由于不明原因低估了植物的真实抗性。与此相反，任何基于最小温度的气象数据都会显著低估近地面的实际冻结温度，这样就能够平衡在实验室中获取的较高实验性冻害温度。其次，在野外的成熟组织中冻害通常在损害发生很长时间之后才会变得明显（可见）。在此阶段去验证导致伤害的实际原因通常很难；相反，冷冻对于新生组织的损伤一般非常明显（膨压丧失、快速褐色化；见图 10.4）。

图 10.4 阿尔卑斯山树线位置欧洲云杉（*Picea abies*）幼苗的冻害损伤。此类晚霜冻害现象发生频繁。树木从额外的芽上产生次生嫩叶。那些树木具有超过 10 代的针叶，丧失的光合区域是在边缘，损伤通常发生在树木投入大量生物量到枝条中之前。

10.3 树线树木的抗冻性

在所有的环境因子中，冷冻在全球植物分布中是最具有决定性作用的。抗冻性是决定植物“是生还是死”的驱动因子，是一个物种在特定生境中能够生存下来必须通过的生态筛。因此，冷冻胁迫控制着物种的消失。只要一个物种还存在，就说明那里的冷冻情况并不是很严重。那么，树线之上树木的缺失，以及由此导致的树木分布极限的形成，是否也是由抗冻性决定的呢？

甚至不需要知道针对具体个例（物种）的答案，就可以认为树木对于冷冻的耐受能力不可能成为树线形成的控制因素，这是因为：（1）树线形成的区域几乎很少有霜冻，尽管空气平均温度比较低（一些潮湿热带和南半球的山地）；（2）很多具有地上芽的物种生长在树线之上，它们不需要雪被的保护，但依然在冷得多的最低温度下表现不错；（3）相对于矮小植物，高大植物实际降低了冻害风险，因为晴朗夜晚的辐射冷冻与植物高度呈负相关（Squeo et al., 1991），但是未受保护的幼苗可能受到影响；（4）抗冻性并非某个生活型所特有，而是在所有生活型和很多进化路线中均有所涉及，因此没有理由认为树线处的植物类群就会有此特点。在种类相当匮乏地区的植物区系是个例外，因为那里缺少可以进化出具有抗冻性的树木类群。其中的一个例子就是夏威夷，那里的当地类群少，树线高度低，植物在高海拔可能缺乏抗性（但外来树种则表现不错；见第 3 章）。另外一个例子是关于假山毛榉属（*Nothofagus* sp.）的植物，其幼苗受到严重的辐射冻害，导致不能在−15℃的温度下存活，而智利 *Kageneckia angustifolia* 的幼苗在低于−9.5℃的温度下便会死亡（Sakai et al., 1981; Piper et al., 2006），但外来针叶树再次在该地区的树种线之上表现良好（Wardle, 2008）。

如果考虑不同生命阶段的敏感性、季节性、组织类型和不同朝向，这个问题就会变得更复杂，因为它们都可能极大地影响植物的实际抗冻性。因此，尽管一个物种在种群水平上可能长期抗御着树线位置的极端温度，但冻害事件仍然可能造成组织的损失，并降低植物整体的适合度。一般来说，幼苗的耐受能力要比成年植株弱，活跃组织要比休眠组织弱，花芽要比常绿叶片弱，而常绿叶片又要比茎部的芽弱，芽又比茎组织耐受能力差，根系比所有地上组织都要敏感（Sakai and Larcher, 1987; Larcher, 2003）。但是，这些相对的敏感性可能在物种之间有所变化。大多数情况下皮层是最具耐受能力的组织，但是有些时候木质部比皮层的耐受能力更强。接下来，我将简要评估一下此类损害的风险，并探讨一下树线物种的冻害耐受能力和树线位置实际最小温度值之间的偏差。后者很少有数据支持，因为这需要绝对最小值，这种数值虽然也许是 50 年或 100 年内某个时段中出现的异常现象，但却是很关键的。

评估抗冻性的一个核心议题就是温度驯化（Thermal Acclimation）。依据植物自身季节性休眠的不同，以及由此产生的耐受性状态（例如，受到光周期和激素的调节），加之短暂温度生活史开始之前，特定物种的抗冻性可能在任何地方都为-70～-4℃。一般来说，热带以外地区（具有冬季）的休眠期远没有活跃期重要，具有过渡期的将特别危险。在两个过渡期中，从休眠期恢复（春季）比进入休眠期（秋季）更危险，因为生长季末期比开始期具有更严格的内源性物候控制（见 7.5 节）。结冰或者冬季天气的变暖对于缓解冻害的作用并不明显，但是在晚冬至春季，已经温暖的天气紧接着降温变冷（倒春寒）却是很危险的（Taulavuori et al., 2004）。另外，植物在空气中的暴露状况也与遭受冻害的严酷程度有很大关系。雪被下的植物部分总是比暴露在空气中的部分更为敏感。去除积雪后，随之而来的寒冷天气可能会冻死植物，而附近的植物即使暴露在空气中也不会受到伤害（Tranquillini, 1958, 1979; Larcher and Siegwolf, 1985; Sakai and Larcher, 1987; Havranek and Tranquillini, 1995）。根据 Sutinen 等（1998）关于欧洲赤松（*Pinus sylvestris*）的观测数据，浅根系植物（在冬季和夏季分别能抵御-20℃和-5℃的低温）比深根系植物的抗性更强。

在生活史开始前气候的即时作用在所有气候区域都是一致的。植物可以忍受在一些寒冷日子之后出现的严重冰冻事件，而发生在温暖天气之后的相同事件却可能是致命的。这对于热带树线来说是众所周知的问题，因为那里温暖的白昼与严酷的夜间冷冻是交替进行的。热带树线的树木须在全年保持抗冻状态，虽然其温度幅度比高纬度树线更易预测，这就是为什么一些物种甘愿冒着超冷却风险的原因（见上）。因此，并非最低温度本身的作用，而是组织的驯化状态决定着耐冻能力。这就使得冷冻发生的时间至关重要。冻害损伤的发生，必然是因为冷冻发生时间及程度与驯化状态之间出现了不匹配。通常只能够预估冷冻出现的时间（例如，从最近的气象站获取信息）。考虑到形成抗冻性的众多驱动因素，对于某个特定的植物和地点不可能提出确切的抗冻最低温度。

对树线物种抗冻性最详尽的研究是关于阿尔卑斯山中段欧洲云杉（*Picea abies*）的研究。不同作者对此物种在 6 个年份里进行了研究，因此在 1943—1989 年存在着时空上的重叠（见图 10.5）。因为其中有一年出现了暖冬（1 月）

使得数据明显偏离了其他年份，所以将其余 5 年的数据合并为普通的季节过程，如果不考虑年份和地点，展现出来的情况是耐冻能力减弱了 10K（是-30℃，而不是-40℃）。在林线获得的数据很好地得到了同期在树线 150m 以上所有系列数据的支持（见图 10.6）。然而，无论何处的隆冬温度都没有达到耐冻能力的真实极限（*a*>10K 安全系数）。

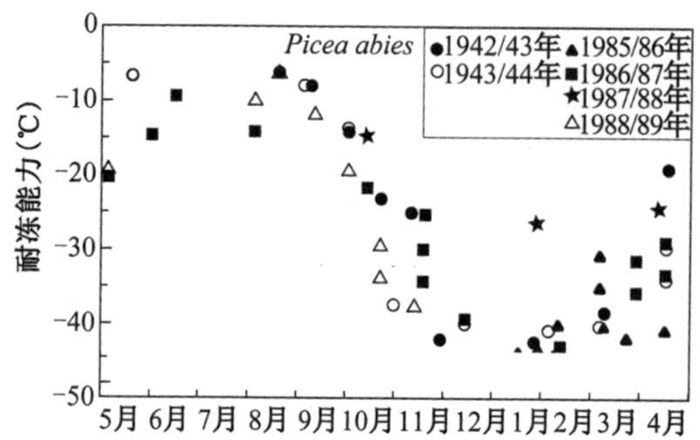

图 10.5 蒂罗尔（Tirol）两个不同林线位置获取的欧洲云杉（*Picea abies*）枝条的抗冻性进行长达 6 年的研究，由 Gross 整理（1989 年；他将自己 1985—1989 年的数据及 Pisek 和 Schießl 在 1947 年汇编的 1942/43 年和 1943/44 年的数据进行了整理）。注：1988 年 1 月中旬树线之上矮曲林（Krummholz）中的耐冻能力出现了下降，这与图 10.6 展示的林线之上 150m 处的低矮树木所获得的更详细数据是一致的。

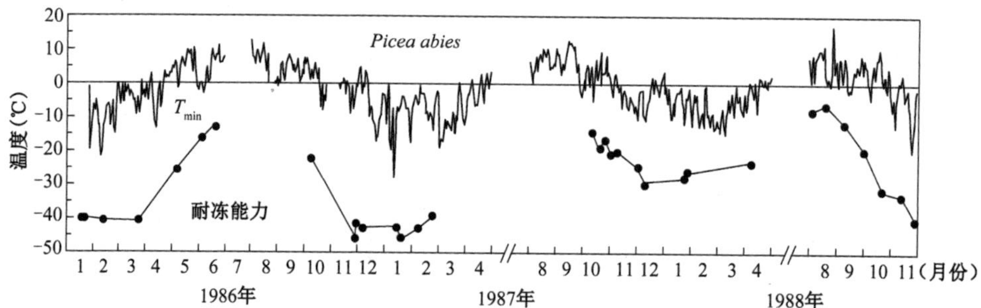

图 10.6 欧洲云杉（*Picea abies*）矮小个体和匍匐个体抗冻性的季节过程，这是 Gross（1989）在 4 年时间里采集于海拔 2100m、林线之上 150m 及树线之上 100m 的数据。作者提供了原位针叶温度的额外数据，展示的最小值说明了安全临界值。注意不同年份之间最大抗冻性的变化。

有明显的证据表明，生长在树线以上 100～150m 的所谓“争夺区”（Kampfzone）的矮小欧洲云杉（*Picea abies*）个体比林线位置的高大树木具有更强的耐冻能力（见图 10.7）。这可能与暴露在空气中的程度及在更靠近地表时出现的较低温度有关。这一温度差异比单独的空气温度的海拔垂直递减率（<1K）还要大（大约为 1～5K，大多数为 2K）。与第 4 章中讨论的气候所有其他方面不同的是，附近气象站记录的冷季和寒夜最低温能够可靠地用于了解树木冠层的冷冻状况，前提是气象站没有位于山谷之中（冷空气下泄）。通过进行海拔校正（见表 10.1），发现位于蒂罗尔帕彻峰（Patscherkofel）海拔 2247m 处的最高气象站数据可用来估计 2000m 处树线位置的最低温度。Gross（1989）也报道了最小空气温度和夜间最低温与原位针叶温度之间的偏差非常小（<1K）。

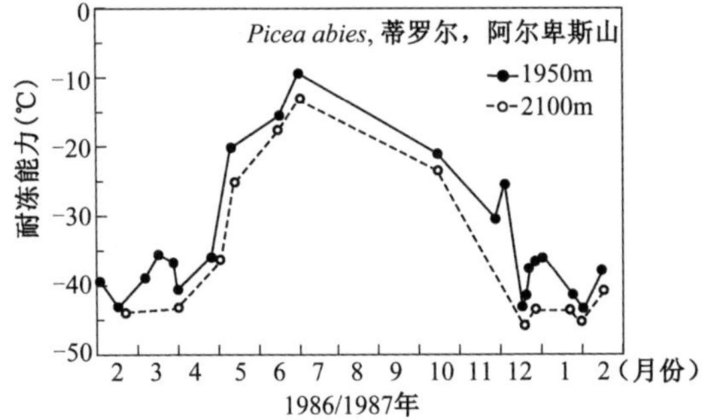

图 10.7 因斯布鲁克附近帕彻峰（Patscherkofel）于 1986/1987 年进行的林线位置（1950m）欧洲云杉（*Picea abies*）高大个体与 2100m 海拔处矮小个体之间的枝条耐冻能力比较（Gross, 1989）。

表 10.1 气象站数据对于预测树线处的实际极端低温有多大的可靠性？当不涉及温度倒置现象时，数据（℃）是非常接近的，以阿尔卑斯山脉中部为例（在树线位置 4 个不同坡向上 2m 高枝条处的温度，表中所示为因斯布鲁克附近帕彻峰（Patscherkofel）2000m 位置与山顶 2247m 的气象站进行的比较）。

日　期	最低温度（℃）					
	北坡	东坡	南坡	西坡	平均值	山顶站点纠正[a]
2001 年 6 月 3～4 日夜间	-5.0	-5.1	5.0	-5.1	-5.05	-4.9
2001 年 2 月 23～24 日夜间	-16.3	-16.9	-17.2	-16.5	-16.7	-16.4

注：[a] 使用的是 250m 海拔差异的空气温度直减率：6 月为 0.55℃/100m，2 月为 0.35℃/100m（台站数据来自奥地利气象局）。

众所周知，对于树线位置的温带和寒温带常绿针叶林来说，任何地点的成熟组织都绝无可能受到冻害损伤的威胁（见表 10.2；Sakai and Okada, 1971；Gross, 1989）。例如，欧洲赤松（*Pinus cembra*）的实际耐冻能力和同期的绝对最低温度（最冷的时刻）之间的偏差在冬季和夏季分别为 12K 和 5K。同时，抗冻性的变化介于隆冬的-42℃与盛夏的-7℃之间。只有新萌发的针叶具有仅仅-3℃的耐冻能力，这就非常接近于记录的初夏实际最小温度（1℃）（Schwarz, 1968 ; Tranquillini, 1979）。春季展叶期似乎是最可能遭受冻害的时期（见图 10.4）。因为夜晚的辐射冷却会造成接近地表部分形成低温，因此未受保护的幼苗明显比高大个体承受着更大的风险。同样，在很大程度这是在春季出现的风险，因为冬季的幼苗通常会受到雪被的保护，而在随后的生长季中，组织已经成熟且温度也不大可能再那么至关重要。

温带和寒带山区耐冻能力最明显的季节过程（Tranquilini, 1979；Sakai and Larcher, 1987）与总体的新陈代谢活动及生长紧密相关。随着秋季日间变短，植物生长停止（见第 7 章），耐冻能力在天气变冷之前会提高（光周期信号诱发的预锻炼）。此抗寒锻炼与组织中植物激素脱落酸（ABA）浓度的升高有关，被称为植物的“安眠药”（Christman et al., 1999）。随后的寒冷条件提高了休眠程度和耐冻能力，直至完全达到冬季的抗寒能力。在冬末情况正好相反，一旦光周期给出春季降临信号，且低温需求得到了满足，现行的温度就可以逐渐控制实际的脱锻炼过程。多项研究发现细胞液中的溶质浓度（Solute Concentrations）与这种季节性变化是平行的，因为糖、可溶性蛋白和醇类等在冬季比夏季具有更高的浓度（Michaelis 于 1934 年记录了渗透压作用；Jeremias 于 1964 年深入调查了许多物种及糖的类型；Sakai 和 Larcher 于 1987 年进行了综述）。

然而，溶质信号并非如通常所设想的那样强烈（Havranek and Tranquillini 1995），考虑到细胞液的同渗溶摩导致冰点下降并不是十分重要，这种情况还是有道理的，正如 10.1 节所述，由于细胞液浓度会导致冰点温度下降，因此这种信号的意义也是有限的。早在 19 世纪就有作者考虑到溶质/渗透性的作用，认为并非渗透作用是最有效的溶质积累途径。更多的溶质往往更有可能与低温保护有关，而与冰点下降无关，如同 Sakai 和 Larcher（1987）所讨论的，与通常所设想的面临干旱的渗透压调节相同，对此也存在大量反对的证据（Ranney et al., 1991; Thomas, 2000; Warren et al., 2007）。关于确定渗透压调

表 10.2　不同温带树线类群的叶片和/或枝条末端最大和最小耐冻能力的估计（LT_{50}；℃）

物　种	成熟组织耐冻能力极限		新芽
	最小值	最大值（冬季）	（成年个体上叶片扩展<50%）
北温带			
Pinus cembra，阿尔卑斯山	-9～-7	-48～42	-7～-2
Picea abies，阿尔卑斯山	-8	-45～-38	-5～-3
Picea engelmannii，落基山		-44	
Picea glauca，阿拉斯加		<-65	
Pinus mugo，阿尔卑斯山		-35	
Abies laciocarpa，落基山		-46	
Larix decidua，D，阿尔卑斯山	-10～-7		-6.5
Larix sibirica，D，北海道树木园		<-65	
Sorbus aucuparia，阿尔卑斯山			-7
Betula ermanii，D，日本		<-47	
Betula pubescens，D，瑞典北部		<-65	
南温带			
Nothofagus sp.，E		-15～-13	
Eucalyptus sp.，E		-15	
Kageneckia angustifolia，E		-9.5～-7.0（种苗）	
Phyllocladus asplenifolius，E		-13～-10	
Arthrotaxis cupressoides，E		-20	

注：1. 常绿叶片的耐受性相似（大部分），或最多比芽、皮层或木质部低 5℃（极少超过 3℃）（Sakai and Larcher, 1987；见表 7.6～表 7.9、表 7.25）。

2. 整理自多种不同来源的数据（Ulmer, 1937; Sakai and Okada, 1971; Tranquillini 1979; Sakai et al., 1981; Larcher, 1985a; Sakai and Larcher, 1987; Gross 1989; Gansert et al., 1999; Piper et al. 2006; Neuner, 2007; Martin et al., 2010）。

3. E——常绿，D——落叶。

节有关的问题之一是，测定工作必须在细胞完全膨胀的条件下进行，而非细胞出现一定程度脱水的时候进行。幼苗或者小树苗，特别是那些伸出雪被表面的幼苗或小树苗，其渗透压常在冬末时达到最大，这可能与冬季的干旱有关（见 10.3 节）。按照绝对值计算，非结构性碳水化合物中糖分比例的时空变化比淀粉要小得多，而接近树线位置时淀粉浓度（而非糖类）在生长季末明显升高，如果植物对寒冷的适应能够响应此趋势，则会出现相反结果（Hoch et al., 2002; Hoch and Körner, 2012）。在成年的欧洲赤松（*Pinus cembra*）和假山毛榉（*Nothofagus solandri*）中发现，整个冬季（10 月到次年 4 月）的渗透势都没有变化（Tranquillini, 1979; McCracken et al., 1985），而且当考虑如图 10.5～图 10.7 所示的耐冻能力巨大变化时，Ulmer（1937）发现树线位置欧洲赤松（*Pinus cembra*）和欧洲云杉（*Picea abies*）的信号都相当弱。在没有水分胁迫的高海拔位置，Bansal 和 Germino（2009）对假铁杉（*Pseudotsuga menziesii*）和冷杉（*Abies lasiocarpa*）幼苗进行了观察，发现在生长季末的可溶性碳水化合物峰值可能与较冷的温度有关。Rada 等（1985）在委内瑞拉的安第斯山脉对多鳞木（*Polylepis sericea*）的研究证实，渗透势的季节性和日变化为 0.6～1.0MPa，而且与水分和温度条件有关。

所有这些溶质数据的因果关系仍不清楚。糖的浓度是否有助于提高抗寒能力（有别于渗透方式），或者作为抗性增强的副产物，因此，糖的浓度变化是抗性增强的结果而非抗性丧失的诱因。那么糖作为脱锻炼的结果而非原因呢（Oegren et al., 1997）？Kandler 等（1979）利用欧洲云杉（*Picea abies*）进行了一个非常直观的实验，发现在秋季该物种的抗性增加大部分仅仅是由短光周期诱发的，即便是在相当温暖温度（20℃）下进行实验也是如此。当抗寒性增强之后，糖分积累在低温条件下实际上出现了升高的情况（在他们的案例中是棉子糖，这是多年来就已知的在针叶树中最为敏感的成分；Jeremias, 1964）。然而，根据他们的其他研究，在不考虑温度的条件下，常常可以观察到可溶性蛋白浓度升高与植物抗性也是紧密相关的。大量其他的研究也证实，低温保护的实质是渗透性，而不是那些无用的化合物。

形成树线的物种其原位耐冻能力是否随着海拔而变化尚未完全清楚。正如在第 8 章中所讨论过的，一些物种存在与起源地海拔相关的遗传分化。Sakai 和 Okada（1971；包括几种形成树线的物种）在北海道对树木园中的针叶树进行了广泛的研究，发现它们的冬季耐冻能力与采自树线生境处的样品研究结果是一致的，从而也说明其具有强烈的遗传特性。Gross（1989）观察到阿尔卑斯山中段欧洲云杉（*Picea abies*）的耐冻能力从 950m 的−30℃升高至林线处的−35℃。关于斯堪迪纳维亚半岛北部的欧洲赤松（*Pinus sylvestris*）则未发现海拔对耐冻能力的作用（Sunblad and Andersson, 1995）。而澳大利亚阿尔卑斯地区疏花桉（*Eucalyptus pauciflora*）的研究则发现海拔—起源效应是相反的，在-14℃的温度条件下，来自洼地种群的幼苗比那些来自坡上的幼苗更具有抗性（Harwood, 1980）。与此相对应的是，来自 3000～3600m 不同海拔起源的哈特威格松（*Pinus hartwegii*）（墨西哥）在-15℃温度条件下，冻害损伤随着海拔起源地升高显著地从 70%下降至 50%（增温驯化 18 个月的幼苗；Viveros et al., 2009）。在矮小的高山物种中，夏季耐冻能力随着海拔增加（0.4K/100m）几乎与气温的海拔递减率相吻合（Taschler and Neuner, 2004）。但对于形成树线的物种来说还缺少确凿的样带数据。一旦逆温现象开始起作用，树线处树木所经历的极端低温并不见得比低海拔河谷或者沟谷中更低。没有树木的低洼地区是这种冷空气下泄的通常结果，在不同地区的山地海拔地带都可以见到，如新几内亚威尔姆山（Willhelm）地区、澳大利亚的大雪山、加利福尼亚的内华达山脉东部丘陵地带、青藏高原东部和阿尔卑斯山中部（个人观测）及副极地地区（见图 10.2）。

耐冻能力也与物种的落叶和常绿属性有关。落叶物种产生的敏感叶片（相对于常绿树种光合能力要高 2～3 倍）在秋季要脱落（逃避冻害胁迫）。一个物种应当在冻害可能到来前就回收资源并落叶呢？还是在潜在的可移动资源回收之前，冒着风险继续进行光合作用，直至冻害造成叶片死亡呢？在固氮的桤木（*Alnus*）中似乎后者是更为有利的策略（Tateno, 2003），而在非固氮的类群中此过渡阶段的碳获取并不能补充流失的养分。当脱落分生组织不能再获取资源时就会导致叶片的"正常"脱落：一个正常脱落的叶片会在茎上留下清晰的叶痕，而不是那种在落叶前遭遇偶然的冻害而形成的开口创伤组织。值得注意的是，欧洲落叶松（*Larix decidua*）分布于地球上树木可生长的最寒冷地方（西伯利亚东部），而树线的常绿阔叶物种大部分都存在于温和的海洋性气候条件下，如新西兰、澳大利亚南部和塔斯马尼亚岛，甚至是热带地区。

如果不考虑分类隶属关系，南半球温带树线的树种比北半球的相应树种对于冷冻温度的敏感性要高（-23～-10℃，大部分为-15℃；Sakai et al., 1981; Wardle, 2008; 见表 10.2）。南半球温带针叶树（如芹叶松属 *Phyllocladus*、罗汉松属 *Podocarpus*）相对于形成树线的假山毛榉（*Nothofagus*）和桉树（*Eucalyptus*）

耐冻能力要稍弱一些（见表 10.1; Sakai et al., 1981），并且在树线以下形成灌丛，而更高大的个体大约位于树线以下 100～200m 处（如塔斯马尼亚岛）。对于有些植物，如智利的 *Kageneckia*（蔷薇科），其耐冻能力要高于记录的冻结温度（Piper et al., 2006）。桉树（*Eucalyptus*）和假山毛榉（*Nothofagus*）幼苗在-15℃左右温度下就明显处于冻害的风险之中（Harwood, 1980；Lutze et al., 1998; Wardle, 2008），而在晴朗的天气下这种温度在近地表处是经常出现的。总而言之，北半球树线物种在经历最低温度时并未处于严重的风险之中，风险最大的是在生长季早期的未成熟枝尖组织。南半球温带树线的物种更易遭受冻害带来的风险，特别是幼苗阶段出现辐射冷却加重时。这就可以解释为什么南半球树线物种，如假山毛榉（*Nothofagus*），其幼苗的更新补植需要荫蔽条件。

对于热带和亚热带树线物种的研究数据就更少。大多数我们所知道的都是关于安第斯山地区的多鳞木属（*Polylepis*）物种的情况。从气候条件来说，这些低纬度树线位于差异相当大的区域内，包括冻结条件十分严酷的半干旱环境（如安第斯高原周围），以及受到信风影响、温度适宜的孤立山头，如波罗洲（Kinabalu）和新几内亚（Mount Willhelm）（见表 10.3 和图 10.8）。此类地区物种耐冻能力的可利用数据似乎反映出它们生存条件的不同。

表 10.3　热带和亚热带树线处记录的空气温度绝对最小值（不同年份数据）

地点（物种）	温度（℃）	来　源
基纳巴卢山，婆罗洲，1700 m（1）	+0.4	C．Körner，未发表数据 [a]
乞力马扎罗山，非洲，4020m（2）	−4.3	A．Hemp，私人通信 [b]
科尔多瓦山脉，阿根廷洲，2700m（1）	−11.7	Marcora et al.（2008）
萨合马，玻利维亚，4200～4800m（8）	−15.4	E．Hiltbrunner，未发表数据 [c]

注：[a] 测量于离地面约 1.8m 和树冠之下 2.5m 处；

[b] 对于匍匐个体的数据，来自 1m 大小树木的树冠下 20cm 处；

[c] 2003/2004 年在 4200～4810m 寒冷夜晚的温度无明显下降，因此来自 4200m 处（2007 年 7 月 25 日）的 8 年序列数据可以反映 4810m 处树线的状况，但不能解释辐射冻结现象。

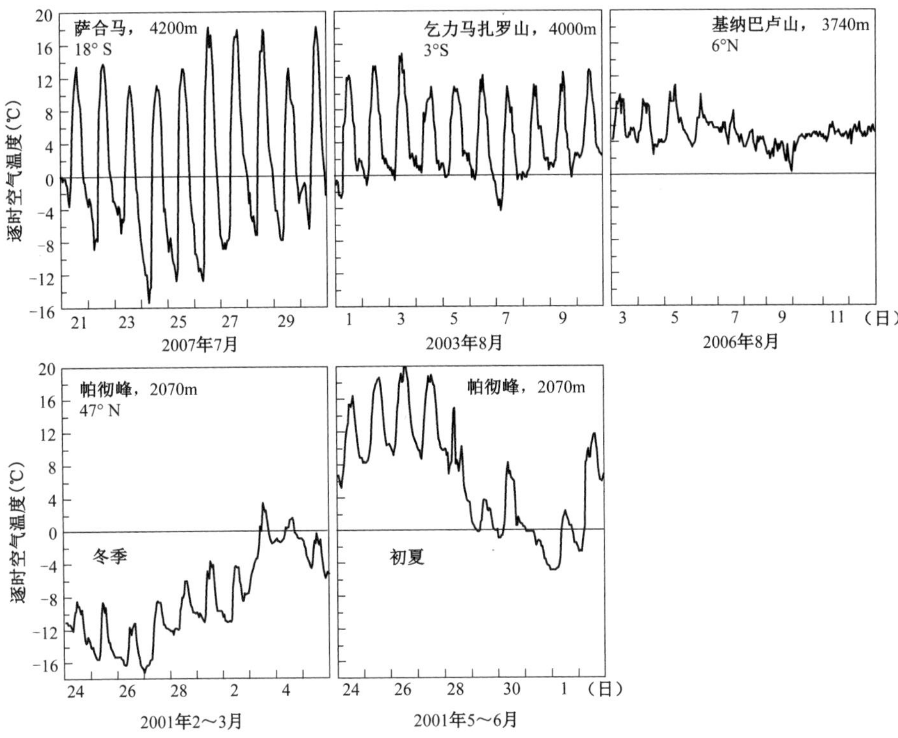

图 10.8 三处热带树线测量小树（1～3m）树冠得到的最冷时期空气温度的日间过程。作为比较，这里还包括了具有典型冬季和晚冻（初夏）事件的一个周期情况（因斯布鲁克附近的怕彻峰）。

实际温度状况的选择，有采取超冷却方法的（最小温度低于-12℃的地区），也有依靠形成细胞间冰晶来增强耐冻能力的（在最低温出现的地区），或者两种方法兼而有之，这取决于所处的季节，例如，玻利维亚的 *Polylepis tarcapana*，如果把匍匐状个体也算在内，这是世界范围内长得最高的树种（>5100m）。该物种在短暂、湿润且温暖的季节（低至-9℃）受到超冷却的保护（避免冻害），但是在干冷季节（晴天）却通过细胞外冰晶的形成产生耐冻能力，其耐冻能力可低至-23～-18℃（Rada et al., 2001），经过 8 年的测定发现其对于约-15.4℃的绝对最低温度而言完全安全（见表 10.3）。因此，耐冻能力随着海拔升高而增强。利用采自委内瑞拉美利达（Merida）附近潮湿树线的 *Polylepis sericea* 进行盆栽实验发现，当人工培养箱中的温度从 10℃降到 0℃时，它们就需要对过冷却进行快速调整，在实验开始时过冷却阈值为-9℃，而在 2 个月的干季末期达到-13℃（Rada et al., 1985）。类似地，夏威夷的 *Metrosideros polymorpha* 的过冷却能力随着海拔升高从-5.7℃提高到-8.5℃（Melcher et al., 2000），但是此物种并非属于耐冻类型，可能的原因是其海拔上限较低。对于其他热带树线物种来说，耐冻能力的相关数据相当有限（见表 10.4），而且部分依赖于野外能够观测到的可见损伤情况。例如，在埃塞俄比亚 *Erica trimera* 和新几内亚的 *Dacrycarpus* 见到的顶梢枯死现象就与夜间冻害有关（Wardle, 2008）。尽管缺少温度记录，但此类观测说明树线附近这些物种中的冻害确实存在。非洲高山的巨型莲座状植物经历着均衡性的冷冻影响，温度降到 0℃以下时细胞间就开始形成冰晶，在两种 *Dendrosenecio* 物种中其耐冻能力为-5℃，而在两种 *Lobelia* 物种中其耐冻能力分别为-5℃与-15～-10℃（Beck et al., 1984）。

总而言之，冻害的确发生在世界范围的树线处，但是其最小温度差异极大（变化范围-65～3℃），因此冻害的影响取决于不同的位置、类群、年龄和组织成熟度及过去的生活史。然而，整株树木的死亡情况并未在文献中报道过，考虑到实际温度的极端值和耐冻能力之间的偏差，对于乡土树线植物类群来说这似乎不太可能发生。树木更新补充是否受到影响似乎取决于幼苗受到的庇护和/或雪被覆盖。在开阔地带近地表处的辐射冷却条件下此风险则更大。成年树木受到的影响明显要小。全球范围内树线位置的绝对最低温度变化巨大，冷冻胁迫对于树线位置来说不太可能是一个普遍的决定因素，但是有时可能会造成裸露组织的损伤，这与在低海拔发生的情况一样。

表 10.4　预测热带和亚热带树线成年物种的叶片和末梢的抗冻性 2000）

物　种	预测耐冻能力（LT_{50}；℃）	地　点
Polylepis taracapana	-23～-18	4800m，玻利维亚（19°S）
Polylepis sericea[a]	-13～-9	3900m，委内瑞拉（移植至生长）
Polyepis neriifolia	-6.6	3200m，委内瑞拉
Metrosideros polymorpha	-8.5	2500m，夏威夷（低于潜在树线 300m）
大型莲座状植物		
3 tall *Espeletia* spp.	-10	4200m，委内瑞拉
2 *Lobelia* spp.	-15～-10	>4000m，东非
2 *Dendrosenecio* spp.	-14～-10（-5）	>4000m，东非
3 tall *Rhododendron* spp.	-10～-4	3600m，新几内亚
Dacrycarpus dacrioides	-7	树木园，新几内亚天然亚高山
Podocarpus compactus	-5	树木园，新几内亚天然亚高山

注：1. [a] F. Ely, S. Kiyota and F. Rada，私人通信。

2. 数据来自各种不同来源（Sakai et al., 1981; Beck et al., 1984; Goldstein et al., 1985; Rada et al., 1985, 1991, 2009; Sakai and Larcher, 1987; Cavieres et al., 2000b; Cordell et al.,2000）。

10.4 树线位置的其他胁迫形式

在当前树木分布的海拔极限及其之上的区域，除了冷冻胁迫还有其他三种主要的胁迫形式可能影响到树木：（1）低温诱导的光抑制作用；（2）与冻融相关的缺水问题（栓塞）；（3）所谓的冬季脱水。这些抑制作用并不会在全球范围内都出现，但在一定的地点/区域它们会成为高海拔树木面临的限制因素。紫外辐射不是树木特有的胁迫因子，而且与生态的关联性也很小，况且植物对此已经进化出非常好的保护措施（Körner, 2003a）。

干旱（Drought）也一样，并非树线特有的问题（见第 3～4 章、第 11 章），但是可能影响到任何缺水处的树木。尽管在亚热带和热带地区冷凝层之上形成的高海拔半荒漠地带，干旱可能会阻碍树木的生长（Gieger and Leuschner, 2004），但是干旱条件通常对树线分布的海拔高度是有利的。在安第斯山脉和青藏高原半干旱地区可以看到全球最高的树线（见第 3 章），这一定主要得益于晴朗天空下太阳的高辐射所带来的热量。这些地区的树木生长非常缓慢，在特别干旱的年份甚至可能表现出生长下降的情况（Morales et al., 2004），但是这似乎并不影响树线的海拔位置，或许只是更多地受适宜年份幼苗成功补充的影响，以及低温对生长极限的一般调控。生长于沟谷和荒石滩上的树木实际上也能够分布到树线的海拔高度，虽然并没有得到能满足树木生长的降水（<250mm /年；Miehe et al., 2003），但树木可以受益于坡上的径流及岩石或碎石对所处环境水分蒸发的抑制。干旱尽管会周期性地影响树木生长，但只要每年有超过 250mm 的降水，其对树线海拔的影响就可以忽略。干旱在世界许多地方都可能造成树木的缺失，而这与海拔因素无关（见 5.3 节）。

与低温相关的光抑制作用

光合作用器会捕获太阳能并将其转化成有机产物（糖类）。不管是什么原因，如果此类产物不能被合成或者从合成位置输送出去（终端产物抑制），能量就会以其他方式释放，从而避免对这些精密的光合器官造成光损伤。任何时候光捕获复合体（叶绿素及相关的色素）获取的能量如若不能被利用，就会抑制甚至破坏光合器官。低温和严重的缺水通常会限制糖合成及糖运输，特别是当此类环境抑制迅速起作用的时候，系统不能及时进行调整，在季节性气候条件下从正常状态过渡到休眠状态时的情况就是如此。夜晚冷冻后紧接着一个晴朗的清晨，或者在零下温度时出现强烈的太阳照射，都有可能发生此类抑制作用，或者由于能量过剩造成对光合系统破坏的典型。能量过剩会导致自由基的形成和所谓的氧化胁迫（Oxidative Stress）。对于任何植物情况都是如此，而不仅限于树木及其幼苗。

这个话题已经争论了许久，但是似乎植物进化出的保护性措施足以应对这些情况的发生（关于高山植物的综述见 Körner, 2003;Lütz, 2010；关于林线针叶树的综述见 Lehner and Lütz, 2003;Tausz, 2007）。主要的适应机制包括抗氧化剂（Antioxidants）和光保护防御系统。例如，随着海拔的增加，欧洲云杉（*Picea abies*）抗坏血酸浓度有着明显的增加趋势。极其典型的是抗氧化剂的量在冬季要比夏季高（见上述综述）。常绿类群在冬季会变黄，因为光吸收器会调整为低能量需求状态（更少的叶绿素），并且加大光保护需求（更多的类胡萝卜素）。强烈的太阳照射伴随着生长季初期的冷冻条件，影响到落基山树线位置针叶树幼苗的光合作用表现（Photosynthetic Performance）（Germino and Smith, 1999）。但是，在生长季中期，对于暴露在空气中的高加索树线位置的桦树（*Betula litwinowii*）幼苗（Hughes et al., 2009）和落基山脉蒂顿岭（Titon Range）的冷杉（*Abies lasiocarpa*）和假铁杉（*Pseudotsuga menziesii*）（Basal and Germino, 2010）来说，光化学胁迫最小。很有趣的一个方面是，通过叶序从形态上避免过度的太阳照射，具有较高光截获能力的物种通常可能需要更多的遮荫（Germino and Smith, 2000）。光抑制减少了 CO_2 的吸收，并能够在理论上影响幼苗的表现，直至其幼苗发育和生长受到碳限制，但这尚需要进一步证明（见第 11 章）。然而，难以想象的是树木进化出的应对低温光抑制的有效机制比高山植物更少。对于高山植物来说，破坏性的光胁迫并不是十分严重，因为它们具有一套完善的保护机制（Manuel et al., 1999; Lütz, 2010）。因此，在全球尺度上其实际作用是微不足道的，但在一些大陆性高纬度地区的树线位置，幼苗在特定天气条件下可能受到抑制，特别是与晚间冷冻温度同时出现时。

10.4.1　冻融循环与输水缺失

如 10.1 节所解释的，冷冻胁迫不仅是关于冷冻程度的问题，也取决于细胞水平的冻结速度。在整个组织水平，冻融的速率会产生额外的问题，事实上溶质中含有气体，在温度突然变化时会释放出来。如果此类排气过程发生在木质部，则会造成茎干中输水管道连续性出现中断，从而导致水分匮缺（Havranek and Tranquillini, 1995; Mayr, 2007; Mayr et al., 2007）。

树线位置的茎干组织确实能在短时间内承受很大的温度变化。当夜晚温度极低且随之在白天出现阳光明媚的条件时，树木茎干的向阳面就会受到日照而加热，在这种情况下观察到的昼夜温差可达到 30K（Mayr et al., 2006）。因此，相对于遮荫面、树冠下部和粗壮的树干，这种极端温度的变化往往可能发生在向阳面、树冠上方和细枝上。在阿尔卑斯山地区，当夜间的最低温度大约为-20℃时，欧洲赤松（*Pinus cembra*）和欧洲云杉（*Picea abies*）的温度变化速率在树干基部与树冠上部分别为 4.4～4.5K h^{-1} 与 5.4～7.0K h^{-1}，。某个冬季，研究人员发现冻融循环次数达到 40～110 次。在热带地区，茎干组织中的此类冻融交替可能每晚都会发生，这就是为什么树干上经常有厚硬的树皮保护（见图 6.10），或者像巨大莲座状植物（*Espeletia* sp.或 *Dendrosenecio* sp.）那样具有死亡的叶子形成的包被。这种冻融循环是否会引起水分胁迫，以及木质部栓塞是否能“修复”或者多久可以“修复”还难以证明。

一旦发现此类冻融循环出现，接下来便要了解冻融是否确实造成了栓塞。对于松树（*Pinus contorta*）来说，所谓的“融化—膨胀假说”（冻结时排气而融解时气泡膨胀）正确描述了用茎干进行冷冻分离实验中所看到的栓塞过程（Mayr and Sperry, 2010）。重复的霜冻循环会加剧该问题。利用低温扫描电镜对欧洲云杉（*Picea abies*）进行观察发现，反复的冻融循环引起的气孔累积可以解释此现象，而单次循环形成的气泡很小，能够被自身所吸收。

尽管树线位置的针叶树在冬季无疑会出现大量的气腔（Mayr et al., 2003, 2006, 2007），而且也有证据显示随着气腔的增多，枝条的水势同时降低，但似乎依然缺少第三步，即这些冬季的栓塞（气腔）对于树木的表现有持续的影响。问题在于，随着冬季茎干或土壤的冻结，蒸腾作用会造成干旱（见下文），但其原因尚不清楚。最有可能的是冬季干旱先发生，随后冻融效应对导管的作用加剧了干旱的严重性。如作者所描述的，相关证据仅限于一些针叶树种，而且仅限于一些特定的高海拔树线气候。相对于管胞和被子植物的木质部，小的导管和管胞木质部可能受到的影响较小，这可能是针叶树种在高海拔树线处于优势的原因之一（Sperry and Sullivan, 1992）。Sparks 和 Black（2000）提供了关于 *Larix occidentalis*、*Pinus contorta*、*Larix lyallii* 和 *Pinus albicaulis* 冬季栓塞的清晰证据，但发现在生长季木质部的传导率超过 5%时栓塞情况并没有出现相应的下降，说明这时栓塞还是存在的，情况并未完全恢复。

全球范围树线位置的生存条件差异很大，冻融现象被认为是树线形成的一个普遍性作用因素，而冬季干旱胁迫对于成年树木组织损伤的作用并不明显。探讨木质部导管（包括巨大莲座植物的茎）对于热带树线冻融循环的响应，是一个值得广泛探索的课题。

10.4.2 冬季干旱

对于具有明显冬季的地区来说，向阳的枝条可能比受冻的茎或根失水更多。但 Michaelis 最先对此产生质疑（1934a, 1934b；称为“Frosttrocknis”），这也就变成一个有关树线生态学中广泛探讨的领域，相关的文献可能超过 50 多篇（见 Sakai 和 Larcher 于 1987 年的综述）。在北半球寒温带大陆性树线位置，有充足的证据表明冬末幼苗或树苗的冻害是客观存在的，但是尚无证据显示成年树木也受到了影响。与冬季干旱胁迫相关的伤害在树线之上的幼年常绿针叶树中是常见的。因此，这类损伤可能有助于开阔地形处幼苗的成功补植。

与冻害不同，冬季干旱经常表现出与入射太阳辐射有关（朝南部分受损更多），但无论是否与干旱、光毒性或者冻结有因果关联，从死亡组织来看通常不能反证此效应，因为死亡组织通常都会变干（Wardle, 1981a; Sakai and Larcher, 1987；见图 10.9）。因此，干旱只是其他主要衰亡原因之后的原因（Adams et al., 1991; Perkins et al., 1991）。一个常见的评估冬季干旱风险的办法就是研究冬季水分与枝条和树叶之间的关系，Larcher（1957, 1963）关于欧洲赤松（*Pinus cembra*）和欧洲云杉（*Picea abies*）的经典实验确认了 Michaelis 关于深冬大规模组织水分亏缺的可能性。然而，在林线或者树线位置的高大针叶树中这种水分亏缺从未超过致死水平（Tranquillini, 1976）。

图 10.9　在朝南方向上一株欧洲赤松（*Pinus cembra*）树苗的深冬干旱特征，奥地利因斯布鲁克附近树线之上 50m 处。

影响冬季干旱敏感性的核心因素是初冬时组织的成熟程度。常绿叶片通常需要 3 个月才能成熟，并发育出减缓蒸腾的强大角质层。树线之上短暂而寒冷的生长季，以及幼苗的暴露位置会极大地增加风险（例如，Baig and Tranquillini, 1980; Tranquillini, 1982; Hadley and Smith, 1990）。这也解释了为什么对于组织成熟具有季节性限制的地区而言（寒温带到北方大陆性树线），冬季干旱损害在很大程度上是值得怀疑的。此外，对于雪被很薄而隆冬季节又很冷（土壤下层出现冻结）的地区来说，这就为晚冬干旱的形成提供了很大的可能性（Kullmann and Hogberg, 1989）。这在阿尔卑斯山对欧洲云杉（*Picea abies*）幼苗进行的雪被移除实验中得到了证实（Frey, 1983）。在更温和的树线气候条件下，如在苏格兰，水分亏缺不可能发生，因为在整个晚冬的关键时期，茎干组织中贮存的大量水分已经超过了角质层潜在的蒸发损失（Grace, 1990）。砍去茎干或枝条的实验可能对实际水分亏缺存在高估的风险，因为这些水分并没有进入茎部的贮存部位。Sowell 等（1996）证实，英氏云杉（*Picea engelmannii*）的针叶和枝条在树干受冻期间大量从茎干的储备水库中补充水分，这很可能导致如 Mayr 等（2006）所描述的短暂消融现象的发生。在有些地区，对叶片表面的机械损伤（疑似风中夹带冰雪颗粒的作用）可能会增加对冬季干旱的敏感性（Marchand and Chabot, 1978; Hadley and Smith, 1983）。但对于阿尔卑斯地区来说，这种表皮损伤发生的可能性很小（Turner, 1968）。Payette 等（1996）认为，风对植物的冲击会导致全部针叶的脱落，并造成之后植物生长的受阻（与水分亏缺无关）。除了叶片表面的损伤，Marchand 和 Chabot

（1978）在华盛顿山上（美国新罕布什尔州）的香脂冷杉（*Abies balsamea*）和黑云杉（*Picea mariana*）中并没有发现冬季干旱的可能证据。

在此类季节性气候中的落叶针叶树和非针叶物种也出现了裸露组织（如芽或小枝）中存在着未完全成熟的情况。在桦树（*Betula pubescens*）或欧洲花楸（*Sorbus aucuparia*）中发现，随着海拔升高在晚冬时节出现了水分亏缺，但是实际伤害并未发生（Barclay and Crawford, 1982）。落基山脉的高山落叶松（*Larix lyallii*）枝条在晚冬其水势可以低至-3.6MPa，但是在水势达到-6.5MPa时也没有出现损伤（Richards, 1985）。在阿尔卑斯山地区，由于欧洲落叶松（*Larix Decidua*）表皮的水分损失超过那些常绿针叶树，枝条虽然受到了茎部干旱的影响，但是其耐干旱能力却非常强（Tranquillini and Platter, 1983）。在日本富士山，日本落叶松（*Larix leptolepis*）的嫩枝也遭受到冬季干旱的影响（Maruta, 1996）。但 Slatyer（1976）及 Cochrane 和 Slatyer（1988）都不认同澳大利亚树线位置的冬季干旱对桉树（*Eucalyptus pauciflora*）具有关键性作用。在 McCracken 等（1985）关于新西兰假山毛榉（*Nothofagus solandri*）的研究中也有类似的结论。暖温带、亚热带和热带的树线受到冬季干旱的影响不明显，因为土壤没有足够长的冻结时间，且未出现对于组织成熟的季节性限制。

由此看来，关于树线位置冬季干旱的证据是多种多样的，如果其确实发生了，则只是一种地区性现象，在很大程度上主要局限于生长在大陆性高纬度地区树线之上的幼年针叶树。目前获得的证据通常是间接的，因为可能在影响发生很长时间后才能见到损伤，这使得其机理的解释相当困难。晚冬的水分亏缺可影响到一个地区的幼苗更新，但是不可能用来解释在全球尺度上的高海拔树线（Wardle, 1981b）。

其他几个胁迫因子可以在此讨论一下，但是无一在全球尺度的高海拔起着决定性作用。热胁迫（Heat Stress）的潜在可能性在裸露而朝南的苗床已经得到证实（见第 4 章），而紫外辐射的可能作用也讨论过（参见 Körner, 2003a），但是树线形成于极地的近海平面，以及亚热带近 5000m 的高山，其跨越的实际紫外辐射是极其巨大的。而且，此作用不会在树木从大树到匍匐状小树的几十米海拔范围内发生变化。这些所有的胁迫因子中，冷冻胁迫是唯一有可能在所有树线之上起到周期性作用的，但是要在如此广的范围内，控制整个纬度上和大陆性海拔梯度上的所有树线则近乎不可能。

第 11 章
水分、养分和碳

植物生理生态学旨在研究植物成功适应某个特定环境的个体、器官和组织的过程和状态。与胁迫研究（也属于生理生态学一部分，见第 10 章）类似，原位的观测结果通常能揭示植物恰宜的（适应的）功能，因为能够在野外条件下被研究的植物一定是那些已经长期成功适应了当地条件的植物。因此，这些研究数据反映的更多是通过适应而存在（而不是由于缺乏适应功能而无法存在）的情况。

因此，同第 10 章一样，本章也无法解释树线以上没有树木生长的现象，但会尝试阐明树木在生长季如何通过自身调整以应对气候树线附近的生活条件，同时考察树线树木同其以下低海拔的树木在适应方式上是否存在差异及差异的主要方面。因为这一领域的研究在过去受到了广泛关注（Tranquillini, 1979; Körner, 2003a; Wieser and Tausz, 2007），本章仅择其要点进行总结（而非重新综述），并提出一些概念供读者考虑。

本章分为三部分，分别阐述与植物代谢过程相关的三个主要方面：水分关系、养分供应和碳供给。关于发育、生长生物学、胁迫生理学和与“冬天”有关的一些现象，已经分别在第 8～10 章述及，与全球变化有关的内容将在第 12 章讨论。

11.1　生长季的树木水分关系

树线处树木与水分的关系或许不需要长篇讨论，因为全球各地树线海拔高度处的水分供应差别很大，没有理由认为水分对树线处树木的限制比其对树线以下树木的限制更大。因此，无论树线树木的实际水分关系如何，都不太可能存在一个共同的、决定树线位置的水分胁迫阈值。然而，与其他任何地方一样，水分关系可能会周期性地限制树线树木的生长，而且在某些特定环境下还可能成为幼苗建植的决定因子，从而影响树线树木的种群动态和种群结构（见第 9 章）。在干旱或半干旱地区缺乏树木并非树线所特有。就像低海拔存在沙漠一样，一旦年降水量低于约 250mm，高海拔也会出现山地荒漠。值得注意的是，树线的最高海拔分布往往出现在比较干燥的地区（如在玻利维亚和中国西藏，年降水量 200～300mm，见第 3 章）。在山地系统的腹地较干旱地区（与比较湿润的山地前缘相比），树线也能够达到很高的位置。在潮湿的赤道地区树线受到了抑制而降低，而在亚热带地区树线的海拔分布达到最高（有一个漫长的生长季）。

由于气温降低，通常在接近空气温度条件下进行工作的植物蒸腾部位其蒸发需求在大多数情况下会随海拔升高而降低（见第 4 章）。但是，由于大气压力降低，水蒸气的空气扩散性会增加，从而抵消低温效应，而且良好的空气动力学耦合效应也会促进蒸腾过程。在由于水分短缺使得植物被迫周期性地停止叶片代谢的情景下，植物冠层会变薄（树木间距增大），从而使得单位土地面积的水分消耗能够与单位面积和时间的植物器官光合效率相匹配。因此，从长远来看，水分关系的控制会发生在群落层面。地形也会有助于改善高海拔地区树木的水分状况。当水分有限时，树木通常分布于径流汇聚的洼地、沟壑或溪谷，在这些地方，树木实际获得的水分输入远远超过气象数据的预期。在地面被卵石或岩屑覆盖时，这种效应会更强，因为卵石和岩屑都会有效地减少特定降水量条件下单位土地面积的蒸散量。虽然人们常常认为，只有在年降水量大于 350mm 的地区才会有森林分布，但这可能只适合低海拔地区。在高海拔地区，树木分布海拔高限的年降水量可低达 200～250mm（Miehe et al., 2008）。下面含有沙子或火山灰的细岩屑松散基质，加之没有毛细管连接到地表，具很好的保水作用。这些看似相当干燥的基质在长期无雨的季节能保持水分（见图 11.1）。最后，温带和寒带的树线会受益于生长季（相对较短）初期的融雪，在这种情况下，土壤的储存能力往往成为其是否能够充分利用这些额外资源的一个限制因子。一般来说，树线海拔高度随年降水递减（到一定的低限）而上升。潮湿且多云的地区往往具有较低的树线。在进行更详细的讨论之前，需要记住这些重要的普适规律。

图 11.1 树线附近看起来相当干燥的土地（玻利维亚的萨合马火山附近，海拔 4800m），似乎证实了年降水量不超过 270mm 的效应。而实际上此处底土（深色）是湿润的，这是因为粗粒的基质上层阻止了毛细管水运动，土壤亚层水分不受表层蒸发需求的影响。此坑开挖于 8 月，前面 5 个月连续无雨。

针对树线生长季树木水分关系的研究还很少（Mayr, 2007），原因可能就是人们认为这样的研究不太可能有大的成果和发现。相比之下，人们对高纬度地区树线冬季的水分关系的关注要比对生长季树木水分关系的关注多得多（见第 10 章）。

纵观不同时间的测量结果，还没有发现树线树木在生长季的水势接近植物正常功能的临界水平（木质部气穴风险），即低于-2MPa 的情况（Lindsay, 1971; Körner and Cochrane, 1985; Anfodillo et al., 1998）。在水分供应不良的条件下，水汽压亏缺（VPD）导致的气孔反应占主导，这反映在蒸腾速率与枝条和叶片水势降低之间的密切关联上。在特定的水分限制下，蒸腾通量越大，水势降低越多（见图 11.2）。因此，没有证据表明在树线出现了水势低而导致气孔自动关闭（“Hydropassive” Effect）的现象，因为这种现象发生在水分损失明显超过每日需求量且超过气孔所能够调控的水分消耗的情况下。大多数被测物种都表现出显著的气孔湿度（水汽压亏缺——译者注）反应，气候湿润区树线树木的反应最为敏感（5hPa=气孔开始反应的水汽压亏缺阈值为 5 毫巴；Benecke et al., 1981; Körner and Bannister, 1985; Anfodillo et al., 1998），干旱区树线树木阈值更高（12hPa；Körner and Cochrane, 1985）。据 Häsler（1984）的研究，在阿尔卑斯山相当干燥的钙质坡地上，瑞士山松（*Pinus mugo*）常呈高山矮曲生长型，水汽压亏缺（VPD）对气孔鲜有影响；相比之下，近北极树线处，水汽压亏缺是影响桦木（*Betula pubescence*）叶片传导率的主要驱动因子（Holmgren et al., 1996）。

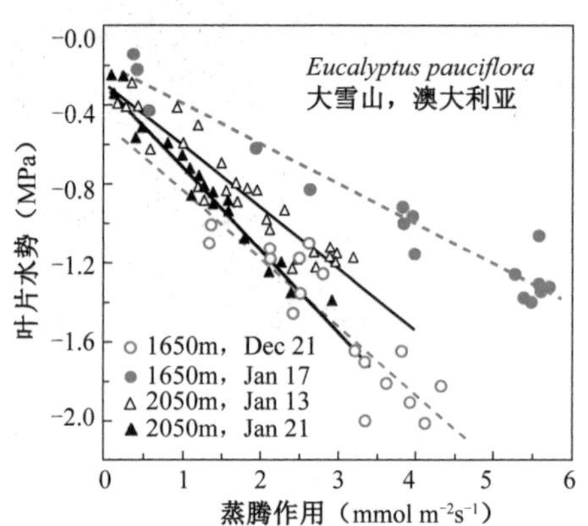

图 11.2　在澳大利亚大雪山的山地上部（海拔 1650m）和树线位置（海拔 2050m），桉树（*Eucalyptus pauciflora*）的夏季叶水势与蒸腾速率间呈线性函数关系。回归的斜率代表特定日期土壤到叶片水流的总水力阻抗，它随木质部的季节发育和土壤湿度（毛细管到根系的水流）而变化。如果下午的值与早晨的值处于同一水平（见本图），这意味着水力阻抗没有日间变化。减去树高的静水力学效应，零流量时的水势被认为与基质水势平衡，但这种情况很少见，因为除了雨天和雾天，蒸腾作用（包括夜间的）不会为零。因此，拂晓的水势大于-0.3MPa 的情况很少出现（参见 Anfodillo et al., 1998）。这些数据是在土壤湿润的情况下采集的（Körner and Cochrane, 1985）。

在低海拔地区，晴朗天气的蒸腾损失（Transpirational Losses）通常超过木质部的运输能力，部分蒸腾损失由茎中储存的水分补充，导致白天树干水储量的延迟及树干基部茎流与叶片水分丧失之间的时滞。在瑞士石松（*Pinus cembra*）树线附近进行的实验没有发现这种现象，这两个流量在全天的匹配都很好（Matyssek et al., 2009）。因为这种关系也取决于给定的横截面积的边材所供应的叶量，有关作者还比较了低海拔、中海拔和树线叶面积/边材面积比，发现这个比值在树线树木最高（见 6.6 节）。此外，一些研究显示，水蒸气的最大叶扩散导度（气孔导度）随海拔升高而增加，至少在温带地区的样带研究结果是这样的（Körner and Cochrane, 1985; Körner et al., 1986; Wieser and Havranek, 1995；见图 11.3）。

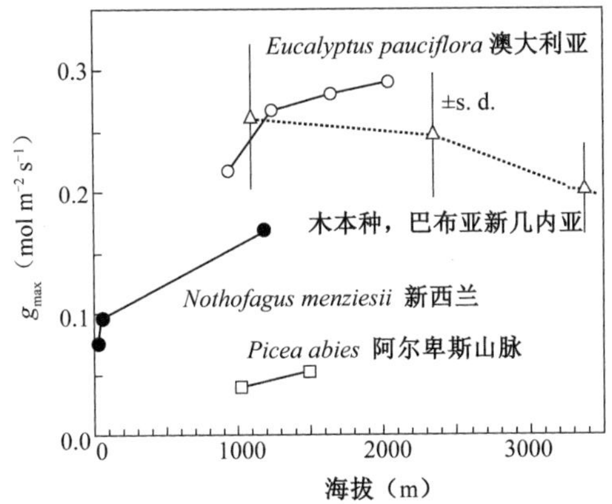

图 11.3　盛夏水分供应良好（水势>-1.6MPa）时，温带树种的最大叶扩散导度随海拔的变化（数据来源：Körner and Cochrane, 1985; Körner et al., 1986; Wieser and Havraneck, 1995）。在巴布亚新几内亚的海拔梯度上则观察到相反的变化趋势，此地由于云层遮盖，太阳辐射大幅降低，导致树线附近叶片导度降低（Körner et al., 1983）。

在阿尔卑斯山南部树线海拔（白云石山 Dolomites），夏季气候更加干燥，但是研究数据并没有显示出其水分关系有多大不同。虽然 Anfodillo 等（1998）报道，在一个异常干燥时期，树线枝条水势拂晓前曾下降到-1Mpa，正午的峰值为-1.9～-1.5MPa，在这个区间气孔对水分通量具有完全的控制能力，从而防止木质部空穴化。很明显的是，最低（负）水势同欧洲落叶松（*Larix decidua*）的最大蒸腾通量有关，因而其反映的是高蒸腾活动而非高的水分胁迫。瑞士石松（*Pinus cembra*）和欧洲云杉（*Picea abies*）的水势仍保持在-1.5MPa 以上。在有记录以来最干旱的夏季，Brodersen 等（2006）观测到怀俄明州梅迪辛博山脉（Medicine Bow Mountains）树线交错带三个样点的落基山冷杉（*Abies lasiocarpa*）和恩氏云杉（*Picea engelmannii*）的水势和气体交换量降低了 50%。研究同时还发现，这种降低效应在交错带上部（海拔 3200m 左右）比其海拔低 200m 的地方要低得多。澳大利亚树线的疏花桉（*Eucalyptus pauciflora*）在仲夏水势总是低于-1.5MPa（Körner and Cochrane, 1985）。

在特纳利夫岛（Tenerife）信风产生的冷凝层之上亚热带山地半荒漠边缘的树木生长到海拔 2100m 左右，远远低于温度阈值控制的树木分布上限。在此条件下，水分关系参数随海拔升高而降低，在 1600m 的云雾带，水分供应良好，而往上到干旱带边缘，水分极其受限（最低水势达到-2.5MPa；Gieger and Leuschner, 2004）。Radaet 等（1996）对委内瑞拉安第斯山的龙鳞木（*Polylepis sericea*）树线进行的研究没有发现水分供应对气体交换有显著的影响，即使在干燥的季节也是如此。由于样品是在装袋后运送到实验室再进行测定的，所以还不好将其最低水势数据直接与其他研究进行比较，但其测得的水势都在-0.9MPa（湿季）～2MPa（干旱盛期），这一水势范围仍能保证该物种避免木质部空穴化的风险。人们需要知道同时发生的蒸腾通量率以考察水势最低时蒸腾通量是否达到最大（见图 11.2），或水势最低是否发生在气孔导度降低的情况下（从而反映胁迫状况）。

在森林的整体水平上，土壤水分供应、树干液流、气孔行为、叶面积指数、叶面积/边材比和气候条件等因素的综合结果，在阿尔卑斯山从山前地区到林线的 490m、1240m、1950m 海拔梯度上的三个森林样地均表现出惊人的一致：日平均蒸腾失水均为 2mm（Matyssek et al., 2009），这与在中生性草地的海拔梯度上观察到的结果相似（Körner, 2003a）。因此，虽然林线气温更低，但是并不会降低树木生长季的蒸腾强度。而在低海拔地区，气孔控制和周期性干旱更可能限制蒸腾通量。因此，在高海拔森林上限的整个生长季，水分丧失只跟生长季长度有关。

稳定性碳同位素是推断植物水分状况的一种通行工具。科学家发现，在生物量形成期，由于气孔对气体扩散的限制，水分胁迫会导致植物组织干物质中$\delta^{13}C$ 值（与标准物相比的 $^{13}C/^{12}C$）的增加。与较轻的 $^{12}CO_2$ 相比，较重的、扩散较慢的 $^{13}CO_2$（约占空气中 CO_2 含量的 1.1%）更容易受气孔的限制。

而当气孔关闭时，这种限制效应减弱。因此，受干旱胁迫的组织中的 $^{13}CO_2$ 的相对比例就会高一些；但是，当干旱发展到植物无法产生新的生物量的程度时，干旱就不会在植物组织中留下同位素印记。利用上述同位素方法进行海拔梯度上的研究时经常被忽略的一个问题是$\delta^{13}C$ 的第二驱动因子：叶绿体中的碳同化效率（见 6.3 节）。实际测得的$\delta^{13}C$ 反映的是两个驱动因子共同作用的净结果，而很难鉴别到底是哪一个因子引起的信号转换。由于植物能够根据海拔高度的变化调节其气体交换系统来减缓大气压力（CO_2 分压）下降的影响（Körner et al., 1991; Zhu et al., 2009; 见 11.3 节）。在连续潮湿的条件下，$\delta^{13}C$ 会随海拔升高而增加。低海拔具有周期性干旱而高海拔地带比较湿润这种最为常见的山地环境可能会平衡甚至逆转大气压力的梯度效应。因此，每当这样的干旱梯度发挥作用时，仅凭海拔梯度上的$\delta^{13}C$ 不能给出确切的结论（Körner, 2007b）。关于稳定同位素值在海拔梯度上的推导值也因此变得令人困惑。例如，人们根据$\delta^{13}C$ 数据推断 5～7 年幼龄林树线（不同的云杉树种）附近相对于比其低 300m 海拔处树木的水分胁迫（Li et al., 2004）发现，这样获得的$\delta^{13}C$ 数据很可能反映了植物在应对低气压、生长季植物内部碳源变化时进行的不同海拔高度上的差异化调整（Hu et al., 2010），同时该数据还受到物种特异性和基因型的影响（在此高程范围内，降水量从 760mm 增加到 840mm）。因此，要解释这些数据，必须要有水分平衡数据，这样一来，$\delta^{13}C$ 的优势又得不到发挥。然而，如果在树线存在着气孔限制，如在特别温暖和干燥的夏天，树线的$\delta^{13}C$ 就同其他地方一样会上升（Porter et al., 2009）。在墨西哥树线附近（3800m）从哈特威格松（*Pinus hartwegii*）的组织中采集的水样同位素（^{18}O）信号表明，植物优先利用浅层的土壤水，说明树木有充足的水分，并不依赖于火山土壤的深层水分储备（Hartsough et al., 2008）。

由于在树线处的开阔地带，在阳光直晒下表层土壤会干燥并且非常热，因此即使在本来湿润和温凉的地区，树木的早期生命阶段也很容易受水分短缺的限制。在深色的裸露地表，这种限制作用会变得十分严重（见第 4 章），从而有效阻碍幼苗补充。幼苗在夜晚经历辐射冷却，在白天经历强烈的日晒和加热，在这种情况下新生幼苗面临的危险最大。一年以上幼苗对上述恶劣环境的敏感性迅速降低（Cui and Smith, 1991），这可能是由于菌根化的结果（Hasselquist et al., 2005）。出人意料的是，已经成功定植的幼苗其水分状态并没有受到特殊的限制，而且在森林上限的上下都很类似。对光合作用的主要负面影响来自寒夜的副作用而不是缺水（Johnson et al., 2004）。叶序的排列方式对潜在的过热和干旱影响起着关键作用，在这方面，针叶树似乎比阔叶树幼苗更具优势（Smith et al., 2004）。全球最干旱的树线环境之一位于玻利维亚，海拔 4810m，年降水量约为 300mm，其开阔地区分布着大量的幼苗，显然这是利用了岩石碎屑对土壤的“封存”作用（Hoch and Körner, 2005）。

综上所述，生长在高海拔气候树线的树木确实定期经历着轻微的水分供应不足的限制，但是这种限制的程度实际上比低海拔树木经历的限制要低得多。当年降水量降低到 200～250mm 的临界值时，树木就无法生长，但这种情况在哪里都是如此，并非高海拔地区独有。目前并没有证据表明在生长季高海拔树线附近的水分供应会变得更严重，甚至有研究发现，在出现对低海拔地区的森林生长发育产生严重影响的极端燥热天气时，树线树木的年生长反而最好（如 2003 年的欧洲热浪；Jolly et al., 2005；见图 7.14）。如果说存在水分供应问题的话，那也是对某些高纬度树线交错带的冬天而言。在这些地方，生长季太短，叶片无法达到充分成熟；同时由于树线缺乏积雪保护，树线树木很容易失水干燥（见 10.4 节；Tranquillini, 1976; Mayr, 2007）。

11.2　养分关系

说起植物营养，我们则进入了一个完全混乱的领域。因此，有必要从一些理论入手。如第 10 章中对限制和胁迫进行的一般讨论，有必要将以产量为目的（农艺）的推论和生态（进化）考虑分开。在生物质生产方面，地球上几乎所有的植物都未达到其生理容量（最大增长率）。从这个角度来说，所有的植物都是受到养分限制的（相对于全营养液中的生长而言）。因此，只要温度足够高，增加植物能获取的养分就能促进植物的生长。在瑞典北部桦树树线添加氮肥（磷没有影响）的实验结果即为一例（Sveinbjörnsson et al., 1992）。倘若只添加一种养分，而其他养分供应仍然不足的话，不足的养分可能会阻碍植物对所添加的养分作出反应，尽管各养分间的相互作用可能使结果并不一定遵循严格的李比希“最小因子”响应定律。然而，植物个体或物种总是相互影响的。对资源限制的改变总会有赢家和输家，那些被认为是受限的物种，通常在这样的处理中属于输家。与农作物相比，野生植物，特别是那些适应了资源限制的物种通常对养分供应状况不敏感（Chapin et al., 1986）。因此，会存在适合度的选择问题，这可能需要很长时间并需要一些极端事件来实现。生长更快的植物面临着众多的风险，如机械性脆弱、容易招引病原体或草食动物等。因此，从生态学的角度来看（如树线生态学），问题的关键不是在养分增加的情况下树木是否会长得更快，而是树木是否能够存活，是否可以活得更长，是否更有活力和竞争力。从生态学角度来讲，不能用植物生长对养分添加的响应来评估和推断植物是否营养不良。

另一个常常被忽视的问题与植物组织和土壤中养分浓度（Nutrient Concentration）的评估有关。在这方面，传统的讨论也是以农艺学概念为基础的。浓度高被认为供应更好。然而，生命过程是由化学计量规律（包括碳与养分之间的比例）控制的。植物通常不会通过使生长速率超过保证元素平衡的养分供应速率的手段来稀释自身的养分浓度。因此，只有在养分极端短缺或极端过剩的情况下，植物组织养分浓度才会明显偏离常态，而在大多数“正常”条件下植物都能够调节自身的生长，使养分水平保持在一个狭窄的、符合该物种及其生活史状况的范围内。在“正常”作用范围内，养分浓度并不能说明养分供应状况。在这方面，养分元素之间的比例更能说明问题，因为有些元素比其他元素的浓度变化更大。山上的植物通常比同地区低地的植物具有较高的养分浓度，但这并不意味着他们的养分供应速率更高（Körner, 1989）。

如将土壤因素考虑进去，情况就更复杂了，因为人们至今还相信利用标准农艺学对土壤养分进行测定可以了解未受干扰的自然生态系统的养分供应状况。但在最繁茂的自然生态系统（如湿润的热带森林）中土壤可能完全不是那么回事。不过这个观点目前还很难被大多数人接受。很多作者经常被许多仍然抱着传统看法的同行评审专家要求提供土壤养分数据（这些数据大多数时候并不能说明任何问题）。实际上真正重要的是养分释放速率和养分到达植物的方式，在这方面土壤微生物和菌根起着至关重要的作用。在一个完美的养分释放—吸收系统中，除了被束缚在离子交换体上的、潜在可利用的养分外，土壤中不应含有游离的养分（容易被下一次降雨淋失）。总养分意义不大，因为大多数养分被束缚在腐殖质—黏土复合物中，不容易被植物利用，氮尤其如此。这是一种简化的解释，实际过程要复杂细微得多。但这足以说明问题的关键：不能用简单的土壤分析结果来评判树线树木是否存在营养不良。

然而，要澄清全球树线现象是否与养分有关并不需要任何复杂的分析。全球树线都遵从一个等温线（见第 4 章），这个等温线穿过了地球上各种可能的土壤状况：从流石滩岩屑到灰壤、从火山灰到泥炭土、从钙质土到硅质土、从年轻的生态系统到古老的生态系统，既有凸起（养分源）地形也有凹洼（养分库）地形，以及不同坡向等。因而，没有明显的理由可以认为假定的营养不良也会遵循这样一条等温线（见第 4 章）。另外，景观中的养分也不是固定在一个地方的，而是会从凋落物和汇区移动到其他地方。因此，如果养分状况是控制树线海拔高度的主要因子的话，那么在养分积累的地方树线较高，而在养分比较贫瘠的地方树线较低；在接受多年大气氮沉降的地区也应能观察到树线整体升高（同远离氮沉降的偏远地区相比）的情况。然而实际的树线格局根本不是这样（见第 3 章）。

树线处的养分限制成为人们的讨论议题，其主要原因是人们通常认为低温会影响分解并减缓矿物风化速度，同时土壤低温可能会影响养分吸收。然而，正确的问题应该是：与温度对于植物养分需求及生长速率或生产力的限制相比，低温对上述过程的影响是否更大？真正重要的不是分解和矿化等过程的快慢，而是有机碎屑的年净输入与养分的年净循环速率是否匹配（与这些养分在凋落物或粗腐殖质库的存留时间没有关系）。凋落物分解慢并不意味着树木的养分供应变慢或者降低，而只是意味着这些养分在某些特定的有机体部位停留的时间更长。只要系统达到一个准稳态营养循环，养分输入与输出相匹配，养分本身的积累和数量对树木有机体的生长就不重要了。这样一来，讨论的焦点就变成了“先有鸡还是先有蛋”的问题：在树线是净初级生产（NPP）驱动养分循环，还是养分循环驱动初级生产过程？在讨论实验数据之前，我们需要记住，微生物是非常多样的，它们可以生活在最极端的生境，功能上高度冗余（很多微生物在执行相同的“工作”，如纤维素分解），即使在零下的温度环境依然非常活跃，并能够以惊人的速度繁殖。微生物通常缺乏光自养生物产生的基质，微生物的代谢能力受限于基质的存在与否及其数量。由于微生物比植物更受化学计量的控制（它们没有像木质树干那样具有储藏更多碳的能力），需要基质为其提供均衡的食源，这就是为什么高度木质化、养分贫瘠的凋落物的存留时间通常较长的原因。下面，本书将分别以温带和湿润热带地区树线附近的林木养分关系为例，对近来的一些研究成果进行概要的分析。

首先，本书要引用一个经典的研究。在这个研究中，土壤微生物学家通过一个设计完美的实验对上述问题进行了探讨。Ehrhardt（1961）在蒂诺尔（Tirolian）阿尔卑斯山齐勒河谷（Zillertal）的低山（670m）、中山（1220m）

和林线（1880m）建立了实验园，研究欧洲云杉（*Picea abies*）植物有效氮的供应是否随海拔升高而降低。他发现，海拔最高的云杉针叶中氮浓度最高，而这个海拔上的年生长速率最低。他由此推断，热量对氮矿化过程的限制要弱于其对生长的限制。

为了验证这一假设，Ehrhardt 在郁闭林冠下建造约 1m^2 腐殖质/凋落物分解床，并安装了蒸渗仪。在正常的凋落物积累状况下，观测每个海拔高度上矿化作用和淋溶物与气候参数的季节变化。在每个样点，部分土壤床铺放的是当地产生的腐殖质/凋落物，部分土壤床铺放的是从中部到最高海拔之间样点采集的共同腐殖质/凋落物。土壤床中约有 63%～87%的穿透降水渗出（在最高海拔最多）。每次土壤冻结后，植物有效氮释放都会增强。在生长季早期的温暖期，微生物为氮汇，即它们与树木争夺氮。腐殖质/凋落物氮释放率（主要在生长季的后期）随海拔升高而下降，从每年每公顷 32kg 氮降低到 12kg（降低了 38%），同每年的热量总和降低成正比（这与一个在阿拉斯加展开的研究结果类似；Sveinbjörnsson et al., 1995），当地的腐殖质和标准的腐殖质间并无差异（见图 11.4）。因此，特定的氮释放并不随海拔变化（无基质的影响）。在树线附近土壤有机层的总有效氮明显比中海拔要高一些，但是中海拔的生产力至少是最高样点处的 2 倍。如果以低地河谷的森林生产力为参考（算为 100%）的话，在上述海拔梯度上，森林生产力下降了至少 25%，在树线则更低（大约只有 20%）（木材材积和 NPP 估计值来源：Tranquillini, 1979; Wieser, 2007; 见 11.3 节）。

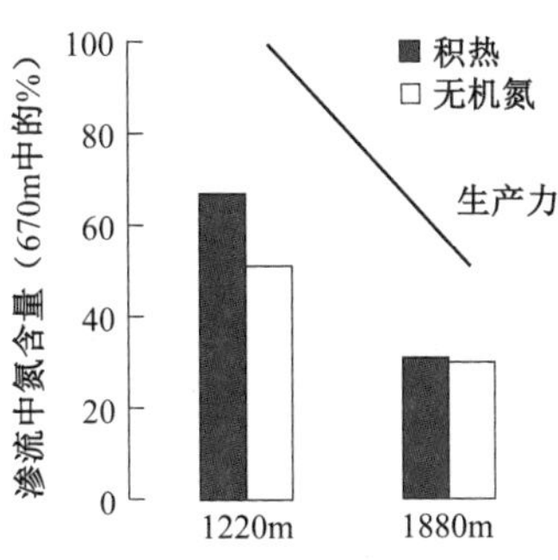

图 11.4　有机碎屑中微生物氮年矿化量（渗滤液中的可溶性氮）和实验地年总热量随海拔升高而下降。实验利用腐殖质凋落物床进行，使用的是中海拔高程收集的腐殖物（Ehrhardt, 1961）。其中，实线表示实验区年生物量估计值的相对下降量。

同样的基质在 20℃环境下经过 100 多天的培养。结果发现，与来自最低海拔处（仲夏平均土壤温度 17℃）的样本相比，适应了寒冷环境（仲夏平均土壤温度 10℃）的样本 CO_2 释放量较高，而矿质氮的释放并没有太大的差异，只是高海拔样品矿化启动较慢，但在 100 天结束时矿化速率稍高。添加磷酸盐后，所有海拔高度上的样品其氮矿化都增加。

这个研究传递的主要信息是：与较低海拔地区具有相似基质和相似物种构成的森林相比，树线附近单位土地面积的氮释放速率（与森林生产力有关）更高（而不是更低）。在相似的总热量条件下，氮释放速率相同，因此基质的质量并没有下降。正如 Tranquillini（1979）从这个研究和其他研究所总结的：没有迹象表明树线存在任何特别的养分匮缺。

第二个例子来自婆罗洲的基纳巴卢山（Mount Kinabalu），科学家在那里进行了叶片养分、凋落物质量和氮矿化速率的研究。这些研究对 Ehrhardt 在阿尔卑斯山的开创性工作是一个很好的补充（Kitayama et al., 1998, 2004; Kitayama and Aiba, 2002）。虽然他们调查的样带在树线以下 300m 就结束了，但其在海拔 700～3400m 观察到的趋势可能代表了湿润热带山地雨林的典型特征，尤其是他们的研究覆盖了该地区的两种土壤类型（肥沃的沉积土和贫瘠而缺磷的超碱性母岩）。地上净初级生产力（NPP）随海拔升高而降低。令人惊讶的是，在两个土壤基质上，其降低的速率并无大的差别。与 Ehrhardt 的实验一样，叶片的养分含量（N、P）在两种基质上随海拔升高而增加，但磷酸盐的浓度（并非氮）在超碱性基质总是较低（Kitayama and Aiba, 2002）。人们曾经认为，生产力低下的森林（基质条件差、海拔高）会比生产力高的森林（基质条件好、海拔低）产生更多的木质化而贫氮的凋落物。而该研究的结果正好相反：叶片凋落物的木质素的含量与凋落物形成的速率（生产力）及叶凋落物氮浓度正相关。如果考虑到在环境“不好的”样点叶片衰老期间养分再吸收能力会更强的话（Chapin and Kedrowski, 1983），这种趋势在木质素上就会增强。因此，可以推测，低木质素含量是对低生产力环境（高海拔）的适应，有助于加快养分循环（Kitayama et al., 2004）。实地测量的氮矿化速率随海拔升高而降低，且在磷缺乏的基质上降低更快，因而支持了 Ehrhardt（1961）在阿尔卑斯山的观察结果：磷具有促进氮循环的作用。对北极的植物研究也观察到这种现象（Shaver et al., 1979）。但遗憾的是，人们在基纳巴卢山（Kinabalu）的研究中，氮矿化率并不是以单位土地面积的形式表示的。尽管如此，既然完好的叶片和凋落物的质量随海拔升高而提高了，不管土壤基质如何，养分对高海拔森林的生产力限制似乎不会比低温的直接影响更大。人们对秘鲁的热带森林树线进行的研究也得到类似的结论（Van de Weg et al., 2009）。

在可探测范围内（见图 11.5），一个在阿尔卑斯山对针叶树进行的调查证实了 Ehrhardt（1961）的结论。该研究表明，同较低海拔的对照树木（山地林上限）相比，生长在树木分布海拔上限的树木不存在针叶氮缺乏的现象，无论从针叶干重、体积还是面积来看，结论都一样（Birmann and Körner, 2009；以及文献调查）。Li 等（2008）在喜马拉雅东部地区的三个区域进行的研究都发现，越靠近树线，针叶中的氮含量越高。他们还发现细根中也有类似的趋势。此外，亚极地桦树（*Betula pubescence*）和日本岳桦（*B. ermanii*）的氮含量也随着海拔升高而增加（Karlsson and Nordell, 1988; Kudo, 1996）。还有，在常绿阔叶树种（包括热带树种）中，树叶的含氮量并不随海拔升高而缺乏（Körner and Cochrane, 1985; Körner et al., 1986; Körner 1989; 见图 11.5）。随着海拔的升高，单位叶面积内氮含量更高，而单位叶干重变化不明显（叶子厚度随着海拔升高而增加，见第 6 章）。也有一些报道说在热带地区的高海拔地带树木有相对较高的叶含氮量（Velez et al., 1998; Cordell et al., 1999; Hoch and Körner 2005; Körner 1989; Kitayama and Aiba, 2002）。据我所知，尚未有研究表明林线的树木存在养分亏缺的迹象。组织磷酸盐的浓度随海拔变化的趋势无固定规律，很可能是因为它们更取决于基岩质量，但是也没有关于其枯竭的报道。

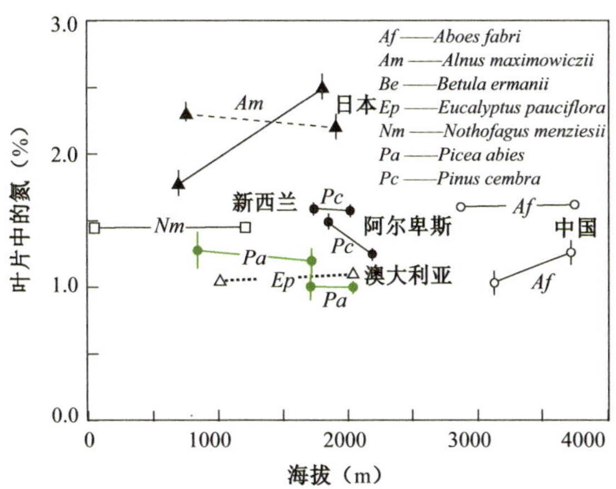

图 11.5 从各种资料收集到的构成树线的树种其叶氮含量（单位干重含量）随海拔的变化趋势（Körner, 1989; Li et al., 2008; Birmann and Körner, 2009）。

在全球范围内，树线附近单位叶面积的叶氮含量普遍较高，主要可能是因为在低温条件下维持高代谢活动有更高的蛋白质需求（Chapin, 1980; Chapin and Tryon, 1983; Skre, 1993）。由于在好几个实例中都发现叶含氮量增加具有基因型特征（将采自高低不同海拔的种源在同质园中培养、实验），这种趋势可能是长期适应的结果（Oleksyn et al., 1998; Weih and Karsson, 1999, 2001a, 2001b; 见图 11.6），并且它们具有更高的光合作用能力和/或者更高的二氧化碳吸收效率（见 11.3 节的碳同位素）。此外，生活在严酷环境中的生命也可能会选择另外一种适应方式：放慢生长速度。在同质园的种源实验中发现，生长缓慢是一些高山物种的固有特征（见第 7 章和第 8 章），而这种生长迟滞可能与生长过程中过多的营养消耗有关（Körner and Larcher, 1988; Körner, 1989; Chapin, 1991; 以及一些早期的工作）。除了总体上受到基因型的影响外，叶片养分浓度可能会因为组织的形成而独自上升。因此，温度对生长过程的限制比养分获取导致的限制更甚（Ehrhardt, 1961; Tranquillini, 1979）。这三个机制还可能交互影响，通过对实际环境的适应来加强基因型的作用。在亚极地附近，当土壤冷却到 5℃时，桦木（*Betula pubescence*）的氮吸收量接近零。同时，在这个温度下，生长（氮需求）也变为了零（Karlsson and Weih, 1996），但土壤的微生物活动可能会继续向土壤释放植物可利用的氮。

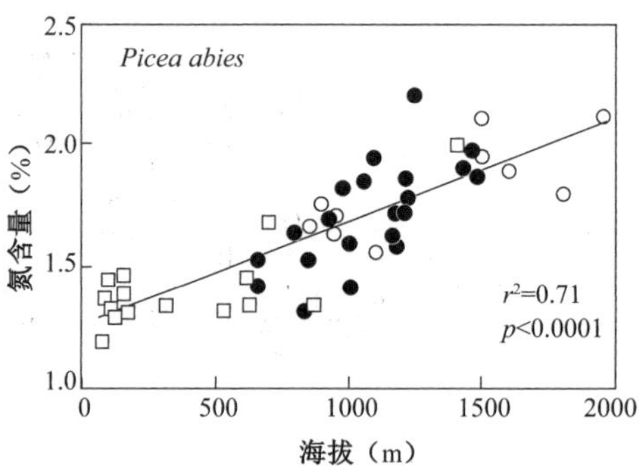

图 11.6　采自不同海拔种源的云杉幼苗在同质园培育时针叶或总氮浓度（%干重）。数据显示高氮浓度是高海拔种群的固有特性（数据来源：Oleksyn et al., 1998; 根据不同作者的研究结果整理所得）。

有证据表明，高海拔地区叶片的养分浓度随着纬度上升而增加。换句话说，如果土壤排水良好，树线或以上的生长季越短，养分浓度就越高（Körner, 1989, 2003）。这可能和树叶的纬度“软化”相关（比叶面积增加）：因为生长季缩短，树叶无法完全成熟，往往软而稀疏。这也可能与为了适应短的生长季而提高了代谢有关。叶片的养分浓度通常与叶片的寿命成反比。

冬天积雪之下未结冰的土壤中持续的矿化作用、土壤解冻后出现的养分间断性释放，以及坡面上部雪场积累的养分通过融水对下游进行的养分输入等都能够改善生长季的养分供应状况，这又会进一步增加高纬度树线的树木养分供给。对可溶性氮而言，在大气氮沉降水平和积雪中氮积累高的地区，这种效果更强。例如，海拔 1500m 以上的瑞士森林（树线在海拔 1900～2350m 处），每年通过降水输入的氮大约是 6～11kg/ha（Flückiger and Braun, 1998）；而在阿尔卑斯中部地区树线以上（海拔 2500m），大气沉降的湿氮负荷量则降低到每年 5kg/ha 左右（Hiltbrunner et al., 2005）。落基山脉（Niwot 山脊）积雪中的年氮积累量大约为 2kg/ha（Williams et al., 2009），积雪中的总无机物沉积（主要为灰尘）每年为 7～77t/ha。树周围的积雪分布对阳离子的利用程度有重要影响（Liptzin et al., 2009）。

最后，菌根化是影响树木养分状况的关键因素。就目前所知，所有的树线树种都是菌根性的（见 6.4 节; Göbl, 1967; Moser, 1967; Kernaghan and Currah, 1998; Kernaghan, 2001; Haselwandter, 2007）。Peintner 和 Moser（1996）在一片亚高山欧洲云杉（*Picea abies*）森林中发现 300 个真菌类群。研究发现落基山脉的针叶树幼苗依赖于早期菌根定植获得所需的水分供应（Hasselquist et al., 2005）。虽然人们认为树的生长通常受到氮的限制，但菌根生长往往受碳的限制（Högberg et al., 2003），因而，树的碳供应状况可能会反过来影响菌根生长。从 11.3 节的讨论来看，没有理由认为树线树木会缺碳（2002 年 Ruotsalainen 等就曾认为碳缺乏是高海拔植物的普遍现象），这对菌根来说应该是有利的。

现在的问题是，假定菌根能够延伸到地球上植物能够生长的最为寒冷的地区（Körner, 2011）（当然，这是不太可能的），由于周期性的寒冷或土壤冻结，菌根是否会先于树木而凋之？Moser（1958）对分布于温带和北方寒温带环境的大量菌根和其他真菌进行了筛查，将其放置于阿尔卑斯山树线冬季典型的温度环境下进行实验，研究其耐冻和耐低温能力（见表 11.1）。结果表明：在培养基中生长时，来自高海拔地区或经常暴露在低温状态中的菌株/分类群在 0℃环境下生长良好（有一些甚至表现出最佳生长状态）。不论来源如何，几乎所有测试样品在 5℃环境下开始生长，其中有近 2/3 样品在这个温度下表现出最佳生长。对于同一菌种，来自高海拔地区的基因型显然更有活力，来自寒冷环境的几乎所有样品在-12～-11℃下保存 4 个月后仍然能够存在。适应低温条件的菌种大多数是最耐冰冻的，但也有少数例外。这个研究说明真菌菌丝生长的温度下限远远低于高等植物。高等植物在 5℃或更低的温度下几乎停止生长（包括根系，见第 7 章）。有趣的是，Moser 报道了以前的发现：只有当最低温度至少为 5℃时才会形成孢子果。

表 11.1 来自不同海拔高度的 116 个分类群中真菌菌丝对低温的耐受情况

温 度	部分生长（最佳生长）	无 生 长
0℃（-2～4℃）*	49%（13%）	51%
5℃（2～8℃）	88%（62%）	12%

注：*区间表示的是由于测量仪器误差而造成的极值。

适应寒冷环境的外生菌根菌株能够产生蛋白酶，蛋白酶在温度低至 0℃时仍具有相当的活性，且其最适温度为 0～6℃（Tibbett et al., 1998）。另外，低温适应过程也能够加强菌丝在低温土壤中获取和吸收 PO_4 单酯的能力（Tibbett et al., 1999）。因此，低温对树木生长的限制要比其对真菌活动的限制在时间上早很多。真菌代谢过程对低温的耐受力似乎比树木的代谢过程要强得多。

总而言之，与海拔较低的山地森林相比，树线树木一般不会受到养分限制。世界各地的证据表明，树线叶片的营养状况往往比海拔较低处叶片的营养状况还要好（而不是更差）。一些作者已经指出，树木的养分状况可能对树线形成没有多大影响。正如在本节前面所讨论的，从生态的角度而言，不能因为施肥能够促进生长就推断该环境存在养分限制（Susiluoto et al., 2010）。即使有这样的反应，这也不是树线独有的。树木的营养（土壤质量）不可避免地会影响树的活力，但是它对树木在海拔梯度上分布的位置几乎没有任何影响。从长远来看，增加养分供应不能克服热量条件对生长和发育的制约作用。没有理由认为，低温对菌根性真菌的抑制会影响到树木。

11.3 碳关系

从有树线研究伊始，有关树木在达到高海拔上限时是否存在碳的净供给不足的问题就存在着争论。由于最近针对这个问题在温带树线已有非常详尽的评述（Wieser, 2007），下面只就其原因进行概述，并补充一些有关热带树线方面的有限信息。如果碳限制能够发挥决定性的作用，那也只是树木特有的现象，因为在树线海拔之上还存在着大量生长良好的非树木类群。有两种机制可以从理论上解释树木中存在的对于碳限制所具有的高度敏感性：（1）树木与大气温度的耦合程度更高，因此也就比低矮的植被经受着更低的温度（见第 4 章）；（2）树木具有树干，因此也就增加了呼吸和投资的负担。其实，所讨论的这两个原因所依据的假设前提都很容易予以反驳。

与低海拔的树木相比，人们并没有发现树线树木在光合 CO_2 吸收方面受到了更大的抑制（对于凉温带树线的评述见 Wieser, 2007；北方寒温带树线的研究见 Sveinbjörnsson et al., 2002；暖温带的数据来自 Piper et al., 2005；热带树木的研究见 Cordell et al., 1998, 1999, 2000）。对于温度的响应情况是这样的，最适温度会降低（针叶树种的最适温度约为 15℃；Pisek and Winker, 1958; Tranquillini and Havranek, 1985），接近最大光合速率的温度其允许的变幅也会变宽（呈宽驼峰形的温度响应）。在光照条件足够的情况下，温度几乎不会限制 CO_2 的同化作用（Benecke et al., 1981; Tranquillini and Havranek, 1985; 见图 11.7）。树线适冷性树木的叶片在 0℃时通常达到最大光合能力的约 30%，而在 5℃时达到 50%～70%，而在此温度下形成层的活动会停止（见第 7 章）。图 11.7 所示是瑞士石松（*Pinus cembra*）的例子，它在 6～17℃能达到最大光合能力的 80%，而此温度范围涵盖了树线生长季中绝大多数白天的生长条件。

暗呼吸（Dark Respiration）造成的植物组织中特有的碳大量损失也会能影响到碳平衡。科学家们自半个多世纪以来就已经知道，适冷性的树线树木或者生长在较低温度下的树木，比来自低海拔的树木或生长在温暖条件下的树木，在相同温度条件下的呼吸速率要更高一些（Pisek and Winkler, 1958;

Mooney et al, 1964; Tranquillini and Havraneck, 1985），其实这是对低温度条件的一种普遍响应（Mitchell et al., 1999; Tjoelker et al., 1999）。这曾经被错误地理解为，在寒冷气候条件下植物具有较高的呼吸负担，忽视了植物在低海拔和高海拔并不是在通常温度下生活这个事实。如果考虑到野外的实际气温（特别是夜间温度），树线的呼吸确实要比其在低海拔地区低一些，但这与作为参照的适暖性树木在暗呼吸中温度响应曲线的期望值相比并没有出现更低的情况。这种适应具有遗传性和顺应当地水土的特点（Tranquillini and Havranek, 1985），其遗传性体现在整体组织代谢的温度系数通常是可以调节的，并且可以用高敏感度的热量计来测定其散热量（Criddle et al., 1994）。这种适应保证了树木在树线低温条件下能够维持较高的代谢能力。

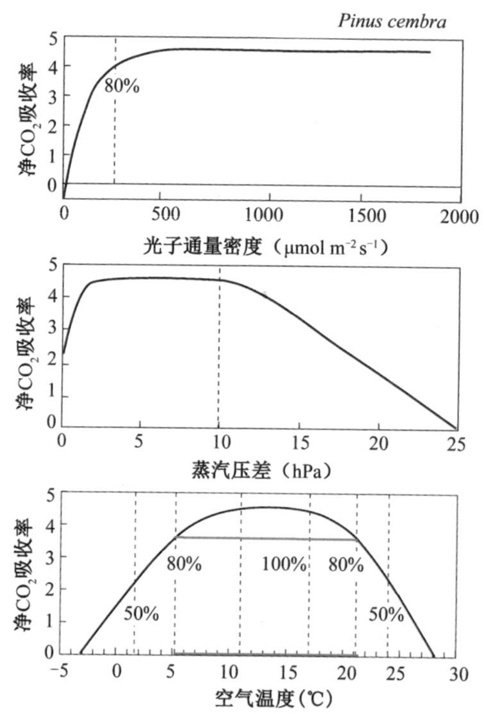

图 11.7　Wieser（2007）在野外条件下得出的光合作用基本响应函数散点图。假设在没有其他因素同时起限制作用的情况下，利用边界值分析（Jarvis, 1976；所画的线覆盖了＞90%的全部数据）可以获得单因素环境控制下的实际情况。在此显示的是瑞士石松（*Pinus cembra*）的响应函数，但相似的格局在其他树线类群中也可见到。注：光合作用具有非常广泛的最适温度范围（显示了 50%～80%的范围）。

“树干分量大”（Big-stem-fraction；树干所占有的生物量配额大——译者注）的观点忽视了树干的大部分其实是由死木构成的，其中没有或只有很少的代谢活动在进行（毫无疑问，有关树干的这一争论自 1932 年 Boysen-Jensen 发表文章以来就一直存在于文献中，见 Boysen-Jensen, 1932, 1949, Wieser, 2007）。而且，如果把活动的边材和根加在一起，那么有活动的非光合生物量分配比例大概与高山禾草或杂类草没什么区别，即它们生物量中大于 50%的部分存在于活动的地下结构中。对于成年树木还没有相关的数据，但是对于生长在树线具有 23 年龄的常绿针叶树树苗而言，叶的质量分数大约为 15%（见图 6.15）。如果整个非光合组织（在木材内部）有一半是死的，有一半是存活的，那么叶的质量分数大约是存活部分总生物量（包括所有存活的非叶部分的质量）的 30%，这要大于全球高山草本物种的均值（大约为 21%；Körner, 2003a）。因此，这些证据都不支持树干负载过大的论点。

人们可能仍然会说，树干构建的消耗对于碳平衡来说是一个负担。但这一假设忽视了树干的心材其实储存着每年的“外来”木质部（它们是在前几年产生的），而不是每年循环构建这些结构，这在禾草和杂类草中也是一样。换句话说，树木在其树干、树枝和粗根内部保留着这些“过期”的生物量，从而有利于保持其直立的构型和竞争力，而这些“废弃物”的循环会延迟到一百年之后甚至更长的时间。因此，这些组织不一定代表着“额外的”投入。如果在历年的传输和储存功能中进行平摊，而且考虑到树木的叶质量分数和叶生存期，那么目前还没有证据显示树木实际的负担（耗碳量）与非树木生活型有何不同（Körner, 2012）。这是基于合理性而非事实的间接证据，因为比起树叶的成本和摊销，很难估测活着的茎干、树枝和粗根的分配比例，及其对应的代谢成本和持续时间。在厄瓜多尔的一个样带中，茎干的呼吸“负担”在所有海拔高度上都是相对稳定的，而且大部分的呼吸作用都是为了维持生命，只有 10%～14%是为了茎干的生长（在高海拔地区比例要低一些）；在高海拔地区，粗根对树木的呼吸贡献更大（Zach et al., 2010）。对于其他气候区来说还没有类似的比较研究。

如果要成为一棵树，就必须构建和维持粗大的茎干，那么在考虑到碳平衡的情况下，树枝和根系都会成为障碍，这时森林的生产能力就有可能比草地还低。然而，在全球的低海拔湿润地区，森林和半天然草地的生产力并没有系统性的差别。在这两种生态系统中，生长季的月净生物量积累大约是 200g

m^{-2}；在有 6 个月生长季的低海拔温带森林每年产生的 NPP 为 1.2kg m^{-2}；在有 12 个月生长季的低海拔潮湿热带森林每年产生的 NPP 为 2.4kg m^{-2}（Körner, 1999, 2003a）。在温带山区山地森林上部的生产力（常常是木材蓄积量的积累而不是真正的 NPP）会下降到平均每年约 0.6kg m^{-2}（Tranquillini, 1979; Wieser, 2007），而在热带和亚热带的山地森林上部，地上 NPP 会惊奇地稳定在每年 1kg m^{-2}（树线下 300～600m; Singh et al., 1994; Kitayama and Aiba, 2002; Luo et al., 2004）。这样的数据并不适用于森林的上限，但由上述可知，这时的 NPP 有望与相邻的草地和灌丛类似，即在生长期平均每天生产的干物质为 2.2g m^{-2}（Körner, 2003a）。在凉温带的树线生长季长度平均约为 135 天（见第 4 章），每年生产的干物质约为 0.3kg m^{-2}（3tha^{-1}）。在类似的生长季平均温度条件下，生长季中期的温度会高于树木在热带树线所经历的温度，而郁闭森林的生产力在接近终年处于活跃状态的热带林线时不会超过每年 0.5kg m^{-2} 干物质。在这两种情况下，其生产力大约都只是低海拔森林的 1/5。这些估计都是非常粗略的，因为采用了不同的方法和 NPP 的定义，但它们可能包括了年净生物量积累的大部分。

人们通常认为“生长季太短”导致了碳不足，但事实并非如此。无论是亚极地 10 周的生长季还是赤道全年 12 个月的生长季，其树线都分布在相似的等温线上。在具有漫长冬季的高纬度地区，人们认为漫长休眠期中多年生的树木结构造成了呼吸负担，这也是人们用于解释为什么树木在超过分布上限后就不能生存的一种论点。然而，通过观测发现，在温带树线的一个完整冬季里，松树枝条通过呼吸作用释放的 CO_2 相当于这些枝条在生长期好天气状况下 1～2 天的 CO_2 吸收量（Wieser, 1997）。在冬季树线位置的成年瑞士石松（*Pinus cembra*）其整个呼吸损失（从根部到顶端）也仅占了生长季碳增益的 9%（Wieser et al., 2005）。表 11.2 显示仅消耗 2.8%的光合碳获取量就可弥补树木茎干全年呼吸作用的边际“成本”。事实上，对常绿针叶树来说，非生长期是枝条的碳积累期，在绽芽之前的温暖时期也会出现光合同化产物的积累（Fischer and Höll, 1992），这是因为在生长开始之前很久光合作用其实就已经开始活跃了。光化学系统可以通过调节很好地适应在晚冬和春天出现的冷夜和暖昼交替现象（Lehner and Lütz, 2003）。据瑞典、芬兰和西伯利亚的涡度相关研究发现，土壤低温或雪被似乎并没有抑制常绿针叶树的光合作用（Tanja et al., 2003）。因此，也没有证据表明树线的碳缺乏是由一个漫长而寒冷的休眠期造成的。Wieser（2007）通过与低海拔比较认为，温带树线的树木在漫长休眠季节因呼吸增加了额外碳成本的假说是不成立的。

表 11.2　年总碳吸收量、生态系统呼吸和呼吸作用的各分量、95 年树龄的瑞士石松（*Pinus cembra*）单位土地面积上年净生态系统生产量等数据的汇总情况（奥地利阿尔卑斯山，海拔 1950m a.s.l；Wieser and Stöhr, 2005）。

呼吸作用	净生产量（$g\,C\,m^{-2}a^{-1}$）	%
总初级生产力	1610	100
生态系统呼吸	1247	77.5
叶片呼吸	276	17.1
枝干呼吸	847	52.5
茎干呼吸	45	2.8
粗根呼吸	50	3.1
细根呼吸	22	1.4
异养呼吸	11	0.7
净生态系统生产力	363	22.5

总之，来自树苗或成年树的证据都不支持光合同化作用在树线变得严重不足这一观点，也没有证据表明呼吸作用将碳收益损失殆尽。运输（韧皮部）显然也不是一个问题，否则包括根部在内的淀粉就不会那么丰富（见下文：非结构性碳，NSC）。现有的证据表明，温带树线的树木在任何程度上都不存在碳平衡的限制问题，这可以用来解释树木生长极限的问题（Tranquillini, 1979; Wieser, 2007）。如果这仅仅适用于短生长季的温带树线，那么很难想像热带树线的树木还会面临碳平衡问题（无休眠季节）。

因为在热带树线没有固定的观测站点，因此现有的关于树木碳关系的证据非常缺乏。与温带地区类似，比起低海拔的参考数据，在高海拔地区单位叶面积的光合气体交换并没有降低（Goldstein et al., 1994; Cordell et al., 1998, 1999）。然而，除非是结合叶片构造成本、叶片持续时间（摊销成本）和整株的叶面积比（叶面积/整株的存活生物量）进行分析，否则这样的速率本身没有太大的意义。而这种办法并不适用于所有的树线，在热带树线由于需要定期的观测，因此对于树叶的寿命报道也很少。鉴于这些普遍存在的限制，热带位置最好的数据就只有多型铁心木（*Metrosideros polymorpha*）了。虽然铁心木不是一个能够在气候树线生长的物种，但是在夏威夷其海拔分布幅度达到了 2500m。随着海拔的升高，它的叶片和其他阔叶树种的叶片一样会变小、变厚（SLA 降低，见第 6 章），但单位叶面积的光合能力却被完全保留下来，而且在海拔最高地区 CO_2 的吸收效率明显增强。这反映为叶片内外的 CO_2 分压（P_i/P_a）降低，以及相关的碳同位素δ^{13}C 增加（从-29.5‰到-24.8‰，见下文；Cordell et al., 1998）。在潮湿的夏威夷地区，碳同位素（δ^{13}C）随着海拔的升高并未出现明显的下降（Vitousek et al., 1990）。因此，叶绿体在任何 CO_2 分压下都可以在叶片内部的叶肉组织表面固定更多的 CO_2。一个同质园实验表明，大部分这些生理差异都是植物在高海拔地区为适应环境而进行的调整。因此，当来自高海拔地区的种子栽种在低海拔同质园中时，种苗表现出的差异很小。

通过稳定性碳同位素可以将这种相当精细的气体交换测定扩展到全球尺度，因为植物干物质或纤维素的碳同位素（δ^{13}C）反映了 CO_2 分压，这体现了在光合作用期间叶片内外 CO_2 分压力的光合消耗程度。在高海拔地区，叶片在给定的分压条件下要捕获 CO_2 需要额外的努力，且所有碳同位素（δ^{13}C）数据都表明情况确实如此（Körner et al., 1991；见下文）。尽管在高海拔地区通常会观察到气孔导度的增加（见 6.2 节），但如果叶肉表面的 CO_2 浓度（P_i）下降了，叶肉组织的碳吸收效率必然会随着海拔升高而显著提高。只要海拔梯度与水分限制作用不冲突，碳同位素（δ^{13}C）的值就可以反映 CO_2 分压对海拔的响应，这与低气压产生的碳同位素（δ^{13}C）信号是相同的（Körner, 2007b）。最近，通过对照分别来自北极低海拔地区和阿尔卑斯高海拔地区相同分类群的数据，证实了影响海拔高度同位素信号的是大气压而不是温度（Zhu et al., 2010）。植物的同位素信号甚至会保存在不同海拔高度上由植物凋落物形成的土壤腐殖质中（见图 11.8）。

因为大气压随着海拔升高而递减，包括 CO_2 在内的所有气体的分压也就相应下降了。反之，大气的混合比（ppm CO_2）基本不受海拔高度的影响。在较低的总大气压下，分子运动的平均自由行程变大（较少碰撞），而且在静止空气中（如在叶片内部）气体的扩散性会增加。然而，随着下降的大气压而上升的扩散性，其实只是减少了自由大气和叶绿体羧化作用位置之间 CO_2 总运输阻力中气体扩散的相当小的一部分（20%～25%），而剩余的 75%～80%阻力因存在于液相中（包括生化成分）而没有受到影响（Körner et al., 1979）。因此，由大气压下降而导致的较高扩散性并不能平衡叶片光合作用中 CO_2 分压减少所带来的负面效应（Cooper et al., 1986; Smith et al., 2009; 以及本书前文的参考文献）。这里举例说明一下，当大气压（海拔约 2000m）下降 20%，并且周围的 CO_2 浓度下降到 380ppm 时，会发现整个表皮从 P_a 为 30.5Pa 下降到 P_i 为 23.5Pa。按比例增强的扩散性将会导致整个表皮的 CO_2 的 P_a-P_i 梯度由 7Pa 下降到 5.4Pa。如果在 2000m 处温度更低，那么实际作用会小于在 1.6Pa 时的情况，因为冷空气中的扩散会变慢（分子扩散性降低）。因此在相同的温度条件下，分压会出现一个小的随海拔升高而降低的物理变化，但是大部分的问题仍然属于生物化学性质的，而且植物似乎自身有解决的方法，这在稳定性碳同位素数据中有很好的反映，它显示从全球趋势来看高海拔（潮湿地区）地区的碳同位素（$\delta^{13}C$）并没有出现负增长。这与环境分压（P_i/P_a）相关联的内部分压随海拔升高而下降的趋势是一致的，因为这时 CO_2 的代谢加快了。这一变化趋势已经被夏威夷（Cordell et al., 1999）和阿尔卑斯山（Körner and Diemer, 1987）地区海拔 2000m 以上的气体交换数据所证实。叶肉组织在特定的 CO_2 吸收效率情况下，扩散带来的增压会补偿分压（P_a）下降造成的影响，所以我们看不到 P_i/P_a 随海拔变化的情况。事实是，在高海拔地区 CO_2 吸收的生化反应效率得到了很大的提高。有一些间接证据表明，一些过程，如膜转移（水孔蛋白）和叶绿体的 CO_2 脱水酶传输，在适应低分压的调节中都扮演着重要的角色（Shi et al., 2006）。

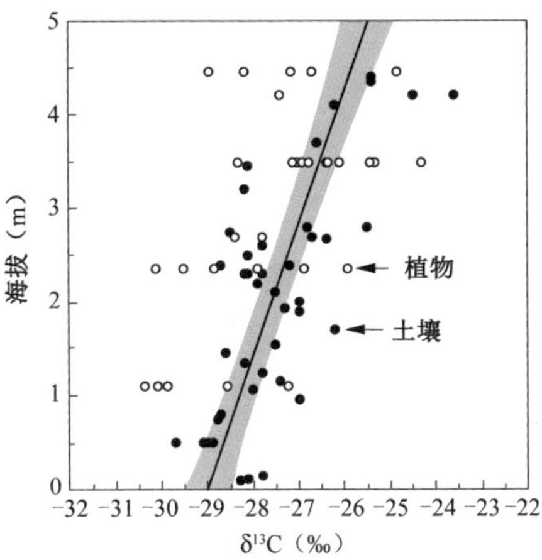

图 11.8 在树木和灌木叶片及相应的土壤腐殖质中碳同位素（$\delta^{13}C$）随海拔增高的情况，以及在凋落物中多年的综合信号情况。示例来自新几内亚全年具有高湿度土壤的地区（数据汇编，Körner, 2003a）。

与较为成熟的时期相比，幼苗在其早期阶段可能遭受了更加严酷的抑制作用。然而，从全球范围来看树线苗床的条件又是千差万别的，以至于基本上不可能找到一个共同的影响因子。部分热带地区和少数温带地区的树线，条件可能是潮湿和湿润的；而在部分其他热带地区和亚热带地区树线，则可能是半干旱的；在温带大陆地区，种苗可能面临着周期性的地表增热现象；而在部分热带和温带地区，寒冷夜晚带来的后遗症则十分普遍。在此条件下处在干扰地区的植物容易将其个体暴露于空气中，此时形成的胁迫状况已经在 10.4 节讨论过了。如 Smith 等（2009）所探讨的那样，这些胁迫可能会抑制碳的吸收。更常见的情况是，在树线及其以上的幼苗会隐蔽于冠层之下或相邻的高山灌木和草地之中。这时它们的叶片质量/总质量远高于树木的后期生长阶段（更像是草本植物），而且 SLA 更大、叶片氮浓度更高、光合作用能力也更强（Mooney et al., 1964; Tranquillini and Havranek, 1985; Cordell et al., 1998）。因此，在考虑了植物组织在密度上的差异后，Bansal 和 Germino（2010）在高山冷杉（*Abies lasiocarpa*）和黄杉（*Pseudotsuga menziesii*）的幼苗和成年树中并没有发现针叶的碳水化合物储备库有什么差异。事实上，如果没有这种校正，幼苗中的浓度会更高一些。他们还发现，幼苗在高海拔地区（交错带上缘）含有的非结构碳水化合物要比交错带下缘高出 50%（Bansal and Germino, 2008）。众所周知，植物的碳水化合物储备与随后的幼苗存活是紧密相关的（Canham et al., 1999）。

许多有关树线物种气体交换的实验都是利用幼苗在受控条件下进行的（Tranquillini, 1979; Wieser and Tausz, 2007），而它们在气体交换方面的完美表现可能并不能反映其早期生命阶段的野外实地情况，但是也没有理由认为它们的努力过程与树线附近丰富的高山植物有任何不同。它们有着相同的微气候条件。在多数树线都分布的大量高山矮曲林表明，幼苗可以用某种方法成功建植。如果它们没有成功建植，那么碳平衡也不一定是其主要原因，因为幼苗发芽后会迅速面临许多不同的抑制作用（见第 9 章和第 10 章）。

与幼苗的上述例子类似，人们可能会问，就非结构性碳（NSC）库（包括各种类型的糖、淀粉和脂肪）而言，树线幼苗的后期阶段和成年树是否会出现碳匮缺或者碳盈余的情况。这种以植物达到碳平衡来评估的方法非常陈旧（Hartig, 1893, 1896; Dickson 于 1991 年的评述; Chapin 等于 1990 年建立的概念框架），在评估农作物、果树或人工林的碳状况时应用比较普遍（Wardlaw, 1990;

Eissenstat and Duncan, 1992; DeJong and Grossman, 1994; Latt et al., 2001)。碳水化合物很早就被高山和极地生态学用于评估碳的供应情况（Mooney and Billings , 1960; Chapin and Shaver, 1989; Wyka, 1999）。这是介于光合碳源和结构性碳汇之间的中间碳库，其信号也会作用于植物的生长模式（Marcelis, 1996）。这种方法已经应用于许多碳汇—源关系可能发生变化的研究当中，如春季发芽（Mäenpää et al., 2001）、意外的开花和结果（Marqius et al., 1997; Hoch, 2005）、干旱（Würth et al., 2005）或者因虫灾和修剪而造成的落叶（Tschaplinski and Blake, 1994; Canham et al., 1999），此外还包括对寒冷气候中针叶树的研究（Ericsson et al., 1980; VanderKlein and Reich, 1999; Li et al., 2002）或者植物对 CO_2 浓度升高的响应研究（Körner and Miglietta, 1994; Körner, 2003c; Handa et al., 2005; Schädel et al., 2010）。在大多数物种中 NSC 的主要成分是淀粉，通过拟南芥（*Arabidopsis*）的实验发现这是与生长速率呈明显负相关的代谢产物（Sulpice et al., 2009）。

从本质上来说，这一现象是跨植物类群、植物生活型、组织类型、植物年龄、气候状况和各种处理方法的，也就是说非结构性碳在组织中的浓度反映了光合作用的碳供给（碳源的活动）与结构性增长和新陈代谢的碳消耗（碳汇活性）之间的平衡关系。这些碳库是永远不会枯竭的，但从生理原因上来说也有一个上限。因此，与营养物浓度类似（见 11.2 节），有一个浓度的“正常”范围，其间的信息量很小，因为这时汇与源的活动都处于微调和平衡之中。然而，当汇的活动增强而源的活动降低时（如遮荫或者落叶），这些碳的储备水平就会相应降低（部分消耗掉）；当源的活动增加而汇的活动降低时（如低温或干旱早期），碳储备的浓度就会上升（Körner, 2003c）。因此，对整株树的碳储备库进行调查可以用来完整地评价整个源/汇的平衡情况。叶片数据本身可以提供更多的多变信号，然后才是树枝、茎干或者根的数据。在树线的树木通常难以给其分生组织供应光合产物，所以应该看到的是碳库的储备随着海拔升高而下降，尤其是在轴向组织中；而如果分生组织受到了抑制（由于低温），那么看见的应该是碳库储备上升的情况。

对于树线树木和树线以下几百米树木的碳水化合物状态进行的一项世界范围的评估清楚表明，树线的 NSC 库没有降低（Körner and Hoch, 2011）。实际上，在大多数梯度上都出现了上升的现象，而且这个上升在很大程度上是由于淀粉而不是糖造成的（Hoch and Körner, 2005; Shi et al., 2008；见图 11.9）。

在松树中脂质组织的储备量也是随着海拔而上升的（Hoch et al., 2002; Hoch and Körner, 2003）。无论是热带、温带还是寒温带的树线，人们发现它们相互之间没有亲缘关系（是许多不相关的类群），而且信号与气候也不相关。为了了解这些数据的意义，相似的物候和组织密度就是两个关键的因素。因为物候在热带以外的地区是随着海拔而改变的，所以采样就必须限制在生长季末或精确跟踪物候变化，这样才能够在跨海拔的比较研究中加以运用（Benecke et al., 1981）。因为单位干重的浓度反映了组织密度（纤维素、木质素），这就需要保证干重的变化与单位原生质体积中的 NSC 变化不同。处理这一问题的办法是采用密度指标，即单位体积或面积上的 NSC。图 11.9 的数据就没有出现这种偏差。只要对叶片的年龄进行标准化处理，那么在树线树冠内的采样位置就没有那么重要了（Li et al., 2001, 2009）。

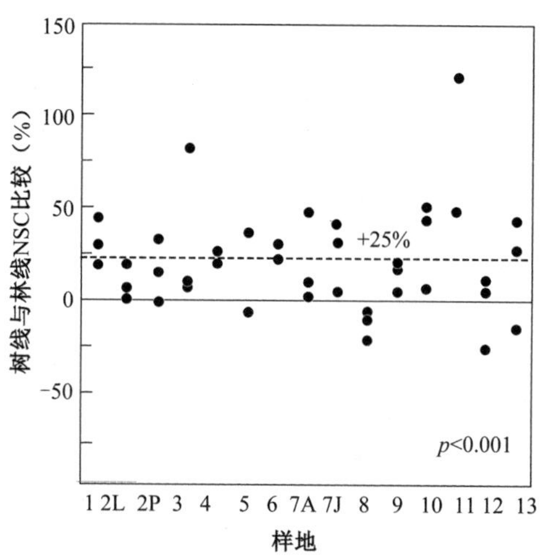

图 11.9　树线树木与树线之下几百米树木非结构性碳（NSC）浓度的全球比较（Hoch and Körner, 2012）。

这种趋势既不能用渗透调节来解释，因为糖分改变很少而脂肪却上升了；也不能认为是树线所特有的现象。但是，人们发现这种趋势会随植物的变冷或变热而发生迅速的转变，包括树线树木的幼苗也是如此（Hoch and Körner, 2009）；甚至形成层中组织的变暖也会激发细胞的分化，导致该区域淀粉储备量的减少（Oribe et al., 2003）。当树线的树木在生长季出现提前落叶或掉芽情况时，就会迅速影响到 NSC，但是在生长季末期，NSC 库就已经得到了恢复（Li et al., 2002）。

因此，从上面讨论的这些数据和生理学证据可以看出，没有迹象表明与低海拔的树木相比，树线树木的碳限制程度更大。我们不知道是否永远是这样，也不知道是否是因为近几十年 CO_2 浓度升高的结果。据推测，在冰后期的大部分时间里情况都是如此。因为从北极的海平面到接近 5000m 的最高树线，树线的高差变化巨大，而在最高树线的 CO_2 分压只有海平面的一半。基于树线树木碳水化合物的供应情况，我们可以很容易地得出结论，碳并非限制性的资源。这一假设的实验测试将在 12.3 节进行讨论。在气候树线的树木中见到的合理碳平衡状况，要求我们重新审视树木所有生命阶段在低温条件下汇活动（分生组织）的生物抑制作用（见第 7 章）。树种能长到树木的大小，其实并不需要迅速生长（快速吸收碳），而只需要在枝条伸出荫蔽的地被层而暴露于自由大气中时，能在环境提供的条件下有所生长。

第12章

树线的形成——现在、过去和将来

当理解了树线的形成机制后，就能够解释过去的树线海拔高度，从而确立有关树线当前海拔分布的理论。利用这方面的知识，也就有可能预测未来树线的发展趋势。本章将综合本书建立的树线理论，对过去树线的知识进行总结，并探讨在全球变化影响下树线位置的变化。与本书所强调的一致，本章将考虑大尺度的生物地理格局，而不是局域地点的特殊性（见图1.2）。

12.1 当前树线的成因

从北方针叶林的角度来观察全球树线的现象由来已久。在世界各地，无论局地的树种如何，在纬度上和区域性的高海拔地区都会发现森林存在一个戛然而止的尽头，形成一个分类群不同而多样性非常高的地形区域，由低矮生活型的植株构成，如灌木、禾草和其他草本植物。要解释树线现象，就必须为本书的核心问题找到答案，即是什么导致了树木和其他生活型的功能性差异。

过去对树线现象的许多争论源于术语的不一致，以及在机理的理解上缺乏逻辑性。除非把局部的干扰（如土地利用、火灾或自然灾害造成树木消失）作为个别问题来对待，不要与主导性的气候作用混为一谈，否则就不可能找到在跨越广谱气候条件下的可靠生物学解释，也无法通过强调与“冬季”相关的气候特殊性来揭示树线的全球特征。本书第 2～4 章试图为观察到的格局找到一个统一的框架，并对全球树线的气候条件进行宏观描述。

按照先前的假设，并得到更多数据的支撑，可以得出这样的结论：目前的高海拔天然树木生长极限与不短于 3 个月且其间的平均气温不低于 6.4℃的生长季相关。至于近期的全球变暖现象在树线位置并没有被发现（见 12.2 节），略低于 6℃的平均气温可能与树线的稳定等温线温度接近。但令人惊讶的是，所测得的平均温度并不随生长季长度而发生显著变化，因此，这一温度代表着亚热带和热带树线温度的近似值。

这些数据虽然没有直接涉及机理问题，但也清晰地反映出可重复的高度一致性，这也就为我们奠定了一个良好的研究基础。显然，很难相信这一现象与一些共同的生物学原因没有关系，更不能说这些来源于气候数据库或多点测量得出的平均值不能准确地反映景观中各个位置的气候条件。然而，考虑到世界上的山区存在着纷繁多样的区域性气候和植物区系，这个平均值比人们想象的更为一致。±0.7K 的标准误差相当于平均 130m 海拔的不确定性，因此，在全球尺度上探讨树线等温线的可能成因是相当鼓舞人心的事情。但这种等温线方法不能简单地应用到树木的幼苗阶段。树木的幼苗可在树线以上数百米的地方出现，与高山灌丛混居一处或生活在荫蔽的小地形中。在接近地面的位置，气候在白天要更加温暖，除了在一些开阔的和缺乏荫蔽的受干扰地段，幼苗通常会受到低矮高山植物的庇护。这种低矮的高山植被和直立的树木所经历的热量条件对比，对于解释树线是至关重要的。利用红外测温（Infra-red Thermome）影像技术可有助于说明树木和高山垫状植物之间的本质差异（见图 4.13）。从这些观察得出的结论是，控制着树木分布上限的更多是物理的而非生理的因素。从空气动力学的角度来看，树木比低矮的植被与周围大气的耦合程度更高，因此，树木到达的分布上限反映了大气温度的垂直分层，从而在不同的地形和坡向上产生了与等温线相关联的树木上限。

除了考虑到区域性干旱和积雪的影响而需要做一些必要的微调外，利用以上气候标准进行拟合运算，可以对气候驱动的全球天然树线格局进行高可信度的模拟（见图 3.4）。相对于其他生物气候区，树线作为一个全球性生物气候参考线的价值就更加凸显出来，进而人们可以采用一个全球一致的生物气候框架，而不是海拔高度（仅有区域意义）来描述这些气候区的分布。在此基础上，我们可以了解全世界山区不同气候带的统计面积。如果基于山区地形最小起伏程度的标准来划分，除南极洲外全球陆地面积的 12%可被算作为山区（Körner et al., 2011）。因为这个定义仅仅考虑了起伏程度，所得的面积要小于基于海拔（包括大面积的高原）或者基于水文标准（流域）所估算的值，而后两者所得估计面积基本是前者的 2 倍（Kapos et al., 2003）。世界上的潜育性树线将高山带区分开来，其面积占陆地面积（除南极洲外）的 2.7%。因此，由热量决定的树线为人们提供了一个可广泛应用的生物地理边界，包括用来评估未来气候变暖对山区土地覆被的影响（见表 5.5）。

要探究在树线位置直立树木的生长突然终止的可能原因，关键要了解在接近树木分布极限时，树木是否发生了变化，以及变化到底有多迅速，包括其解剖结构、形态、组织质量和性状等方面（见第 6 章）。树木除高度生长外，其他方面的变化都很小，而且一些差异仅出现在接近树线的最后数十米范围内。在这些变化中最显著的是直径和高度的关系（呈锥形）。越接近树木生长的极限，直径生长速率的下降比树高生长速率就要慢得更多。因此，我们可以得出这样的结论，树木的形成层生长比顶端生长更少地受制于当前的树线温度。这可能是由于顶端分生组织比茎的形成层组织所处的位置更加暴露，从而其遭遇的环境也就更加“寒冷”。对于树冠茂密的树木而言这种影响的程度尚不清楚。在生活史的早期阶段，集群性的更新建植可能有一定的促进作用，但可用的有关数据大多是关于机械性损伤和动物啃食的，还缺乏生理学方面的数据。在生长季后期，树木会从孤立生长中获益，因为这样树冠受阳光直接照射造成的昼夜加热少，而无荫蔽的根区则更加温暖。因此，开阔的立地条件通常被认为更温暖，因而更适宜树木在树线的生长（Matyssek et al., 2009），至少对温带的针叶林是这样。澳大利亚的桉树（*Eucalyptus*）、塔斯马尼亚的假山毛榉（*Nothofagus*），以及玻利维亚萨合马（Sajama）火山上的龙鳞木（*Polylepis*）在树线的分布也是非常稀疏的（虽然有可能是由于干扰，包括人类扰动）。几乎所有的树线都有一些孤立的高大个体零散地分布在树线边缘（见图 12.1），而且，通常在树线的前端可以找到这样的个体，特别是亚北极的北方森林树线尤其如此。在那里树木的聚集已经被证明是致命的，这是因为随着土地的降温，周期性积水的地方冻土层会随之上升（Crawford et al., 2003）。

图 12.1 树线附近或以上的孤立树木受益于高大冠层的独立（周期性变暖）及地表辐射升温导致的根区变暖。例如，（上图）瑞士阿尔卑斯山策马特（Zermatt）2550m 附近的瑞士石松（*Pinus cembra*），以及墨西哥奥里萨巴山（Pico de Orizaba）3950m 受火干扰地形上的灰叶山松（*Pinus hartwegii*）（下图）。

已有大量的证据表明，在温度接近 0℃的环境条件下植物组织不能形成，而在大约 5℃时植物的生长活动就几乎停止了，无论是地上和地下的形成层和顶端分生组织情况都是如此，这与长期以来人们熟知的冬季作物生长阈值相符（Körner, 2008；见第 7 章）。同时，这也意味着生长季的大多数夜晚（在热带地区可能是全年）对于枝条的伸长生长或者茎的径向生长来说都太寒冷了，而它们在白天的多数时间里生长得也不多。根可以受益于开阔的立地条件，因为太阳辐射将导致地表升温，这可能就是在树线位置林木稀疏的原因之一。当冠层郁闭时，根区就会变得与自由大气一样寒冷，根系在 5℃左右时生长也停止了。在生长季早期，温带树线的形成层活动可能比顶端生长要早得多，当白天具有绝热作用的雪被上的气温超过 10℃时，形成层的生长也不会受到寒冷或者雪被下土壤的抑制。大多数的形成层活动是在生长季中期完成的，因此，一个相对较短的大约 6 周的生长季就决定了温带树线的年轮宽度（新生的细胞数量）。尽管植物的生长在 5℃就停止了，但叶片的光合作用在这个温度环境中仍然能达到最大光合速率的 50%～70%。从这个角度来看，当天气变得寒冷时，生长过程远远比光合产物生产受温度的抑制程度要高得多（见图 12.2）。幼苗所处的情况要好一些，至少在白天如此，因为它们会受益于近地面的温暖空气。这也是为什么“矮曲林”（矮小的畸形树）可以在树线以上出现的原因之一。和高山矮灌木一样，它们密集且低矮的冠层在白天阳光照射下更易变暖。

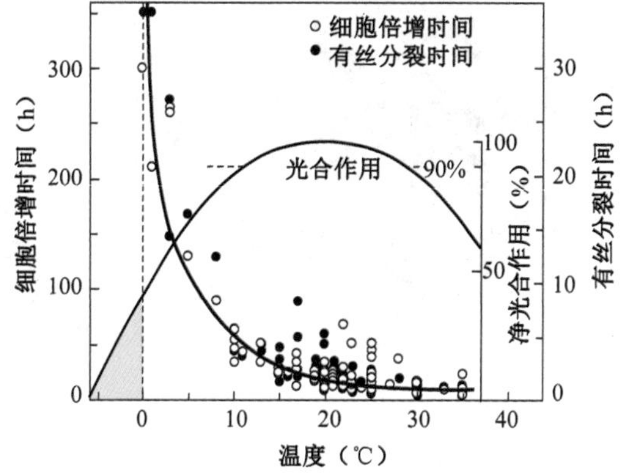

图 12.2　当天气变冷时，细胞倍增时间的温度敏感性，或者说有丝分裂（细胞周期的可见部分）的持续时间，与光合碳获取之间存在着本质上的差异。此图显示了植物在寒冷条件下生长的核心问题，说明在温度低于 5℃时分生组织的活动接近于零，但在此温度下仍然能有较高的 CO_2 吸收率。

假如山地周边地区有足够的陆地面积和生物多样性，那么在树线就会有一些树木类群可以通过进化选择来应对寒冷的生存条件（见第 8 章）。这种能力在许多不相关的分类群中得以演化，而只有北半球温带和寒温带山地是以针叶林为主的。植物在物种内会表现出显著的生态型适应，这已被同质园的实验所证明。即使在温暖的环境中，树线起源的树种还是会部分保留原来的生理和解剖性状。在季节性气候条件下（温带和北方寒温带地区），物候表现出很强的生态型分化。换句话来说，通过种子或插条培育的树线树木经常保持着自身的天文历，即在偶然出现的“错误”性温暖天气情况下，也可保护其免于过早萌芽导致的致命伤害，即使当它们生长在低海拔地区时也是如此。在全球的一些地理隔离区域，可能是因为缺乏足够的适应寒冷的类群，或者是适应寒冷的类群当生长在低海拔时消失了，这就导致了当地树木不能生长在树木生活型的潜在气候上限位置（如一些岛屿，尤其是地中海的部分岛屿）。

任何植物种群（包括乔木种群）的大小都受控于出生率和死亡率，而种群的维持需要有比老树死亡率更高的出生率，这是因为在早期生命阶段死亡的数量往往更大。在所有的树木种群中，只有低于 1‰的种子可以成为幼苗，而只有小于 1%的幼苗可以长成树木，在树线的种群也不例外（见第 9 章）。树线的树木种群结构实际上反映的是更新建植成功与死亡事件的历史。这样的种群统计显示出每个年龄级的个体数总是明显地偏离正常的指数下降趋势，意味着更新建植和死亡都表现出不规则的时间格局，这可能也反映了异常天气情况或干扰的正面或负面影响。因此，简单的幼苗调查并不能给我们太多关于生命力或种群动态变化的信息。如果有大量的幼苗，它们可能会在未来的数年之内消失，如果没有幼苗，也可能迎来一次更新建植事件的发生。所以，老龄级的种群统计（年龄）结构比幼苗计数能够提供更多的信息。这样种群统计通常就会表现出波动的情况（有间隔发生），即在成功的更新建植后接着是一段没有任何补充的时期（Gervais and MacDonald, 2000）。这就可以将年龄级频率峰值与过去特别的气候事件关联起来。许多物种只能在完全开敞的地形条件下更新建植。而这种情况的发生，可能是以树线处衰老森林斑块的周期性死亡为先决条件的，以此形成一个高度动态的群落交错区。因此，幼苗的缺失也可能与最近没有森林衰亡现象的出现有关（见图 12.3）。

基于树木的种群统计数据，在树线处还没有发现有系统而普遍的（长期的）限制树木更新建植的证据。通常来说，在树线之上幼苗的数量要比在森林最上部幼苗的数量多。这些幼苗在开始时获利于高山植被和小地形的庇护，但一旦完全暴露于阳光之下，没有了任何荫蔽遮挡，它们在生命阶段的早期就可能面临威胁。有很多关于幼苗最终成功地定居在树线以上的例子，但是它们是以畸形的灌木状而非笔直的树木存在的，这与一旦枝条出现在空气动力保护的灌木冠层之上时，没有了热量的助益作用有关。无论是从局部地区还是从全球来看，树线及其以上地区的苗床条件都是大不相同的，因此，不可能依据幼苗成功定居与否来确立一条与共同等温线相联系的全球一致的树线位置。种子的限制似乎也不是主要问题，因为山地森林和树线之间的距离是非常短的，因此不可能刚好在树线位置就出现了种子产生缺乏的现象。在树线及其附近，收集到的种子数量和质量的证据是相当复杂的，因此，似乎也没有一个共同的趋势。然而，在多数情况下，人们注意到良好种子年（大年）出现的频率在减少，对于许多物种来说，苗床条件通常在树线以上要比在以下森林中更好。毫无疑问，在前者条件下就应该有足够的幼苗存活下来，在开阔的地形上关键的一步是从“灌木状”的幼苗阶段过渡到直立的树苗阶段。这时就是顶端分生组织暴露于低温空气并受到直接影响的阶段。

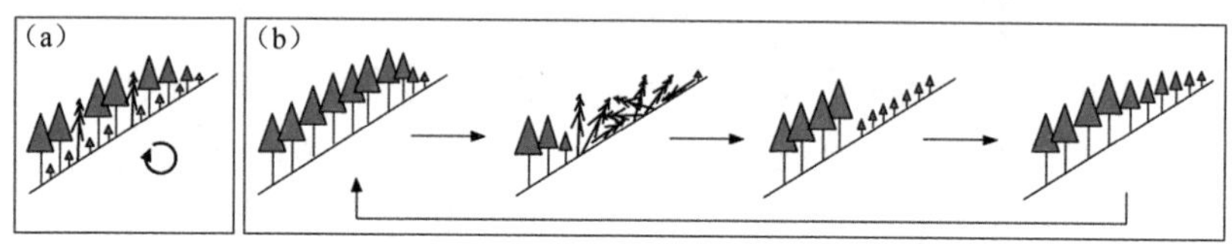

图 12.3　(a) 在树线附近幼苗可以定居在现有的森林内；(b) 幼苗也可以定居在由更新过程造成的开阔地形上，这就解释了由于需要建植及长成树木，幼苗依赖于干扰而出现周期性缺失的原因。

在垂直带上树木上限的低温，包括极端冷冻事件，不仅限制了树木的生长，同时对植物还有一些其他的潜在胁迫，例如，叶片在经历了夜间霜冻低温后，如果迅速暴露在全日照条件下会出现光化学胁迫，而在一些凉温带树线，冬季条件（冻融循环、木质部空穴、幼树遭受的冬季干旱，见第 10 章）会对树木生长造成特殊的抑制作用。所有这些都表明，在局部区域内树木可能会受到一些有限的伤害，它们的地理分布范围和丰富度会因此受到限制，但是，这些不同的胁迫并不能解释全球性的树线现象。当然，这些局部的限制因素确实会造成当地树木的死亡。

冷冻胁迫是全球唯一可能影响所有树线的胁迫因子，但不同气候区的气候和忍受胁迫的数据表明，树线树木的耐冻能力和长期温度的最小值之间是显著相悖的。因此，在生长季早期冻害可能影响到幼嫩的枝条，热带地区的旅行者报道过冠层顶部出现的冻害，但这些局部组织的损失不会引起树线在共同等温线上位置的系统性变化，因为生长季的平均温度和年极端温度是没有密切关联的。湿润热带树线（约−15～−5℃，经常在−8℃左右）的树木比温带和北方寒温带森林树线（约-35℃）的树木对冬季低温的抵抗力要弱，但在生长季的活动期，它们的耐冻能力与常年处于活动期的热带树线树木是差不多的。所有这些与胁迫相关的效应都可能会增加可调节性的限制因素，但还是无法解释树木抵达树木热量阈值时生长活力下降的问题。

这就提出了一个问题，除了 7.2 节讨论的与分生组织活动相关的那些直接的温度效应外，在树线处树木生长下降甚至停止的生理原因到底是什么。很明显的限制就是水、养分和碳（见第 11 章）。然而，无论树线的形状是否与生长速率有关，抑或是在何种速率下维系生长，最终都要呈现为树木。因此，任何资源导致生长速率降低的现象都不意味着与当前的树线位置间存在着因果关系。在寒冷的 19 世纪后期，阿尔卑斯山的树线树木在数十年间几乎没有生长（树木年轮的宽度<0.1mm），但树线的位置并没有受到影响（Paulsen et al., 2000）。因此，正如第 11 章所解释的，资源限制不能在农学的限制概念范畴内（从考虑生产量出发）去考虑，只能从与持续性、适合度和存活有关的生态学角度去研究。当环境条件达到要求时，树木是否强健通常与是否快速生长无关。

除了山地荒漠或半荒漠，水并不是一个在树线会变得更为缺乏的资源。普遍的观点认为，在温带山地冬季干燥是树线的一个决定因子，但从来没有证据表明它影响到了树线及其以下成年树木的生长，而更可能影响了这些地区的某些地点（大陆性气候）树线以上的幼苗和幼树。因为（到一定限度）树线海拔高度与降水呈负相关（气候越干燥，树线位置越高，见第 3 章），因此没有理由认为缺水是决定树线位置的一个共同因子。在海洋性气候或湿润的热带地区，沉重的雪被或潮湿的气候会抑制树线。内涝是北极低海拔树线的一个关键影响因素，但在山区情况并非如此。

除了在栽培条件下，土壤养分很难达到生长所需的饱和用量（假设土壤养分会限制树木的生长）。因此，从长远来看，无论在什么地方增加限制生长的营养物质都会促进植物的生长，包括在树线的树木。然而，并不能因为施肥刺激生长就推论出“营养物质限制是树线形成的制约因素”这一结论。这种解释还需要在考虑树木的健壮程度和病原体的基础上，进一步思考营养物质刺激增长的生态意义（如果确实发生的）。就目前所知，在树线的树木其养分浓度比起相邻较低海拔的山地森林来说并不低。在多数情况下，叶片的养分浓度其实是随海拔增加的。正如第 11 章中所阐述的，低温对植物生长本身

（营养需求）的制约比对土壤微生物（包括菌根）活动更严重，因为微生物活动对温度的要求比植物生长要低得多。因此，微生物活动是不可能成为树木生长的全球性限制因素，而在更高的海拔还常常有利于石楠灌丛的茂盛生长。

通过光合作用的碳获取过程比生长对温度的敏感性要低得多（见图 12.2）。尽管在低温条件下新陈代谢的速率通过调节要表现得高一些，但在树线呼吸导致的碳损失也相应降低了，这是因为低温成为主导因素，尤其在是在晚间更是如此。在此方面，对于温带树线已经有了比较详尽的研究（Wieser, 2007）。人们通常认为，在高山带树线的碳平衡问题比在低纬度地区更关键，因为休眠季节更长。然而，所有的证据都不支持这个假说，在非季节性（热带）树线碳成为限制因子的可能性更低。除了光合作用为了应对低温而进行的热量调节外，稳定性碳同位素的研究也证实，在高海拔地区叶片具有更高的 CO_2 吸收率，这可能是植物对 CO_2 分压降低的一种适应（见 11.3 节）。在树线位置进行的一个全球性树木碳库构成调查表明，碳的供应是增加了，而不是减少了（Hoch and Körner, 2012）。这可以解释为生长过程（分生组织、汇活动）比同化过程（源活动）更多地受到热量因素的限制。

总之，低温是世界范围内树线形成的主导因素，直立树木的生长出现突然停止的现象必然与树木的性状（构型）有着内在的联系，因为其他低矮的生活型，包括许多木本植物，在更高的海拔高度上都能够适应那里的生活条件。所有的生理参数都显示在树线位置树木具有良好的低温适应性，与其他适应寒冷的植物一样，树木的构型本身仍是最关键的因素，因为（也许与构型有关）这是树木长寿的“需要”（维持完整的构型）。由于树木的构型及与之相关的因素在大部分时间里与自由大气的空气动力学耦合，树木经历的气候条件与气象站记录的情况类似。在高海拔的树线等温线处，树木所能够达到的生长热量极限是不可改变的，但对于较小的植物（包括树木的幼苗）而言则可受益于荫蔽条件和周期性的太阳对地增温效应。

归纳而言，低温导致的树木分布上限反映了温度对植物组织形成的根本性约束，对于所有适应寒冷的植物而言都是如此，包括冬季作物。为什么树木是以这样一种方式展示环境的影响，在起伏的山峦上形成一个边界，就像在水库岸边形成的那样，其实这与自由大气中的热量梯度紧密相关。事实上，这个边界往往是扭曲的，或要受到一系列干扰的影响，或者因为局部的不利条件影响而出现中断，但这些都不能掩盖本书所关注的本质上的全球性分布格局。正如开始所提到的，大尺度格局的识别和解释需要一个更加粗犷的视角。对于树线来说，从一个远观的角度来看，许多局地的影响就不重要了。遗憾的是，我们不能在时间上也采取同样的粗犷视角，整合上百年尺度的响应，在以单年计算或者十年计算的时间尺度上来看变化也可能就不是那么重要了，但这些变化其实会影响到长期格局和趋势的形成。古生态学研究（见 12.2 节和 12.3 节）为长时间尺度研究打开了一个窗口。

为了更好地理解全球低温条件下未受干扰的高海拔树线，以下几点需要铭记：

（1）树木在变得稀少之前先变小；

（2）生长在光合作用降低之前就开始减缓；

（3）繁殖的潜力超过生长的潜力；

（4）构型影响了树木气候状况，从而影响到分布极限；

（5）不适应就淘汰。

12.2 近代的树线

回望的时间越久远，对高海拔树线位置总体环境决定因子的认识就会越清晰，原因很简单，人类的直接影响就变得更为次要，而长期的平均值在综合了短期的振荡之后会过滤掉那些较强的信号。在前面章节中讨论的各种机制为寻求最有影响的驱动力提供了指导。此处所谓的“近代”起始于“小冰期”的高峰期，包括近 200 年来的气候变暖。

用气候的标准来解释生物边界（包括树线）的地理位置有四个关键的问题，具体如下：

（1）必须避免竞争性排斥，即非树木类群会阻止树木的补充更新，当然这很可能并非一个长时期内都会出现的情况；

（2）必须没有土壤的限制（土壤缺失或存在不适宜的基质），这可能只是一个局部的问题，而非树线的普遍性问题；

（3）必须没有与生物气候相互作用的干扰存在；

（4）边界必须能够示踪关键气候因子的变化，因为气候从来就是不稳定不变的。

后两条其实很难实现。有一些干扰可能对某些气候状态来说是属于内在固有的，例如，在干旱时期，容易导致火灾的发生。其他的干扰，如人类干扰，与气候没有直接的关系。在任何情况下，它们对于树线的生物学解释都没有帮助，反而会与所观察到的情况发生混淆。可以预期的是，不管出现何种干扰，它们都会影响边界的连续性，但并非出现在更大区域范围内的最大海拔高度上，尽管这样的高度很难达到。因此，通过连接树木出现的最高点位（具有最小的密度/多度标准）就可以知道未受干扰的边界位置。而只有这样才能进行全球性的比较和归纳，因为干扰常常反映的只是局地的特点，而且通常是随机性的。

气候示踪（Climate Tracking）问题是相当复杂的。如何才知道什么样的气候状态与一个边界是对应的，这种示踪对应的时间常数是什么？本书提出的净结果是指要确定树线位置生长季平均温度的核心作用，并且将温度的作用转换成一个生活型的边界。然而，示踪的时间常数在树线位置可能会滞后于驱动信号数十年，甚至数百年。因此，观察者会发现树线出现在对于树木的长期分布来说要冷得多的位置，或者出现在比已知的最低温度温暖得多的地方，但树木依然可以生长（见图 12.4）。

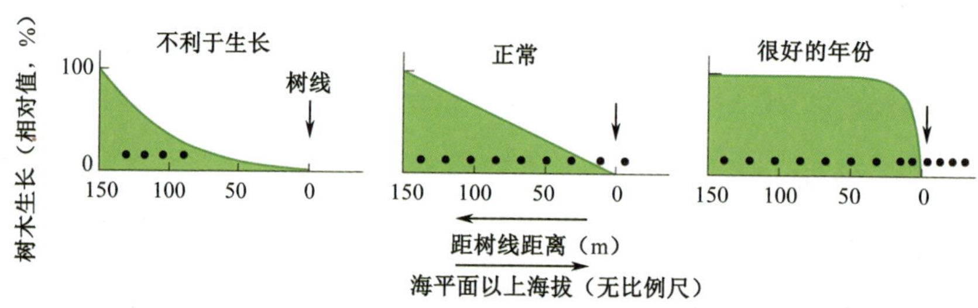

图 12.4　一个本应该为连续树线的位置在逆境、“正常”和非常好的气候条件下的树线动态示意。曲线表明了接近树线时的生长率（从左到右），黑点代表更新幼树的位置（100% = 树线以下 150m 的树木生长情况）。

过去 200 年来的气候历史为树线树木的气候示踪提供了所有可能的例子。在小冰期，阿尔卑斯山高山树线的树木很难生长超过几十年（年轮宽度 <0.1mm/年）。20 世纪中叶的气候变暖使得这些同样的树木获得了活力，到了 20 世纪末，树木在树线位置的活力与分布在几百米之下的接近或处于最佳生长状态的山地森林没有太大区别（Rolland et al., 1998; Paulsen et al., 2000;

Salzeret al., 2009）。因此，大约在 1860 年是一段“坐等”的时期，树木的繁殖机会很小。据种群统计表明，20 世纪 50 年代树木处于一个中度生长状态（见第 8 章），具有合理的成功更新建植。近年来树线的树木又明显处在一个优越的生长环境条件下。在 19 世纪末很难生长的相同个体，虽然到现在都已经成了小老头树，但又重新获得了生机，生长速率明显提高。目前这些小老头树（它们在 19 世纪末处于青壮年阶段）的生长速率增加了 5 倍（见图 12.5），在树线以上的幼苗和幼树都变得非常茂盛（Gehrig-Fasel et al., 2007）。

通过观察接近树线位置的程度来追寻气候变化的足迹（见图 12.4），可以发现在树线也许没有更新建植现象（幼苗没有成功定植），或者更新建植仅出现在树线边缘的种群（少量定植，最后成为“矮曲林”），或者成功定植（森林往上坡方向扩展）等情况。因为一些树种只通过林窗动态来更新（见图 12.3），而快速评估捕捉到的只是更新阶段的一个瞬间，这样就可能产生自相矛盾的结果。由于预先并不知道一个区域的树线处于什么样的阶段，依靠单一的幼苗调查也可能导致同样令人困惑的情况（Graumlich et al., 2005）。相比之下，古记录可以告诉我们这些过程的净结果，用它们来分析与气候之间的联系比评估当前的树线状态更可靠。

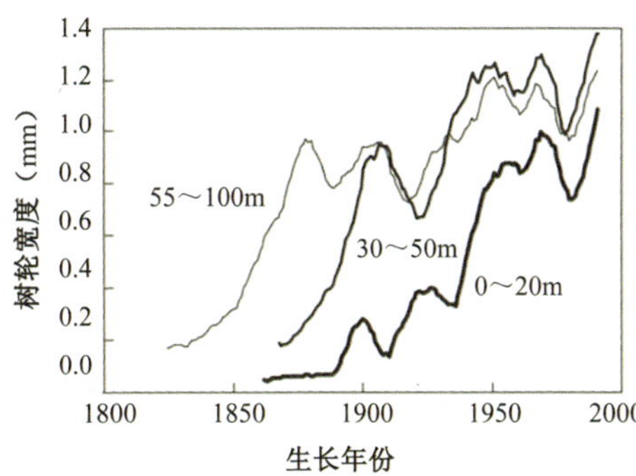

图 12.5　在过去 170 年阿尔卑斯山西部树线之下 100m 树木的径向生长（Paulsen et al., 2000）。图左展示的是三个树丛分别生长在山地海拔高度、树线之下 30～50m 及刚好在树线位置的情况。20 世纪瑞士阿尔卑斯山的气候变暖了约 1.5℃，但在该海拔梯度上的树林与小冰期（19 世纪中叶）树木具有相似的生长速率（比较图 7.5）。需要注意的是，树木的恢复随海拔而有所延迟。虽然有生长延迟的情况，但气候变暖还是导致了树线的上升（右图，Breithorn 附近，瑞士阿尔卑斯山中部，2010 年）。

过去30年间，在确定近代树线响应方面的研究进步很大。该工作可以分为两大类：（1）树木年代学，用于探讨树木生长的响应（类似于图12.5）；（2）种群研究，用于探讨树线交错带在空间和海拔（上坡向）上的扩张。

20世纪在树线附近观察到的最前所未有的树木生长响应现象是30年前的北美（LaMarche et al., 1984; Payette et al., 1985; Cooper et al., 1986），之后在阿尔卑斯山（Nicolussi et al., 1995；Paulsen et al., 2001）和巴塔哥尼亚安第斯山脉（Villalba et al., 1997），最近的且具有说服力的证据来自Salzer等（2009）的工作。这些树木年代学的研究捕捉到了20世纪末树线附近强烈的树木径向生长信号。许多人试图用 CO_2 浓度升高或氮沉降增加来解释这些响应，但从响应的时间序列来看，温度看起来仍然是唯一的交互作用原因。以刺果松（*Pinus longeva*）为例，当前的增长速率比过去3700年间的任何时候都要快（Salzer et al., 2009）。在具有周期性干旱现象的地区，温度信号可能无法检测到，因为水分对季节性生长的影响占据了主导地位（23°S的亚热带安第斯山脉，Morales et al., 2004；喀喇昆仑—喜马拉雅山脉，Esper et al., 1995）。然而，应当指出的是，树线海拔位置的问题不能与实际的年度间或季节间生长速率变化相混淆，特别是高海拔地区树木的生长会受到干旱的抑制，在温暖的地区情况通常也是如此（见第8章和11.1节）。

根据Walther（2003）和Harsch等（2009）有关近期树线上升的文献综述，在温带和北方寒温带森林地区许多明确的高山树线都出现了向上移动的情况，移动海拔多达30m以上。一些更加明显的上移却与树线概念并不符合。例如，为了能重复过去的评估，Kullman和Öberg（2009）不得不采用孤立的突前树木个体进行研究，但这些树木通常出现在树线以上（Cooper, 1986）。然而，即使这些树线其海拔平均位移也仅达到80m，而在这些区域过去100年间的气候变暖了1.3℃（相当于海拔上等温线移动了>200m）。至少有半数的研究（见下文）并没有发现树线树木有向上移动的迹象，而只是在山地上部增加了一些非树木类的植物（如人为造成的树线下降）。对整个瑞士的阿尔卑斯山地区最详尽的评估表明，在过去的近100年期间，气温上升了1.5℃，而近期96%森林的扩展源于林窗的更新建植，只有4%的新林地可能与树线的推进有关（Gehrig-Fasel, 2007）。在蒙古的北部边缘（Kharuk et al., 2009）和斯堪的纳维亚（Hofgaard et al., 2009; Kullman and Öberg, 2009）有树线向前推进的报道，但这存在着很多区域上的差异，并且很可能与动物啃食的作用相混淆（如在冷季高海拔树线没有驯鹿；Van Bogaert et al., 2011）。土地利用的历史可以导致树线移动的显著延迟（Vittoz et al., 2008; Wallentin et al., 2008; Hofgaard et al., 2009）。尽管总体上气候呈现变暖趋势，但短期的寒冷事件还是很有可能造成森林的凋亡（Kullman, 1989）。

为了寻找树线前进的证据，Harsch 等（2009）提供了 166 个大多数位于北半球温带和北方寒温带森林区树线研究地点的统计数字。纵观这些研究地点，至少在过去的 50 年中夏季温度每年上升了约 0.019℃；冬季温度呈双峰型分布，一半的研究地点呈变冷趋势（平均每年降低约 0.02℃），一半的研究地点冬季变暖，从而造成所有点位的冬季平均温度变化为零。可以发现的现象是，这些区域全年的平均温度变化（包括秋季和春季）为每年 0.013℃，或者说在 50 多年期间变暖了 0.65℃（67%的研究点位表现为年均温度升高）。这在多方面来说都是一个重要的参照值。首先，以温带和北方寒温带森林区（主要是北半球）山地气候数据库估测的树线温度上升情况要略高于 IPCC 的全球平均变暖值，IPCC 报告中同样的升温大约需要 100 年的时间（大部分的变暖发生在近期）。其次，数据显示出较大的变异（每年夏季平均温度有-0.025～0.050℃的变化幅度），因此升温很显然不是出现在任何地方，但夏季整体升温的信号似乎是相当强的。例如，利用第二长寿的树种智利柏（*Fitzroya cupressoides*）长达 3620 年的年轮重建的气候数据，结合 20 世纪的气象站数据进行分析表明，直到 20 世纪 90 年代在 35°～44°S 的南安第斯山脉地区并没有出现变暖的趋势（Lara and Villalba, 1993）。

鉴于这种气候的变化和上面讨论的响应有预期滞后的问题，到目前为止在半数的研究点位没有发现树线上移到预计的位置也就不奇怪了。而且在那些出现了树线上移的研究地点，树线的海拔移动也与各自的温度没有相关性。因此，这说明可能存在其他的原因（如土地利用减少）。Harsh 等（2009）评估的一个缺陷是，由于可以理解的原因，他们采用的是幼苗的分布位置，而不是统一定义的树线（见第 2 章）。对于大多数研究点位来说，50 年的时间太短，新的幼苗更新建植还没有形成，幼苗也还没有生长成树木。众所周知，幼苗甚至是孤立的树苗都可以出现在树线以上数几百米的任何地方（如落基山脉北部，Griggs, 1938；阿拉斯加的布鲁克斯山脉，Cooper, 1986；见第 3 章），这就难免使人产生好奇，并且有助于了解信号的强弱。根据 Graumlich 等（2005）的观点，幼苗的出现或缺失很明显都不适合用来检测高山树线的方向性变化。然而从这些数据中可以得出的结论是，目前在树线以上有相当数量的幼苗存在，这在过去的一半研究地点都没有观察到，因此未来树线的上移是有可能的。

从幼苗更新建植行为可以预计到，郁闭的（戛然而止的）树线（幼苗往往需要森林的庇护）并没有向上移动，而“矮曲林”的上线（包括那些直立生长的植株个体）对冬季（雪）的响应与 Payette 等（1989）的研究结果一致。稀疏分散的树线要比边界清晰的树线更有可能表现出向上移动的原因，既有可能是与过去干扰后通过林窗补充来进行的恢复有关（Gehring-Fasel et al., 2007），也可能反映了在树线以上出现了一些新的散生树苗，正是这种自身的迁移使得树线表现为稀疏分散的状态。

总的来说，森林是没有向上移动的，但将来出现这种情况的可能性很大，从气候迅速变暖时期的古记录来看，情况也是如此（见 12.4 节）。虽然大部分向上移动的物种局限于松科和桦木科植物，但 Harsch 等的研究（2009）还是证实了早期的证据，即树线海拔和树线温度之间不存在分类学上的相关性（Körner and Paulsen, 2004；见第 3 章和第 4 章），这只是一个生活型的界限，而不是其他在气候树线以下的那些特定物种的分布上限。

热带树线的调查还不能与其他地区相比，但最近在火灾频率和强度方面的研究已经增加了，由于受到干燥气候的作用，在过去的 20 年中火灾毁坏了乞力马扎罗山的欧石楠（*Erica*）树线（Hemp, 2005）。对于高纬度树线有大量关于气候变暖的报道，但如果忽略幼苗异常扩散（与树线移动无关的）的情况，其实树线的实际前进程度也是很小的。

在“小冰期后期”约 100 年时间里，气候变暖导致的树线位置的实际移动（在树线确实发生了移动的地方）只相当于小于 0.2℃的温度变化，而这些地区示踪到的温度变化大于 0.7℃。在大多数情况下，树线在此期间根本就没有发生位移（Payette et al., 1989; Bogaert et al., 2011），这与模型的预测（见 Callaghan 等于 2002 年的讨论）和在树线观察到的生长响应（如 Paulsen 等于 2000 年的报道）形成强烈的对照。但这并不意味着主动的更新建植是不存在的，而是因为时间太短，还没有来得及转化为可以度量的树线移动。

树线位置变化总是滞后于气候变化至少 50 年，甚至可能超过 100 年。造成滞后的原因包括如下方面：

（1）幼苗补充更新的滞后，可能是因为种子的大年之后并没有随之出现幼苗建植的大年，这样的一次错配就有可能造成几十年的机会丧失；

（2）树线以上的幼树要长高到 2～3m 的树木需要很长的时间；

（3）尽管总体上气候是变暖的，但短期的寒冷事件还会造成树木的凋亡；

（4）平均水平上的变暖通常是由于冬季增温，而非夏季变暖所致；

（5）在物种需要遮蔽、苗床需要阴凉［如假山毛榉（*Nothofagus*）］的情况下，森林前沿的扩展在遗传上本身就是很慢的；

（6）在更理想的气候条件下幼苗获得了同等的或者更大的优势，之后才开始与茂密的高山石楠植被进行激烈的竞争。

原因（1）和原因（2）共同作用就可以导致树线发生 50 年的滞后现象。因此，任何今天看到的树线移动其实都可能是至少 50 年前诱导发生的，当时全球（以及区域的）变暖仍是相当温和的。即使在气候变暖过程中短暂的寒冷期也会产生负面影响，这在瑞典斯堪的纳维亚地区已被证实（1986—1988 年的短暂寒冷期，Kullman, 1989）。20 世纪早期的部分幼苗更新建植可能反映的是从小冰期之后出现的恢复，而非全球变暖的作用（Kullman and Öberg, 2009）。因此，对于到目前为止至少一半被调查的树线没有出现显著的海拔扩张也就不足为奇了（Harsch et al., 2009），当然在这种情况下树线处生长速率的提高是必然的。如果所有的六个“滞后因素”一起发挥作用，树线就可能需要数百年的时间才能与气候之间建立一个新的平衡状态。气候变异和气候变化可能总是先于任何树线的移动（Ives, 1978; Ives and Hansen-Bristow, 1983; Payette et al., 1989; Slatyer and Noble, 1992; Sveinbjörnsson, 2000）。因此，树线可能永远也不会真正与气候形成一个平衡，它的位置总是反映着一种时滞效应。全球各地的时滞效应可能在强度和方向上不同，因此在树线—气候的关系研究中，全球数据库比任何局地或区域性数据库都更有指示性和可靠性（如 Körner and Paulsen, 2004; Harsch et al., 2009 建立的数据库）。有些树线树木的年龄超过了 1000 年，在其生活史中会经历许多气候变化（如 *Pinus* 和 *Juniperus*；Salzer et al., 2009）。

在第 4 章中气候数据的变异不可避免地会反映出多年研究中一些区域树线海拔与气候出现不匹配的现象。在全球各地区，完全靠等温线得出的树线海拔区域性差异会被平均掉，但全球变暖则不会。因此，基于全球树线平均温度（6.4℃）和全球平均温度在 20 世纪升高了近 0.7℃来看，并考虑到树线的最小时滞有 50 年的事实，可以认为这些测定的平均值至少是变暖了 0.3℃

（这就意味着真正平衡的树线等温线应该接近 6℃，这与热带树线的平均值非常相似）。以阿尔卑斯山为例，20 世纪的气候变暖已经达到 1.5℃，目前约 7℃的树线等温线可以转换为约 6.3℃的树线等温线，这样就可以对应于变暖的 50 年滞后期（变暖 0.7℃），在此期间更新建植的幼树在新的树线海拔高度上要达到 3m 的高度。

也有树线移动更快的例外情况，就是当树木已经成为“矮曲林”时，变暖的气候可使得它从扭曲状态中释放出来。在几十年的时间里，这样的“矮曲林”植被可能重新生长为笔直的林分，如在北乌拉尔观察到的西伯利亚落叶松（*Larix sibirica*）（Devi et al., 2008）、蒙古北部边缘的西伯利亚红松（*Pinus sibirica*）和西伯利亚落叶松（Kharuk et al., 2009），以及加拿大北部高原森林苔原边缘地带分布的黑云杉（*Picea mariana*），在那里自 20 世纪 70 年代以来高度生长增加了一倍（Gamache and Payette, 2004）。重建黑云杉（*P. mariana*）过去 1000 年的生长习性，表明在更暴露的生境中树木呈现直立生长型是出现在 15 世纪和 16 世纪，而在其之前和之后都是“矮曲林”。小冰期可能导致这些树木直到 20 世纪 80 年代末都没有得到恢复，说明植物在这种情况下具有极大的弹性。当然这种情况也可能与积雪的分布格局有关（Payette et al., 1989）。

12.3　远古时期的树线（全新世）

远古时期的代用数据可以反映 100 年以上尺度一个平均稳定状态的响应情况，而非短期的波动。基于来自高海拔湖泊和沼泽中的孢粉化石、从土壤中提取的碳屑，以及从冰川或泥炭中获得的大化石，我们可以对全新世温带树线海拔位置有一个全面的了解（Welten, 1952; Burga, 1988; Ammann and Wick, 1993; Rochefort et al., 1994; Tinner et al., 1996; Tinner and Theurillat, 2003; Reasoner and Tinner, 2008）。下面将介绍目前这些方面的主要研究成果。

在阿尔卑斯山，当冰盖在距今 9500～11500 年前融化后，树线就接近了目前的海拔位置。冰期后树线的树木类群很可能来自一些隐藏的避难所，即那些在中欧和东欧许多局部地点的小种群（Birks and Willis, 2008）。在瑞士阿尔卑斯山中部海拔 2340m（目前最高树线位置）发现了欧洲落叶松（*Larix decidua*）的化石，采用 ^{14}C 示踪发现其年代可以追溯到 11350 年前（Tinner and Kaltenrieder, 2005）。这种先锋性质的森林在后来被瑞士五针松（*Pinus cembra*）替代之前，在此海拔位置已经持续了 2000 年。根据来自湖泊沉积物中的大化石证据，落叶松在几十年间温度升高 3～4℃的情况下，上移的速度非常快，据推测在距今 11150～11350 年的 200 年期间，树线的海拔位置可能上升了 800m（Tinner, 2006；见图 12.6）。根据 Tinner 和 Kaltenrieder（2005）的研究，落叶松（*Larix*）几乎没有任何延迟地示踪到了这个最为剧烈的气候变化事件。全新世树线的最高海拔大约是在距今 7000～8000 年达到的，根据 Burga（1988）的综合分析，大约比现在的位置要高 200～250m；而据 Tinner 及其合作者的研究，要比现在的海拔位置高 150～200m。这里面的不确定性在于，木材样品并没有告诉人们它们是采自海拔最高处的单个突前立木、“矮曲林”还是正常的树线处。在距今 6000 年之后，树线海拔开始下降。

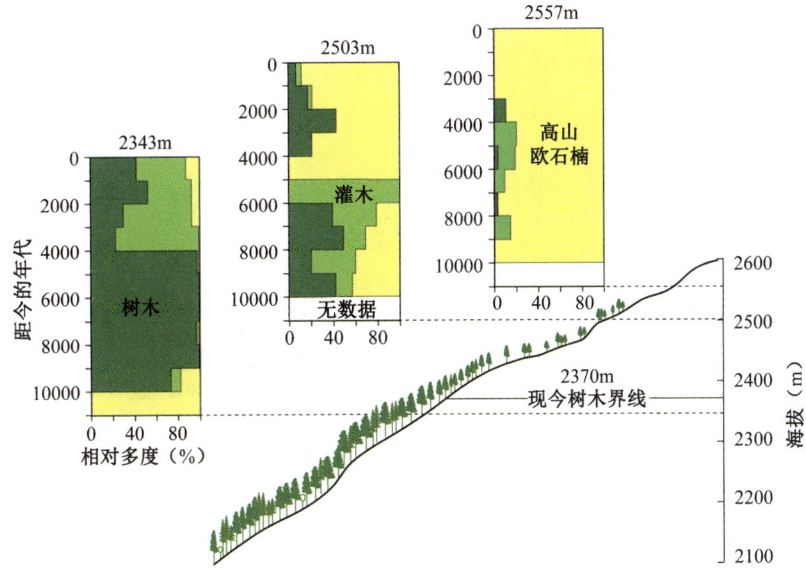

图 12.6 瑞士阿尔卑斯山全新世期间的树线海拔。左图为连续 10000 年在海拔 2343m 连续出现的树木；中图所示为在距今 7000～10000 年前树线的最高海拔位置在 2503m，但在近千年期间却留下很少的痕迹；右图显示在仅高出 50m 海拔的地方树木几乎完全消失。注：森林剖面图显示的是分布在全新世气候峰值期的情况（Tinner and Vescovi, 2005; Tinner, 2006）。

这与过去大约 4000 年的情况类似。值得注意的是，结束于 19 世纪后期的大约 200 年的“小冰期”并没有导致树线的显著降低，尽管在种群统计上更新建植的缺失是很明显的。树龄大于 250 年的树木在阿尔卑斯山是非常罕见的，尽管一些物种的树龄可以生长超过 500 年（如瑞士五针松、欧洲落叶松）。“小冰期”是一个非常小的事件，很难造成树线的显著位移，也没有留下有关位移的可靠化石印迹。根据 Tinner 和 Theurillat（2003）的研究，由于林线比树线对气候变冷的响应更为敏感，因此会造成树线交错带在冷期的扩展，这也就部分解释了在古数据中难以获得确切树线位置的困难所在。

与树线海拔移动相关的气候变化是什么？根据目前在阿尔卑斯山地区最好的温度重建数据，即位于瑞士阿尔卑斯山北部海拔 1515m 湖泊沉积中的摇蚊数据（约低于目前树线 300m 的位置），同时参照其他 80 个湖泊的数据（Heiri et al., 1996；见图 12.7），全新世的最暖时期约在距今 8000 年前，那时的温度要比过去 4000 年的平均温度高 1.3℃左右。但对于过去的 1000 年则并没有可靠的沉积物数据，因为土地利用对湖泊的水质造成了影响。在全新世的最暖

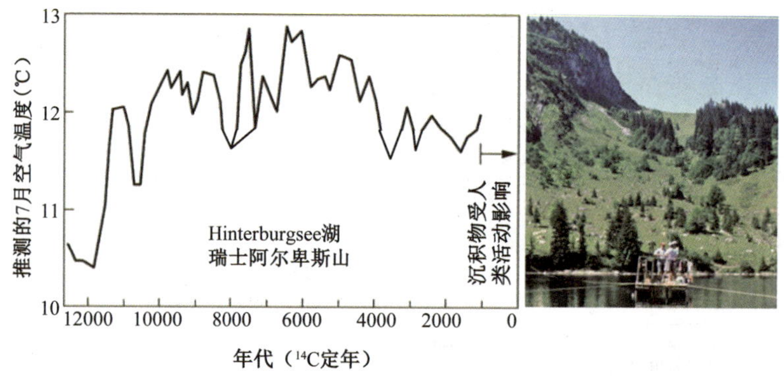

图 12.7　通过采用山区湖泊沉积物中的摇蚊来重建瑞士阿尔卑斯山全新世的温度（Heiri et al., 1996；取芯的工作照来自 A. Lotter）。

期到过去 1000 年的过渡时期里（大约在 6000～4000 年），平均温度增加了 0.8℃。这些数据的时间分辨率是 100～300 年。按照空气温度每 100m 的垂直递减率 0.55℃来计算，通过温度示踪的树线大约要高 240m，这与化石显示的结果非常相似。因此，在 100～300 年的分辨率下，树线海拔的确可以跟踪到地质时期温度的变化情况。值得注意的是，全新世最暖期与最近 4000 年的长期平均值与 20 世纪在阿尔卑斯山观察到的变暖 1.5℃幅度非常相似，然而由于“小

冰期”的影响，后者的起点是从一个更冷的平均参考值开始的。未来气候变暖的预期显然要超过全新世最暖期的平均温度，但可能需要几个世纪的持续升温才能形成对未来科学家来说可靠的化石证据。然而，化石记录对于研究森林应对近来的气候变暖而向上移动（见 12.2 节）及持续的暖期都是十分有用的。

对于这种古气候研究的另一个值得注意的观点是，在最暖期冰川已经消失了，而新冰川的形成是发生在过去的 6000 年期间（Heiri et al., 1996），这时的树线海拔是下降的。因此，长期平均温度升高仅 1.3℃就足以导致阿尔卑斯山的冰川消融，而树线可以上升约 200m。这些参考数据对于阿尔卑斯山及其他温带地区山地正在发生和将要发生的变暖都具有十分重要的意义。最近的冰川消融面积显示，阿尔卑斯山在过去 150 年间的冰川退缩都伴随着先锋树线树种的迅速定居（见图 12.8）。

图 12.8　瑞士阿尔卑斯山中部大约 80～90 树龄的欧洲落叶松（*Larix decidua*）（左下方）因为 100 年前罗纳（Rhone）冰川的退缩得以释放性生长（海拔 1800m，即当地树线以下 250m 的位置）。

和欧洲的情况类似，在北美洲西部树线的最高海拔出现在距今 9000～5000 年前（Rochefort et al., 1994）。通过刺果松（*Pinus aristata*）和恩氏云杉（*Picea engelmannii*）残留木的 ^{14}C 定年表明，当时的树线至少比现在的位置要高 100～150m（LaMarche and Mooney, 1967, 1972）。过去 2000～3000 年的记录展示了树线明显的退缩证据。这些作者报道了冰川在冰后期发生了大规模的退缩和消失现象，并讨论了分辨“矮曲林”和直立木化石的难点。最近，Reasoner 和 Tinner（2008）对地理上广泛分布的数据（包括加拿大）进行了评述，认为在北美的最高树线海拔要比现在高 200m，这与阿尔卑斯山重建的响应数据类似。

在斯堪的纳维亚，欧洲云杉（*Picea abies*）、欧洲赤松（*Pinus sylvestris*）和柔毛桦（*Betula pubescence*）的树线也在全新世早期（距今 8000～8500 年）达到了最高海拔位置，大约比现在的树线高 500m（按照冰川平衡时期的大地隆升高度进行了调整），表明那时气候变暖了 2.4℃（Kullman, 1995，1998，1999；其他数据来源于 Reasoner 和 Tinner 于 2006 年的综述）。此后，树线开始下降，首先是中度的下降，在距今 5000 年左右只有桦木（*Betula*）和桤木（*Alnus*）有重新上升的情况，之后是松树（*Pinus*）在距今 4000 年左右也出现了重新爬升，但随后则是显著而持续下降。在斯堪的纳维亚某些树种树线位置的变化可以同时用海洋性程度来解释（海洋性气候具有温和的冬季和凉爽的夏季，二者可以共同导致树线海拔的下降）。这种影响也就解释为什么与海洋性气候更强的富绒特山脉（Front Ranges）相比（Burga, 1988），在阿尔卑斯山的中部和大陆性气候更明显的西部山谷，海拔变化不显著（Tinner and Theurillat, 2003）。斯堪的纳维亚的云杉数据表明，该物种可以示踪到纬度和海拔的等温线变化（无迁移时滞；Kullman, 1996）。

在中亚地区，由于人类的土地利用导致青藏高原地区树线森林的丧失，但部分高原地区仍然保留着距今 4600 年前的柏木林（Miehe et al., 2006）。过去 1000 年的树木年轮数据表明，温度和土壤水分都对林木的生长具有强烈的影响（中世纪暖期的正效应；Esper et al., 1995），但树线的位置还难以划定。

对于热带树线来说全新世早期的数据（距今超过 8000 年）十分缺乏。在热带地区气候条件的差异很大，从终年湿润到周期性干旱各种条件都有，后者还可能更多地受到火灾的影响，如图 12.9 所示的乞力马扎罗山。与干旱相关的火灾也被认为是秘鲁南部龙鳞木（*Polylepis*）疏林在距今 12000 年前达到最高海拔之后又下降的一个主要原因（Urrego et al., 2011），因为人们认为距今 4400 年之后的人类活动阻碍了它们的恢复（成为草地），虽然这时气候更加湿润。由于温度在低纬度比高纬度地区变化小，热带树线的海拔位置可能没有温带地区变化得那么大。

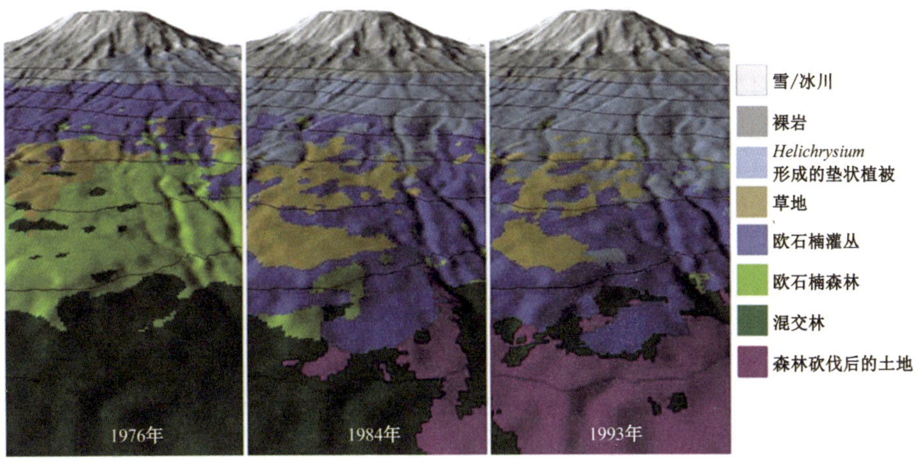

图 12.9 在乞力马扎罗山 1976—1984 年，在树线由于火灾导致山地上部的欧石楠（*Erica*）森林（浅绿色）和高大的欧石楠灌丛消失（深蓝色；见图 1.7）（Hemp, 2005）。

在哥伦比亚和厄瓜多尔北部，距今 7500 年的化石证据表明，树线海拔从 3700m 的最高位置（距今超过 4000 年）下降到大约 1000 年前的最低处，共下降了 300m。数据记录还表明，树线的海拔最近又上升到了全新世树线最高海拔以下的 100m 位置（Bakker et al., 2008）。与 Urrego 等（2011）对秘鲁（13°S）描述的情况不同，Bakker 等得出的结论是，帕拉莫斯草原（Paramos）本来就是一个天然的没有树木的植被类型（并非人类破坏森林造成的）。在厄瓜多尔南部（4°S）安第斯山脉的潮湿地区，有一些低矮的山峰，树线位置受到抑制而下降（被称为“安第斯抑制”），但 Brunschön 和 Behling（2010）从湖泊沉积物的两个样品中了解的冰后期最高树线海拔（距今 6000～10050 年）仅比目前树线海拔高 50～150m，这与阿尔卑斯山的垂直递减率是一致的。Lisa Schüler（哥廷根大学博士生，私人通信）目前正在分析的，从乞力马扎罗山海拔 2700m 获得的 70000 年孢粉剖面数据表明，在距今 22000 年前山地上部出现的树木是相对稳定的，之后在末次冰川的盛期（直到距今 16000 年）孢粉频度下降，但这时树木类群仍得以保留。该剖面的全新世部分是不完整的，但可以发现在距今 13000～10000 年（碳屑）有一个干燥气候出现，伴随着野海棠（*Erica trimera*）在海拔上的爬升。在过去 2500 年则有较高频度的花粉输入，在高海拔森林带树木的多样性也较高（在最近被火灾破坏之前）。

因此，湿润期会降低热带树线的海拔，而干旱期则可导致树线海拔的上升，火灾对树线具有调节作用。除了火灾所起的作用，在全新世热带地区树线位置的海拔变化程度与温带地区是相似的，而演替后期的树线位置对短期气候波动（<200 年）具有较高的阻尼性。古气候记录显示，在长时间尺度（>200 年）上树线位置对温度的示踪与现代树线等温线理论得出的结果是一致的。先锋物种（如落叶松和桦木）的响应速度更快（见图 12.8）。在全新世的最暖期，阿尔卑斯山和北美西部的温度与现在相似，但树线却要比现在高 150～200m。这些数据也为了解树线的未来发展趋势设立了框架。

12.4　未来的树线

“全球变化”包含了很多全世界范围内的环境变化，并且与区域性和局地性的变化相互作用。世界范围内最显著的变化是由人类活动导致的土地变化，并以不同的且具有区域特点的方式影响树线森林，在过去如此，将来还会如此。当发达国家土地利用的压力开始减小，树线交错带从千年的土地利用中开始恢复时（假定树线的形成类群在该区域仍然还有种源），许多发展中国家的山区破坏还在继续，其中热带和亚热带的树线几近濒危（Körner and Ohsawa, 2005）。因为这些变化与树线树木的生物学无关，对此不再做评述。

全球尺度的大气变化包括大气 CO_2 浓度上升、气温升高，以及随之而出现的大气中平均水分负荷增加，以及不可避免的平均云量和降水量的增加。然而，实际的变化并非对所有地区和所有季节都有同样的影响。一些高纬度地区的变暖速度特别快，而有些地区根本没有变化甚至变冷，因此一些地区的降水和积雪可能显著增加，而另外一些地区则可能出现干旱加剧的情况。全球唯一相同的变化是空气中 CO_2 的混合比，它在过去的 150 年间增加了约 40%，而且大部分的增加发生在过去的 50 年间，这正是目前大多数树线树木生活的时期。因为植物生物量的一半是碳，而光合作用即使当 CO_2 浓度达到工业化之前 2 倍时也不会达到生物化学上的饱和，而这也是生物学家需要探索的问题（Körner, 2006b）。

虽然大气中也有可溶性氮化物，但高海拔的实际氮沉降量在很大程度上与降水有关，因而氮沉降量表现出更多的区域性格局。虽然氮沉降量的变异程度相当大，但在全球范围内的增加还是显而易见的（Galloway et al., 2008; Bobbink et al., 2010）。

本节首先总结气候变暖对未来树线的影响，这只是一个简短的阐释，因为对于这种影响的看法主要源于近代和远古的数据，对此已经讨论过了（见 12.2 节和 12.3 节）。随后将讨论水分供给变化（包括火干扰）、养分关系，以及大气 CO_2 浓度升高的直接影响。外来入侵物种是另一个严重的全球变化问题，但还没有发现它对气候树线有特殊的威胁；而病虫害和森林病原体疫情的爆发则可能发生变化；空气污染（主要是臭氧）是一个区域性的现象。这些问题将只是简单涉及。

从树木和树线对近代和远古时期温度的响应来看（见 12.2 节和 12.3 节），可以预期的是气候变暖也将在未来对树线树木产生影响。这个预测的基础是树线是受温度控制的边界这一事实，温度会影响代谢中的所有生命过程（见第 11 章）、繁殖（见第 9 章）和实际的生长响应（见第 7 章）。虽然代谢响应是迅速的，而生长响应在分生组织水平也会在几天之内出现，但对繁殖的影响则可能要花很长的时间才能实现，这是因为它们会遇到关键的幼苗阶段和一个较长的早期生命阶段，而寒冷事件的出现还会造成如 12.2 节所讨论的倒退。

即使轻微的气候变暖对树线树木径向生长的正面影响也已经了解清楚了。在树线位置要比在其下只有几百米的任何地方影响的信号都要强得多（如 Rolland et al., 1998; Paulsen et al., 2000; Salzer et al., 2009; 见图 7.14 和图 12.5）。这可能是由于山地森林中没有这样的信号，或者是因为暖期往往伴随着更严重的干旱（Jolly et al., 2005），从而使得信号在较低海拔处转变成为负值。在树线附近种子的产量和质量有望随着气温升高而改善（见第 9 章），一方面，幼苗的建植可以持续依靠良好的季节而提高；另一方面，现有的树线交错带为幼苗提供了温暖的小生境（促进作用），变暖并不能带来更多的影响。这也是在多数树线及其以上树木幼苗丰富的原因。变暖的气候还可能会增加幼苗通过最关键过渡期成长为直立树苗和树木的机会（见第 7 章）。有大量的证据表明，在温带和北方寒温带的许多树线位置幼苗的丰富度在树线以上是增加的（Harsch et al., 2009），这表明在目前的树线位置以上形成森林的可能性在增加（见图 12.5）。在亚北极的树线位置，通过对针叶树幼苗进行人为增温 1.8℃后发现，树木高度生长得到了明显增强（Danby and Hik, 2007）。

通过树线示踪气候变暖可能需要几百年才能完成，有些树种可能比其他树种移动的速度更快一些（见 12.2 节和 12.3 节）。如第 5 章所示，1.1℃的变暖树线的推进距离（200m 的等温线位移）将对高山生命带产生显著的影响。虽然当前树线以上新的森林面积与总山地森林面积相比仍是一个相当小的增量（约增加 6.2%），但是高山生命带会因此丧失相当大的面积（全球高山区的下部会丧失 7.4%，而高山区的上部和冰雪带会丧失 31.4%；见表 5.5）。然而，当所有六个时滞因素共同作用时（见 12.2 节），可能会花费超过 100 年才会出现这种情况。因此，在几十年时间内可能只有很少面积的地域扩张，但树线树木的生长速率会类似于山地森林一样缓慢，在树线交错带的林分会变得更加稠密。从长远来看，山地森林上部将侵入高度多样化的高山石楠灌丛地带。

热带地区的气候变暖没有欧亚大陆那么显著，变暖的程度与海拔也不一致（Diaz and Bradley, 1997）。在热带安第斯山脉，自 1939 年以来气候变暖了 0.1℃，而到 20 世纪末气候变暖的速率达到 3 倍（Vuille and Bradley, 2008）。根据这些作者的研究结果，气候变暖的程度在高海拔地区显著下降，伴随着云量变化，这使得对热带树线的响应很难预测。

由于树木的水分关系并非海拔及树线的特有现象，任何在树线处的水分状况变化都反映的是区域现象（见第 4 章）。降水通常受到云量的影响，晴朗的天气通常温暖，而多云则会导致冷凉的区域气候，这就是为什么全球的树线在多云和湿润的地区海拔降低的原因（海洋性或潮湿气候条件下树线会降低）。气候变化导致气候干燥的最严重后果是增加了火灾的频率，以及亚热带和热带树线森林火灾的严重程度。干旱引发的火灾损毁了乞力马扎罗山的树线交错带，因此，气候变暖引起森林上限降低，并导致高山植被的向下扩展（Hemp, 2005；见图 12.9）。亚热带山地通常干旱，因此在一个密集分布区之上就再没有树木存活（无树线）。这种干旱导致的高海拔森林边界是否发生移动取决于密集分布区未来的海拔高度。如果这种密集分布带向上移动，在变暖的大气层就会伴随出现更高的露点温度，而森林的边界也会上升。如果这种变化是周期性的，或者移动超过了该区域山地的海拔高度，森林就会消失。因此，海拔低的山脉就有丧失山地云雾林的危险，因为在变暖的气候条件下缺乏必要的水分。

在降雨量少的地区（年降水量为 250～400mm）气候树线不可能随气候变化导致的降水量增加而上升，因为水分短缺（在一定范围内）不会成为树木海拔分布极限的控制因素，虽然它确实可以限制树木的生长速率（Morales et al., 2004）。在一定程度上这种气候变化与更大的云量相关，因此无论树木是否会从一个较长生长季（在这种情况下，通常是湿度）中获利，树线都有可能下降，这是因为气候将不可避免地随云量增加而变冷。明确区分湿度供给的限制幅度效应和因为响应水分状况而发生的生长速率变异是非常重要的。世界上最高的树线存在于半干旱地区，在那里树木的年增长通常很小（Hoch and Körner, 2005）。

在高纬度地区，降水量增加可能会增加树线以上的积雪厚度（积雪会延迟到春末），另外降水增强可能会缓冲区域性气候变暖的效应。尽管气候变暖，破坏性的雪崩活动也可能增加。在当前树线及其以下，积雪的快速融化可能会增加冬季的破坏作用（在树木的幼龄阶段积雪对于大气影响的绝缘效应会降低）。因此，变暖对降水和积雪状况的间接效应可能会抵消一些地方气候变暖的单一效应，从而导致树线交错带变得更加支离破碎，但这些影响不太可能改变未受干扰树线与基本温度的相关性。

大气 CO_2 浓度升高的影响在早年的与全球变化相关的树线生态学研究中被极度高估了。LaMarche 等（1984）认为，他们在墨西哥、科罗拉多和加利福尼亚观察到的树线处树木年轮生长的信号是由大气 CO_2 增加引起的。Nicolussi 等（1995）在阿尔卑斯山也提出了类似的假设。然而，温度和湿度的状况为这些变化趋势提供了详尽的解释（Graumlich et al., 1989; Graumlich, 1991; Esper et al., 1995; Roller et al., 1998; Paulsen et al., 2000），另外，很少有实证数据支持树线处 CO_2 驱动树木年轮的信号。如果有这样的信号出现，在树线处树木的生长就可能存在着碳限制。

有多种方法可以验证树线树木生长的潜在碳限制（Körner, 1998）：一种方法是运用协方差统计来分析树木年轮时间序列的所有共同气候驱动因子（Graumlich, 1991; Esper et al., 1995）；另一种方法是通过分析组织中的非结构性碳水化合物浓度来评估树木的碳平衡（Hoch and Körner 于 2012 年的综述）；第三种方法是通过高 CO_2 浓度实验来探究树木的生长响应。如上所述，前两种方法为研究 CO_2 驱动的刺激响应没有留下回旋余地，第三种方法需要相当苛刻的实验设施，到目前为止只有两个高海拔/低温度条件下的树木数据集，本章将在下面进行阐释。

利用模型对生态系统进行一个为期 3 年的气候模拟研究（包括冷季），来自山地上部的欧洲云杉（*Picea abies*）树苗的大小约为 0.5～1.2m（观测阶段为从 5 年树龄到 7 年树龄）。实验表明，CO_2 浓度升高没有刺激树木的生长，但降低了叶面积指数（LAI），并观察到与叶片碳水化合物含量大增相关联的树木黄化现象（主要是淀粉；Hättenschwiler and Körner, 1996b, 1998; Hättenschwiler et al., 1996；见图 12.10）。这些幼树与天然山地的林下植被［山罗花（*Melampyrum sylvaticum*）、高山蜂斗菜（*Homogyne alpine*）、白花酢浆草（*Oxalis acetosella*）］一起被栽培在一个装有约 350kg 当地土壤的大容器中，形成一个密集的群落，其分层情况与野外情况是一样的。与野外实验不同的是，这种人工气候室可以通过模拟 280ppm（工业化前的 CO_2 浓度）、420ppm（最近到不远的将来）、560ppm（21 世纪下半叶）来研究树木的生长。树木年轮宽度没有受到 CO_2 浓度的影响，但木材密度略有增加，更多的碳投资到地下

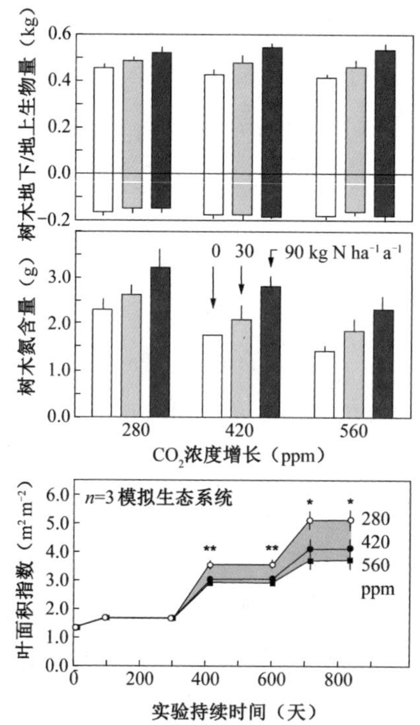

图 12.10　在三个不同 CO_2 浓度（包括工业化前的浓度）的气候模拟室中，用当地的土壤培养山地的欧洲云杉（*Picea abies*）群落，三个生长季后观察其生物量的响应。CO_2 浓度升高并没有加速树苗的生长，反而是减少了冠层密度（叶面积指数较低），并导致冠层的养分消耗，这可能是由于过量的碳水化合物释放到根际，进而被竞争的土壤微生物吸收所致（Hättenschwiler and Körner, 1998）。

部分（针叶减少，更多的有机碳释放到根际）。在 CO_2 浓度升高的情景下，所有组织中含有的蛋白质（N）减少。用 CO_2 浓度升高条件下产生的针叶来饲养舞毒蛾（*Lymantria monarcha*）幼虫，其生长也减缓了（Hättenschwiler and Schafellner, 1999）。一般来说，植物的响应在 280～420ppm（目前的大气变化）比 420～560ppm（未来大气变化；所有都是海拔 280m 的巴塞尔大气压）更强。一些负面的 CO_2 影响可以被模拟增强的可溶性氮沉降（0、30kg N $ha^{-1}a^{-1}$、90kg N $ha^{-1}a^{-1}$）所中和掉，但在这些温凉山地上部的生长条件下树木总的生长对 CO_2 的反应迟钝，即使在施加氮肥的情况下也是如此。氮添加只改变了从根部向茎干和针叶的生物量分配。生态系统的碳平衡受到 CO_2 浓度升高的影响很小，因为叶面积指数降低，再加上光合能力的下调，这就需要通过保证单叶的碳吸收刺激水平来维持平衡。

唯一的大气 CO_2 浓度升高对树木生长的长期原位实验是用高度约 1.5m 的瑞士山松（*Pinus uncinata*）和欧洲落叶松（*Larix decidua*）树苗进行的。该实验是在瑞士阿尔卑斯山中部达沃斯附近的斯迪尔贝格（Stillberg）开展的，实验地点的海拔为 2180m，是一个为期 9 年的自由大气 CO_2 浓度升高实验（FACE）。树苗孤立生长在高山低矮的石楠灌丛中，与附近的树线交错带上端情况相似，树木开始实验时的树龄为 29 年。这些树苗彼此之间没有发生交互作用，但与密集的地被层共享了根系空间。在 3.5 个月的生长期中，植株暴露在约 580ppm 的 CO_2 下，导致光合作用的 CO_2 吸收和非结构性碳水化合物的积累增加。在任何时候常绿松树的生长都没有受到刺激。然而，落叶性的落叶松其年轮宽度则增加了，在 9 年中有 7 年都出现了管胞变大（但不多）和幼枝增长的现象，在实验的第 9 年和最后一年出现信号衰减趋势（Handa et al., 2005; Dawes et al., 2011a, 2011b; 见图 12.11）。

实验提供了的一系列有价值的额外观测结果。例如，当诱导昆虫在模拟实验的第二年（模拟部分剪叶）爆发，落叶松（*Larix*）生长对 CO_2 的响应就会消失，而松树（*Pinus*）却对 CO_2 变得敏感（Handa et al., 2005）。探讨气候协同变化的作用就会发现，落叶松生长对 CO_2 的响应是季节平均温度的函数。这是阿尔卑斯山有记载以来最热的十年，因此这时的生长条件比树线“通常”的年份要温暖些。这也使得受低温抑制的落叶松生长能够得以释放，而对于松树的情况则并非如此。根系对此没有反应（Handa et al., 2008），而落叶松在生长季早期 CO_2 浓度升高的情况下对冷冻温度更为敏感（枝条在-6.5℃就受到损伤，而并非在-7.5℃；Martin et al., 2010）。因此，在温暖的气候条件下，CO_2

浓度升高可能会在该地导致有利于落叶松形成优势的转变。然而，当气候处于低温极限（树线等温线）条件下，或在生长季早期发生冻害事件，或流行性虫害（落叶松芽蛾）导致叶片脱落情况出现时，落叶松在大气 CO_2 增加的情况下就不再有什么长期的优势。松树和部分落叶松对原位 CO_2 增加的响应，与已观测到的山地欧洲云杉（*Picea abies*）（见上文）及天然的高山植被（Körner et al., 1997; Inauen et al., 2012）是一致的，它们对 CO_2 浓度升高完全没有反应，即使增加了养分也是如此（在这种情况下，以氮磷钾肥料形式添加 20 kg N $ha^{-1}a^{-1}$，这时无论是否增加了 CO_2 都会促进生长）。在斯迪尔贝格（Stillberg）实验站进行矮灌木同时暴露于自由大气 CO_2 增加的实验（FACE），两个高山代表物种［岩高兰（*Empetrum hermaphroditum*）、越桔（*Vaccinum gaultherioides*）］对 CO_2 的增加也没有响应，但山地的越桔（*Vaccinium myrtillus*）生长要快一些（Martinet et al., 2011）。该物种可能是受益于研究期间更加温暖的气候条件。

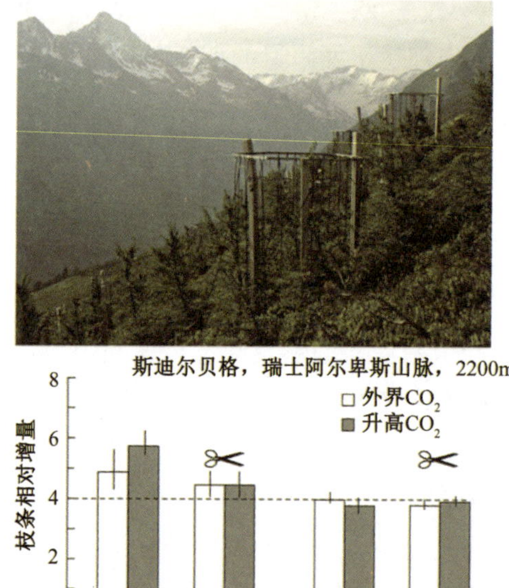

图 12.11　在瑞士树线处落叶松（*Larix*）和松树（*Pinus*）树苗的生长对 CO_2 浓度升高和剪叶（模拟昆虫爆发）相互作用的响应。松树完全没有响应，而没有被剪叶的落叶松其枝条生长受到周期刺激而增加，剪叶的落叶松则没有响应（Handa et al., 2006）。

总之，目前可以获得的有限实验数据并不支持碳是低温主导生态系统的限制性资源的结论，对于树线来说也不例外。因此，在寒冷气候条件下树木分布极限受到持续 CO_2 增加而促进生长的可能性似乎也不大。由于温带低海拔的一些成熟林（Körner et al., 2005; Norby et al., 2011; Bader 和 Körner 等未发表的数据）和地中海地区（Hättenschwiler et al., 1997）也没有出现持续的生长促进情况，由 CO_2 浓度升高导致的生长刺激在实验树木中可能仅局限于基质肥沃的幼龄人工林（受干扰的系统；Körner, 2006b）。

其他方面的大气变化（如臭氧浓度升高、氮沉降等）还没有形成一个类似而统一的全球范围的影响，在这些因素发挥作用的地方，信号要么不强，要么不连续。在山区的城市群臭氧浓度的增加是在山坡上，但在阿尔卑斯山研究的高海拔针叶树几乎没有受到影响（Wieser and Tauz, 2007; Wieser et al., 2009）。在阿巴拉契亚山脉，山地森林的部分下降（低于树线）与污染物的长途传输和土壤酸化有关（McLaughlin et al., 1990）。

即使在包括山区在内的偏远地区，已经发现氮沉降显著地超过了通常假设的临界阈值 10 kg N ha^{-1} a^{-1}，在此情况下植物和生态系统都会发生明显的响应（Bobbink et al., 2010; Bleeker et al., 2011）。在富绒特山脉（Front Ranges）的山地森林氮沉降达到极限（在阿尔卑斯山脉已经超过阈值 10kg；Achermann and Bobbink, 2003），而在山地内部氮沉降的量通常较少（Hiltbrunner et al., 2008）。很明显，氮沉降已经成为一个全球范围内的事件（Galloway et al., 2008），影响的区域远离氮源区，其湿沉降部分（包括雾凝沉降）与降水率紧密相关，而且往往随着海拔升高而增加。如在第 11 章中所讨论的，还没有证据表明氮限制能决定树线的位置和海拔高度，树木的生长活力也不是决定树线的标准，因为某些最高海拔的树线还是由生长特别慢的树木所形成的。然而，氮沉降增加可能会影响到许多树木及生态系统过程（Vong et al., 1991; Bobbink, 2010），但可能由于作用期漫长而不能在几年内凸显出来。一个持续 8 年的氮、磷、钾施肥实验（添加 15kg N $ha^{-1}a^{-1}$ 和 30 kg N $ha^{-1}a^{-1}$）没能促进瑞士树线落叶松（*Larix decidua*）和山松（*Pinus uncinata*）的径向生长，但在施加 15kg N $ha^{-1}a^{-1}$ 时对侧枝的生长有少量促进作用，而在更高的氮添加量条件下则没有促进作用（与 C. Rixen 等的私人通信）。实验证据表明，在模拟未来 CO_2 浓度的影响时，山地云杉的氮效应被碳的过量供应而抵消（Hättenschwiler and Körner, 1996b）。增强氮供应可能会对菌根产生负面影响，已经发现这会影响到生根强度，从而影响到树木的稳定性（Braun et al., 2003）。氮沉降也可能导致病原体和寄生虫活动猖獗（Flückiger and Braun, 1998, 1999）。幼树在长期积雪的作用下，更容易受到霉菌的入侵。然而，对于树线还没有这方面的数据发表。

总之，在全球变化影响下世界高山树线的未来（除了土地使用）将在很大程度上取决于气候变暖的程度。这些信号可能会发生区域性的延迟，或被其他一些非变暖的变化（如云量和积雪变化）所平衡掉，而火灾还会进一步改变过渡带的森林。从长远来看，当然还要取决于其他养分的状况（如磷），即使是中等程度的氮沉积增加及随之出现的酸化作用，都可能影响到树木的生长及其与共生和致病性生物之间的相互作用关系。然而，还没有证据表明这些会影响到树线的树木及树线的位置。大气 CO_2 浓度的增加也不太可能影响到树线的海拔，因为树线不是由碳限制造成的，但碳供应的增加可以平衡一些氮沉降带来的地区性副作用。树线的海拔位置能在多快程度上示踪到气候变暖，将取决于树种及其在高山石楠灌丛中的竞争态势。树线以上生长旺盛的灌木可能会减缓树木的建植。然而，在大尺度上，古气候数据表明这种对气候的示踪迟早都会发生，因为温度给高海拔的树木生长设置了一个终极的生物限制，无论干扰在局部区域有着怎样的修饰作用。

参考文献

Abe H, Funada R, Ohtani J, Fukazawa K (1997) Changes in the arrangement of cellulose microfibrils associated with the cessation of cell expansion in tracheids. Trees 11:328–332 [7]

Achermann, B, Bobbink, R (2003). Empirical critical loads for nitrogen, Environmental documentation 164, Swiss Agency for the Environment, Forests and Landscape, Berne [12]

Adams GT, Perkins TD, Klein RM (1991) Anatomical studies on first-year winter injured red spruce foliage. Am J Bot 78:1199–1206 [10]

Ahola V, Leinonen K (1999) Responses of *Betula pendula*, *Picea abies* and *Pinus sylvestris* seeds to red/far red ratios as affected by moist chilling and germination temperature. Can J For Res 29:1709–1717 [9]

Akhalkatsi M, Abdaladze O, Nakhutsrishvili G, Smith WK (2006) Facilitation of seedling microsites by *Rhododendron caucasicum* extends the *Betula litwinowii* alpine treeline, Caucasus Mountains, Republic of Georgia. Arct Antarct Alp Res 38:481–488 [9]

Allen JRM, Watts WA, McGee E, Huntley B (2002) Holocene environmental variability - the record from Lago Grande di Monticchio, Italy. Quat Int 88:69–80 [4]

Alvarez-Uria P, Körner C (2007) Low temperature limits of root growth in deciduous and evergreen temperate tree species. Funct Ecol 21:211–218 [6, 7]

Alvarez-Uria P, Körner C (2011) Fine root traits in adult trees of evergreen and deciduous taxa from low and high elevation in the Alps. Alp Botany 121:107–112 [6]

Ammann B, Wick L (1993) Analysis of fossil stomata of conifers as indicators of the alpine tree line fluctuations during Holocene. In: Frenzel B (ed) Oscillations of the alpine and polar tree limits in the Holocene. Gustav Fischer, Stuttgart, pp. 175–185 [12]

Anderson MD, Ruess RW, Myrold DD, Taylor DL (2009) Host species and habitat affect nodulation by specific Frankia genotypes in two species of *Alnus* in interior Alaska. Oecologia 160:619–630 [6]

Anfodillo T, Rento S, Carraro V, Furlanetto L, Urbinati C, Carrer M (1998) Tree water relations and climatic variations at the alpine timberline: seasonal changes of sap flux and xylem water potential in *Larix decidua* Miller, *Picea abies* (L.) Karst, and *Pinus cembra* L. Ann Sci For 55:159–172 [11]

Anschlag K, Broll G, Holtmeier F (2008) Mountain birch seedlings in the treeline ecotone, subarctic Finland: variation in above- and below-ground growth depending on microtopography. Arct Antarct Alp Res 40:609–616 [9]

Armand AD (1992) Sharp and gradual mountain timberlines as a result of species interaction. In:

Hansen AJ, di Castri F (eds) Landscape boundaries. Consequences for bioticdiversity and ecological flows. Ecol Stud 92:360–378 [1, 2]

Arno SF (1984) Timberline. The Mountaineers, Seattle [1]

Aryal B, Neuner G (2010) Leaf wettability decreases along an extreme altitudinal gradient. Oecologia 162:1–9 [6]

Aulitzky H (1961) Die Bodentemperaturen in der Kampfzone oberhalb der Waldgrenze und im subalpinen ZirbenLärchenwald. Mitt Forstl Versuchswes Österr 59:153–208 [9]

Aulitzky H (1963) Grundlagen und Anwendung des vorläufigen Wind-Schnee-Ökogrammes. Mitt Forstl Bundesversuchsanst Mariabrunn 60:763–834 [9]

Aulitzky H, Turner H, Mayer H (1982) Bioklimatische Grundlagen einer standortsgemässen Bewirtschaftung des subalpinen Larchen-Arvenwaldes. Mittlg Eidg Anst Forstl Versuchswes 58:327–580 [4,9]

Bader MK-F, Leuzinger S, Keel SG, Siegwolf RTW, Körner C (2011) Mature deciduous forest trees are carbon saturated at current atmospheric CO_2 concentrations. Nat Clim Change (in press) [12]

Bader MY, Rietkerk M, Bregt AK (2007a) Vegetation structure and temperature regimes of tropical alpine treelines. Arct Antarct Alp Res 39:353–364 [1]

Bader MY, van Geloof I, Rietkerk M (2007b) High solar radiation hinders tree regeneration above the alpine treeline in northern Ecuador. Plant Ecol 191:33–45 [9]

Bader MY, Rietkerk M, Bregt AK (2008) A simple spatial model exploring positive feedbacks at tropical alpine treelines. Arct Antarct Alp Res 40:269–278 [9]

Baig MN, Tranquillini W (1976) Studies on upper timberline: morphology and anatomy of Norway spruce (Picea abies) and stone pine (Pinus cembra) needles from various habitat conditions. Can J Bot 54:1622–1632 [6]

Baig MN, Tranquillini W (1980) The effects of wind and temperature on cuticular transpiration of Picea abies and Pinus cembra and their significance in desiccation damage at the
alpine treeline. Oecologia 47:252–256 [10]

Bakker J, Olivera MM, Hooghiemstra H (2008) Holocene environmental change at the upper forest line in northern Ecuador. Holocene 18:877–893 [12]

Ballard TM (1972) Subalpine soil temperature regimes in southwestern Brithish Columbia. Arct Alp Res 4:139–146 [3]

Bansal S, Germino MJ (2008) Carbon balance of conifer seedlings at timberline: relative changes in uptake, storage, and utilization. Oecologia 158:217–227 [11]

Bansal S, Germino MJ (2009) Temporal variation of nonstructural carbohydrates in montane conifers: similarities and differences among developmental stages, species and environmental conditions. Tree Physiol 29:559–568 [10]

Bansal S, Germino MJ (2010) Variation in ecophysiological properties among conifers at an ecotonal boundary: comparison of established seedlings and established adults at timberline. J Veg Sci 21:133–142 [11]

Barbour MG, Pavlik BM, Antos JA (1990) Seedling growth and survival of red and white fir in a Sierra Nevada ecotone. Am J Bot 77:927–938 [8]

Barclay AM, Crawford RMM (1982) Winter desiccation stress and resting bud viability in relation to high altitude survival in *Sorbus aucuparia* L. Flora 172:21–34 [10]

Batallori E, Camarero JJ, Ninot JM, Gutierrez E (2009) Seedling recruitment, survival and facilitation in alpine *Pinus uncinata* tree line ecotones. Implications and potential responses toclimate warming. Glob Ecol Biogeogr 18:460–472 [4, 9]

Beaman JH (1962) The timberlines of Itzaccihuatl and Popocatepetl, Mexico. Ecology 43:377–385 [1,3]

Beck E, Schulze ED, Senser M, Scheibe R (1984) Equilibrium freezing of leaf water and extracellular ice formation in Afroalpine "giant rosette" plants. Planta 162:276–282 [10]

Becwar MR, Rajashekar C, Hansen-Bristow KJ, Burke MJ (1981) Deep undercooling of tissue water and winter hardiness limitations in timberline flora. Plant Physiol 68:111–114 [10]

Begum S, Nakaba S, Oribe Y, Kubo T, Funada R (2010) Cambial sensitivity to rising temperatures by natural condition and artificial heating from late winter to early spring in the evergreen conifer *Cryptomeria japonica*. Trees Struct Funct 24:43–52 [7]

Bendix J, Rafiqpoor MD (2001) Studies on the thermal conditions of soils at the upper tree line in the Paramo of Papallacta (Eastern Cordillera of Ecuador). Erdkunde 55:257–276 [3,4]

Benecke U (1972) Wachstum, CO_2-Gaswechsel und Pigmentgehalt einiger Baumarten nach Ausbringung in verschiedene Hohenlagen. Angew Bot 46:117–135 [6]

Benecke U, Davis MR (1980) Mountain environment and subalpine tree growth. Proceedings of the IUFRO workshop 1979. NZ For Serv, Wellington [1]

Benecke U, Schulze E-D, Matyssek R, Havranek WM (1981) Environmental control of CO_2-assimilation and leaf conductance in *Larix decidua*. I. A comparison of contrasting natural environments. Oecologia 50:54–61 [11]

Bennett MD (1987) Variation in genomic form in plants and its ecological implications. New Phytol 106:177–200 [6]

Bernoulli M, Körner C (1999) Dry matter allocation in treeline trees. Phyton 39:7–12 [6, 7]

Biondi F (2001) A 400-year tree-ring chronology from the tropical treeline of North America. Ambio 30:162–166 [1]

Birks HH, Vorren KD, Birks HJB (1996) Holocene treelines, dendrochronology and palaeoclimate In: Frenzel B, Birks HH, Alm T, Vorren KD (eds) Holocene treeline oscillations, dendrochronology and palaeoclimate. Gustav Fischer, Stuttgart, pp. 1–18 [1]

Birks HJB, Willis KJ (2008) Alpines, trees, and refugia in Europe. Plant Ecol Divers 1:147–160 [12]

Birmann K, Körner C (2009) Nitrogen status of conifer needles at the alpine treeline. Plant Ecol Divers 2:233–241 [6, 11]

Bleeker A, Hicks WK, Dentener F, Galloway J, Erisman JW (2011) N deposition as a threat to the world's protected areas under the Concentration on Biological Diversity. Environ Pollut 159:2280–2288 [12]

Bobbink R, Hicks K, Galloway J, Spranger T, Alkemade R, Ashmore M, Bustamante M, Cinderby S, Davidson E, Dentener F, Emmett B, Erisman JW, Fenn M, Gilliam F, Nordin A, Pardo L, De Vries W (2010) Global assessment of nitrogen deposition effects on terrestrial plant diversity: a synthesis. Ecol Appl 20:30–59 [12]

Bodner M, Beck E (1987) Effect of supercooling and freezing on photosynthesis in freezing tolerant leaves of Afroalpine "giant rosette" plants. Oecologia 72:366–371 [10]

Bogenrieder A, Rasbach H, Rasbach K (2001) Schwarzwald und Vogesen - ein vegetationskundlicher Vergleich. Mitt Bad Landesver Naturk Natursch 17:745–792 [3]

Bonnier G (1890) Cultures experimentales dans les hautes altitudes. CR Acad Sci Paris 110:363–365 [8]

Bosheng L (1993) The alpine timberline of Tibet. In: Alden J, Mastrantonio JL, Odum S (eds) Forest development in cold climates. Plenum, New York, pp. 511–527 [1, 3]

Bowman W.D, Keller A, Nelson M. (1999) Altitudinal variation in leaf gas exchange, nitrogen and phosphorus contentrations, and leaf mass per area in populations of *Frasera speciosa*. Arct Antarct Alp Res 31:191–195 [2]

Boysen Jensen P (1932) Die Stoffproduktion der Pflanzen. Gustav Fischer, Jena [11]

Boysen Jensen P (1949) Causal plant-geography. Biologiske Meddelelser (Copenhagen) 21:1–19 [11]

Braun G, Mutke J, Reder A, Barthlott W (2002) Biotope patterns, phytodiversity and forestline in the Andes, based on GIS and remote sensing Data. In: Körner C, Spehn EM (eds) Mountain biodiversity, a global assessment. Parthenon, Boca Raton, pp. 75–88 [1]

Braun S, Schindler C, Volz R, Flückinger W (2003) Forest damages by the storm "lothar" in permanent observation plots in Switzerland: the significance of soil acidification and nitrogen deposition. Water Air Soil Pollut 142:327–340 [12]

Brockmann-Jerosch H (1919) Baumgrenze und Klimacharakter. Pflanzengeographische Kommissionder Schweiz. Naturforsch Ges Beitr Geobot Landesaufn 6, Rascher, Zürich [1,2]

Brodersen CR, Germino MJ, Smith WK (2006) Photosynthesis during an episodic drought in *Abies lasiocarpa* and *Picea engelmannii* across an alpine treeline. Arct Antarct Alp Res 38:34–41 [11]

Broll G, Keplin B (2005) Mountain ecosystems-studies in treeline ecology, Springer, Berlin Heidelberg New York [1]

Brüchert F, Speck T, Becher G (1997) The mechanics of standing trees: *Picea abies* (L. Karst) under differing silvicultural treatment. In: Jeronimidis G, Vincent JFV (eds) Plant biomechanics. Conf Proc 1:23–30, pp. 9–15 [6]

Bugmann H (2001) A comparative analysis of forest dynamics in the Swiss Alps and the Colorado Front Range. For Ecol Manage 145:43–55 [3]

Bunschön C, Behling H (2010) Reconstruction and visualization of upper forest line and vegetation changes in the Andean depression region of southeastern Ecuador since the last glacial maximum—a multi-site synthesis. Rev Palaeobot Palynol 163:139–152 [12]

Burga C (1988) Swiss vegetation history during the last 18000 years. New Phytol 110:581–602 [12]

Burga C, Perret R (2001) Monitoring of eastern and southern Swiss alpine timberline ecotones. In: Burga CA, Kratochwil A (eds) Biomonitoring: general and applied aspects on regional and global scales. Kluwer, Dordrecht, pp. 179–194 [1]

Burga C, Klötzli F, Grabherr G (2004) Gebirge der Erde-Landschaft, Klima, Pflanzenwelt. Ulmer, Stuttgart [1]

Burger H (1926) Untersuchungen über das Höhenwachstum verschiedener Holzarten. Mitt Schweiz Centralanst Forstl Versuchswes (Zürich) 14:29–158 [7,8]

Butler DR, Malanson GP, Walsh SJ, Fagre DB (2009) The changing alpine treeline: the example of Glacier National Park, MT, USA. Elsevier, Amsterdam [1,3]

Cabrera HM (1996) Temeraturas bajas y limites altitudinales en ecosistemas de plantas superiores: respuestas de las species al frio en montanas tropicales y subtropicales. Rev Chil Hist Nat 69:309–320 [1]

Callaghan TV, Crawford RMM, Eronen M, Hofgaard A, Payette S, Rees WG, Skre O, Sveinbjörnsson B, Vlassova TK, Werkman BR (2002) The dynamics of the tundra-taiga boundary: an overview and suggested coordinated and integrated approach to research. (Special report on tundra-taiga treeline research) Ambio 12:3–5 [12]

Callaway RM (1998) Competition and facilitation on elevation gradients in subalpine forests of the northern Rocky Mountains, USA. Oikos 82:561–573 [9]

Callaway RM, Brooker RW, Choler P, Kikvidze Z, Lortie CJ, Michalet R, Paolini L, Pugnaire FL, Newingham B, Aschehoug ET, Armas C, Kikodze D, Cook BJ (2002) Positive interactions among alpine plants increase with stress. Nature 417:844–848 [9]

Camarero JJ, Gutierrez E (1999) Structure and recent recruitment at alpine forest-pasture ecotones in the Spanish central Pyrenees. Ecoscience 6:451–464 [9]

Camarero JJ, Gutierrez E, Fortin MJ (2000) Boundary detection in altitudinal treeline ecotones in the Spanish central pyrenees. Arct Antarct Alp Res 32:117–126 [2]

Canham CD, Kobe RK, Latty EF, Chazdon RL (1999) Interspecific and intraspecific variation in tree seedling survival: effects of allocation to roots *versus* carbohydrate reserves. Oecologia 121:1–11 [11]

Carter KK (1996) Provenance tests as indicators of growth response to climate change in 10 north temperate tree species. Can J Forest Res 26:1089–1095 [8]

Cavieres LA, Penaloza A, Arroyo MK (2000a) Altitudinal vegetation belts in the high-Andes of central Chile (33S). Rev Chil Hist Nat 73:331–344 [1]

Cavieres LA, Rada F, Azokar A, Garcia-Nunez Cabrera HM (2000b) Gas exchange and low temperature resistance in two tropical high mountain tree species from the Venezuelan Andes. Acta Oecol 21:203–211 [10]

Cernusca A (1976) Bestandesstruktur, Bioklima und Energiehaushalt von alpinen Zwergstrauchbest€ anden. Oecol Plant 11:71–102 [4]

Chapin FS III (1980) The mineral nutrition of wild plants. Annu Rev Ecol Syst 11:233–260 [12]

Chapin FS III (1991) Integrated responses of plants to stress. BioScience 41:29–36 [11]

Chapin FS III, Kedrowski RA (1983) Seasonal changes in nitrogen and phosphorus fractions and autumn retranslocation in evergreen and deciduous taiga trees. Ecology 64:376–391 [11]

Chapin FS III, Shaver GR (1989) Lack of latitudinal variations in graminoid storage reserves. Ecology 70:269–272 [11]

Chapin FS III, Tryon P (1983) Habitat and leaf habit as determinants of growth, nutrient absorption, and nutrient use by Alaskan taiga forest species. Can J For Res 13:818–826 [11]

Chapin FS III, Vitousek PM, Van Cleve K (1986) The nature of nutrient limitation in plant communities. Am Nat 127:48–58 [11]

Chapin FS, Schulze E-D, Mooney HA (1990) The ecology and economics of storage in plants. Annu Rev Ecol Syst 21:423–447 [11]

Christman A, Havranek WM, Wieser G (1999) Seasonal variation of absisic acid in needles of *Pinus cembra* L. at the alpine timberline and possible relations to frost resistance and water status. Phyton 39:23–30 [10]

CierjacksA, RührNK, WescheK, HensenI (2008) Effectsofaltitude and livestock on the regeneration of two tree line froming *Polylepis* species in Ecuador. Plant Ecol 194:207–221 [9]

Clausen J (1963) Tree lines and germ plasm—a study in evolutionary limitations. Proc Natl Acad Sci USA 50:860–868 [8]

Clausen J, Keck DD, Hiesey WM (1948) Experimental studies on the nature of species. III. Environmental responses of climatic races of *Achillea*. Carnegie Inst Wash Publ 581:1–125 [8]

Clements FE, Martin EV, Long FL (1950) Adaptation and origin in the plant world. The role of environment in evolution. Waltham, Mass [8]

Cochrane PM, Slatyer RO (1988) Water relations of *Eucalyptus pauciflora* near the alpine tree line in winter. Tree Physiol 4:45–52 [10]

Cogbill CV, White PS (1991) The latitude-elevation relationship for spruce-fir forest and treeline along the Appalachian mountain chain. Vegetation 94:153–175 [3]

Comas LH, Bouma TJ, Eissenstat DM (2002) Linking root traits to potential growth rate in six temperate tree species. Oecologia 132:34–43 [6]

Cooper CF, Gale J, LaMarche VC (1986) Carbon dioxide enhancement of tree growth at high elevations. Science 231:859–860 [11,12]

Cooper DJ (1986) White spruce above and beyond treeline in the Arrigetch Peaks region, Brooks Range, Alaska. Arctic 39:247–252 [12]

Cordell S, Goldstein G, Mueller-Dombois D, Webb D, Vitousek PM (1998) Physiological and morphological variation in *Metrosideros polymorpha*, a dominant Hawaiian tree species, along an altitudinal gradient: the role of phenotypic plasticity. Oecologia 113:188–196 [6, 8, 11]

Cordell S, Goldstein G, Meinzer FC, Handley LL (1999) Allocation of nitrogen and carbon in leaves of *Metrosideros polymorpha* regulates carboxylation capacity and delta C-13 along an altitudinal gradient. Funct Ecol 13:811–818 [3, 11]

Cordell S, Goldstein G, Melcher PJ, Meinzer FC (2000) Photosynthesis and freezing avoidance in Ohia (*Metrosideros polymorpha*) at treeline in Hawaii. Arct Antarct Alp Res 32:381–387 [3, 10, 11]

Crawford, RMM (2008) Plants at the margin:ecologicallimitsand climate change. Cambridge University Press, Cambridge [1, 3]

Crawford RMM, Jeffree CE, Rees WG (2003) Paludification and forest retreat in northern oceanic environments. Ann Bot 91:213–226 [3, 9, 12]

Cuevas JG (2000) Tree recruitment at the *Nothofagus pumilio* alpine timberline in Tierra del Fuego, Chile. J Ecol 88:840–855 [9]

Cui M, Smith WK (1991) Photosynthesis, water relations and mortality in *Abies lasiocarpa* seedlings during natural establishment. Tree Physiol 8:37–46 [11]

Cullen LE, Palmer JG, Duncan RP, Stewart GH (2001a) Climate change and tree-ring relationships of *Nothofagus menziesii* tree-line forests. Can J For Res 31:1981–1991 [7]

Cullen LE, Stewart GH, Duncan RP, Palmer JG (2001b) Disturbance and climate warming influences on New Zealand *Nothofagus* tree-line population dynamics. J Ecol 89:1061–1071 [1]

Dale JE (1988) The control of leaf expansion. Annu Rev Plant Physiol Plant Mol Biol 39:267–295 [6]

Dale JE (1992) How do leaves grow? Advances in cell and molecular biology are unraveling some of the mysteries of leaf development. BioSci 42:423–432 [6]

Danby RK, Hik DS (2007) Responses of white spruce (*Picea glauca*) to experimental warming at a subarctic alpine treeline. Glob Change Biol 13:437–451 [12]

Däniker A (1923) Biologische Studien über Baum-und Waldgrenze, insbesondere über die klimatischen Ursachen und deren Zusammenhänge. Vierteljahresschr Natur Ges Zürich 68:1–102 [1, 2, 3]

Daubenmire RF (1954) Alpine timberlines in the Americas and their interpretation. Butler Univ Bot Stud 11:119–136 [1, 3]

Daubenmire RF (1968) Plant communities. Harper and Row, New York [3]

Dawes MA, Hagedorn F, Zumbrunn T, Handa IT, Hättenschwiler S, Wipf S, Rixen C (2011a) Growth and community responses of alpine dwarf shrubs to *in situ* CO_2 enrichment and soil warming. New Phytol 191:806–818 [12]

Dawes MA, Hättenschwiler S, Bebi P, Hagedorn F, Handa IT, Körner C, Rixen C (2011b) Species-specific tree growth responses to nine years of CO_2 enrichment at the alpine treeline. J Ecol 99:383–394 [12]

de Jong TM, Grossman YL (1994) A supply and demand approach to modeling annual reproductive and vegetative growth of deciduous fruit trees. Hort Sci 29:1435–1442 [11]

de Quervain A (1904) Die Hebung der atmosphärischen Isothermen in den Schweizer Alpen und ihre Beziehung zu den Höhengrenzen. In: Gerlaned G (ed) Beiträge zur Geophysik. Zeitschrift für physikalische Erdkunde. Verlag von Wilhelm Engelmann, Leipzig, pp. 481–533 [1, 3, 4]

Devi N, Hagedorn F, Moiseev P, Bugmann H, Shiyatov S, Mezepa V, Rigling A (2008) Expanding forest and changing growth forms of Siberian larch at the polar Urals treeline during the 20th century. Glob Change Biol 14:1581–1591 [12]

Diaz HF, Bradley R (1997) Temperature variations during the last century at high elevation sites. Clim Change 36:253–279 [12]

Dickson RE (1991) Assimilate distribution and storage. In: Raghavendra AS (ed) Physiology of trees. John Wiley & Sons, Inc., New York, pp. 51–85 [11]

Diemer M (1998) Leaf lifespans of high-elevation, aseasonal Andean shrub species in relation to leaf traits and leaf habit. Global Ecol Biogeogr Lett 7:457–465 [6]

Eissenstat DM, Duncan LW (1992) Root-growth and carbohydrate responses in bearing citrus trees following partial canopy removal. Tree Physiol 10:245–257 [11]

Elias SA (2001) Paleoecology and late Quaternary environments of the Colorado Rockies.In: Bowman WD, Seastedt WD (eds) Structure and function of an alpine ecosystem—Niwot Ridge, Colorado. Oxford University Press, pp. 287–303 [1]

Ellenberg H (1963) Vegetation Mitteleuropas mit den Alpen in kausaler, dynamischer und historischer Sicht. Eugen Ulmer, Stuttgart (reprinted by Ellenberg and Leuschner 2010) [1, 3]

Engler A (1913a) Einfluss der Provenienz des Samens auf die Eigenschaften der forstlichen Holzgew ächse. Mitt Schweiz Centralanst Forstl Versuchswes (Zürich) 10:190–386 [8]

Engler A (1913b) Der heutige Stand der forstlichen Samenprovenienz-Frage. Natwiss Zeitschr Forst Landwirtsch 11:441–463 [8]

Ericsson A, Larsson S, Tenow O (1980) Effects of early and late season defoliation on growth and carbohydrate dynamics in Scots pine. J Appl Ecol 17:747–769 [11]

Esper J, Bosshard A, Schweingruber FH, Winiger M (1995) Tree-rings from the upper timberline in the Karakorum as climatic indicators for the last 1000 years. Dendrochronologia 13:79–88 [1, 3, 6, 12]

Esper J, Shiyatov SG, Mazepa VS, Wilson RJS, Graybill DA, Funkhouser G (2003) Temperature-sensitive Tien Shan tree ring chronologies show multi-centennial growth trends. Clim Dyn 21:699–706 [1]

Evans LT (1975) The physiological basis of crop yield. In Evans LT (ed.) Crop physiology - some case histories. Cambridge University Press, Cambridge, pp. 333–355 [7]

Farrar JF (1993) Sink strength: what is it and how do we measure it? Introduction. Plant Cell Environ 16:1015 [7]

Ferrar PJ, Cochrane PM, Slatyer RO (1988) Factors influencing germination and establishment of *Eucalyptus pauciflora* near the alpine tree line. Tree Physiol 4:27–43 [9]

Fischer C, Höll W (1991) Food reserves of Scots pine (*Pinus sylvestris* L.) - Seasonal changes in the carbohydrate and fat reserves of pine needles. Trees 5:187–195 [11]

Fischer F, Schmid P, Hughes BR (1959) Anzahl und Verteilung der in der Schneedecke angesammelten Fichtensamen. Mitt Schweiz Anst Forstl Versuchswes 35:459–479 [9]

Flenley JR (1998) Tropical forests under the climates of the last 30000 years. Clim Change 39:177–197 [1]

Fliri F (1975) Das Klima der Alpen im Raume von Tirol. Universitätsverlag Wagner, Innsbruck [9]

Flückiger W, Braun S (1998) Nitrogen deposition in Swiss forests and its possible relevance for leaf nutrient status, parasite attacks and soil acidification. Environ Pollut 102:69–76 [11]

Flückiger W, Braun S (1999) Nitrogen and its effect on growth, nutrient status and parasite attacks in beech and Norway spruce. Water Air Soil Pollut 116:99–110 [12]

Fraser DA (1962) Apical and radial growth of white spruce (*Picea glauca* (Moench) Voss) at Chalk River, Ontario, Canada. Can J Bot 40:659–668 [6]

Frenzel B (1977) Dendrochronologie und postglaziale Klimaschwankungen in Europa. Erdwiss Forsch 13:260–266 [1]

Frenzel B (1993) Oscillations of the alpine and polar tree limits in the Holocene. Gustav Fischer, Stuttgart [1]

Frenzel B, Birks HH, Alm T, Vorren KD (1996) Holocene treeline oscillations, dendrochronology and palaeoclimate. Gustav Fischer, Stuttgart [1]

Frey W (1983) The influence of snow on growth and survival of planted trees. Arct Alp Res 15:241–251 [10]

Friedel H (1967) Der Verlauf der alpinen Waldgrenze im Rahmen anliegender Gebirgsgelände. Mitt Forst Bundesvers Wien 75:81–172 [1, 9]

Friend AD, Woodward FI (1990) Evolutionary and ecophysiological responses of mountain plants to the growing season environment. Adv Ecol Res 20:59–124 [2]

Fritts HC (1976) Tree rings and climate. Academic, London [7]

Gaburek T, Robitschek K, Milasowsky N (2008) A tree of many faces: why are there different crown types in Norway spruce (*Picea abies* L. Karst.)? Flora 203:126–133 [6]

Gallenmüller F, Bogenrieder A, Speck T (1999) Biomechanische und ökologische Untersuchungen an *Alnus viridis* (Chaix) DC. in verschiedenen Höhenlagen der Schweizer Alpen. Ber Eidgen Forschungs Wald Schnee Landsch 347:3–31 [6]

Galloway JN, Townsend AR, Erisman JW, Bekunda M, Cai Z, Freney JR, Martinelli LA, Seitzinger SP, Sutton MA (2008) Transformation of the nitrogen cycle: recent trends, questions, and potential solutions. Science 320:889–892 [12]

Gamache I, Payette S (2004) Height growth response of tree line black spruce to recent climate warming across the forest-tundra of eastern Canada. J Ecol 92:835–845 [12]

Gansert D (2004) Treelines of the Japanese Alps–altitudinal distribution and species composition under contrasting winter climates. Flora 199:143–156 [1]

Gansert D, Backes K, Kakubari Y (1999) Altitudinal and seasonal variation of frost resistance of Fagus crenata and Betula ermanii along Pacific slope of Mt Fuji, Japan. J Ecol 87:382–390 [10]

Gäumann E (1944) Influence de laltitude sur la durabilité du bois de mélèze. Bull Murith 62:47–52 [7]

Gehrig-Fasel J, Guisan A, Zimmermann NE (2007) Tree line shifts in the Swiss Alps: climate change or land abandonement. J Veg Sc 18:571–582 [12]

Gehrig-Fasel J, Guisan A, Zimmermann NE (2008) Evaluating thermal treeline indicators based on air and soil temperature using an air-to-soil temperature transfer model. Ecol Model 213:345–355 [4]

George MF, Burke MJ (1984) Supercooling of tissue water to extreme low temperature in overwintering plants. Trends Biochem Sci 9:211–214 [10]

Gerasimidis A, Athanasiadis N (1995) Woodland history of northern Greece from the mid Holocene to recent time based on evidence from peat pollen profiles. Veg Hist Archaeobot 4:109–116 [4]

Germino MJ, Smith WK (1999) Sky exposure, crown architecture, and low-temperature photoinhibition in conifer seedlings at alpine treeline. Plant Cell Environ 22:407–415 [9, 10]

Germino MJ, Smith WK (2000) Differences in microsite, plant form, and low-temperature photoinhibition in alpine plants. Arct Antarct Alp Res 32:388–396 [9,10]

Gervais BR, MacDonald GM (2000) A 403-year record of July temperatures and treeline dynamics of *Pinus sylvestris* from the Kola Peninsula, northwest Russia. Arct Antarct Alp Res 32:295–302 [12]

Gieger T, Leuschner C (2004) Altitudinal change in needle water relations of *Pinus canariensis* and possible evidence of a drought-induced alpine timberline on Mt Teide, Tenerife. Flora 199:100–109 [2,10,11]

Gifford RM, Evans LT (1981) Photosynthesis, carbon partitioning, and yield. Annu Rev Plant Physiol 32:485–509 [7]

Glock WS (1955) Tree growth—growth rings and climate. Bot Rev 21:73–183 [1]

Göbl F (1967) Mykorrhizauntersuchungen in subalpinen Wäldern. Mittl Forst Bundesvers 75:335–357 [6, 11]

Goldstein G, Rada F, Azocar A (1985) Cold hardiness and supercooling along an altitudinal gradient in Andean giant rosette species. Oecologia 68:147–152 [10]

Goldstein G, Meinzer FC, Rada F (1994) Environmental biology of a tropical treeline species, *Polylepis sericea*. In: Rundel PW, Smith AP, Meinzer FC (eds) Tropical alpine environments. Cambridge University Press, Cambridge, pp. 129–149 [1, 3, 11]

Grace J (1988) The functional significance of short stature in montane vegetation. In: Werger MJA, Van der Aart PJM, During HJ, Verhoeven JTA (eds) Plant form and vegetation structure. SPB Academic, The Hague, pp. 201–209 [4]

Grace J (1990) Cuticular water loss unlikely to explain tree-line in Scotland. Oecologia 84:64–68 [10]

Grace J, Norton DA (1990) Climate and growth of *Pinus sylvestris* at its upper altitudinal limit in Scotland: evidence from tree growth-rings. J Ecol 78:601–610 [7]

Grace J, Allen SJ, Wilson C (1989) Climate and the meristem temperatures of plant communities near the tree-lines. Oecologia 79:198–204 [4]

Grace J, Berninger F, Nagy L (2002) Impacts of climate change on the tree line. Ann Bot 90:537–544 [1]

Grace PJ (1989) Tree lines. Phil Trans R Soc Lond B 324:233–245 [1]

Graefe S, Hertel D, Leuschner C (2008) Estimating fine root turnover in tropical forests along an elevational transect using minirhizotrons. Biotropica 40:536–542 [6]

Graumlich LJ (1991) Subalpine tree growth, climate, and increasing CO_2: an assessment of recent growth trends. Ecology 72:1–11 [12]

Graumlich LJ, Brubaker LB, Grier CC (1989) Long-term trends in forest net primary productivity: Cascade Mountains, Washington. Ecol 70:405–410 [12]

Graumlich LJ, Waggoner LA, Bunn AG (2005) Detecting global change at alpine treeline: coupling paleoecology with contemporary studies. In: Huber UM, Bugmann KM, Reasoner MA (eds) Global change and mountain regions. An overview of current knowledge. Springer, Dordrecht, pp. 501–508 [12]

Green K (2009) Cause of stability in the alpine treeline in the Snowy Mountains of Australia—a natural experiment. Aust J Bot 57:171–179 [9]

Griggs RF (1938) Timberlines in the Northern Rocky Mountains. Ecology 19:548–564 [12]

Griggs RF (1946) The timberlines of Northern America and their interpretation. Ecology 27:275–289 [1]

Gross M (1989) Untersuchungen an Fichten der alpinen Waldgrenze. Diss Bot 139, Cramer, Berlin [4,10]

Gruber A, Baumgartner D, Zimmermann J, Oberhuber W (2009) Temporal dynamic of wood formation in *Pinus cembra* along the alpine treeline ecotone and the effect of climate variables. Trees 23:623–635 [4,7]

Gruber F (1988) Aufbau und Anpassungsf€ ahigkeit der Krone von *Picea abies* (L.) Karst. Flora 181:205–242 [6]

Hadley JL, Smith WK (1983) Influence of wind exposure on needle desiccation and mortality for timberline conifers in Wyoming, USA. Arct Alp Res 15:127–135 [10]

Hadley JL, Smith WK (1987) Influence of krummholz mat microclimate on needle physiology and survival. Oecologia 73:82–90 [4]

Hadley JL, Smith WK (1990) Influence of leaf surface wax and leaf area to water content ratio on cuticular transpiration in western conifers, USA. Can J For Res 20:1306–1311 [10]

Handa IT (2008) No stimulation in root production in response to 4 years of *in situ* CO_2 enrichment at the Swiss treeline. Funct Ecol 22:348–358 [6, 12]

Handa IT, Körner C, Hättenschwiler S (2005) A test of the treeline carbon limitation hypothesis by *in situ* CO_2 enrichment and defoliation. Ecology 86:1288–1300 [11,12]

Handa IT, Körner C, Hättenschwiler S (2006) Conifer stem growth at the altitudinal treeline in response to four years of CO_2 enrichment. Glob Change Biol 12:2417–2430 [12]

Hansen J, Beck E (2002) Kälte und Pflanze: updating classical views. Schrift Ver Verbreit Naturwiss Kennt (Vienna) 137/ 140:337–383 [10]

Harsch MA, Hulme PE, McGlone MS, Duncan RP (2009) Are treelines advancing? A global meta-analysis of treeline response to climate warming. Ecol Lett 12:1040–1049 [12]

Hartig R (1893) Überblick über die Folgen des Nonnenfrasses für die Gesundheit der Fichte. Forstl Naturwiss Zeitschr 2:345–357 [11]

Hartig R (1896) Über das Verhalten der vom Spanner entnadelten Kiefern im Sommer des Jahres 1895. Forstl Naturwiss Zeitschr 5:59–64 [11]

Hartsough P, Poulson SR, Biondi F, Estrada IG (2008) Stable isotope characterization of the ecohydrological cycle at a tropical treeline site. Arct Antarct Alp Res 40:343–354 [11]

Harwood CE (1980) Frost resistance of subalpine *Eucalyptus* species. I. Experiments using a radiation frost room. Aust J Bot 28:587–599 [10]

Häsler R (1984) Net photosynthesis of *Pinus mugo* under water stress conditions at alpine timberline. Adv Photosynth Res 4:395–398 [11]

Häsler R, Streule A, Turner H (1999) Shoot and root growth of young *Larix decidua* in contrasting microenvironments near the alpine timberline. Phyton 39:47–52 [7]

Hasselquist N, Germino MJ, McGonigle T, Smith WK (2005) Variability of Cenococcum colonization and its ecophysiological significance for young conifers at alpine-treeline. New Phytol 165:867–873 [11]

Hättenschwiler S, Körner C (1995) Responses to recent climatewarming of *Pinus sylvestris* and *Pinus cembra* within their montane transition zone in the Swiss Alps. J Veg Sci 6:357–368 [9]

Hättenschwiler S, Körner C (1996a) Effects of elevated CO_2 and increased nitrogen deposition on photosynthesis and growth of understory plants in spruce model ecosystems. Oecologia 106:172–180 [6]

Hättenschwiler S, Körner C (1996b) System-level adjustments to elevated CO_2 in model spruce ecosystems. Global Change Biol 2:377–387 [12]

Hättenschwiler S, Körner C (1998) Biomass allocation and canopy development in spruce model ecosystems under elevated CO_2 and increased N deposition. Oecologia 113:104–114 [12]

Hättenschwiler S, Schafellner C (1999) Opposing effects of elevated CO_2 and N deposition on *Lymantria monacha* larvae feeding on spruce trees. Oecologia 118:210–217 [12]

Hättenschwiler S, Smith WK (1999) Seedling occurrence in alpine treeline conifers: a case study from the central Rocky Mountains, USA. Acta Oecol 20:219–224 [9]

Hättenschwiler S, Schweingruber FH, Körner C (1996) Tree ring responses to elevated CO_2 and increased N deposition in *Picea abies*. Plant Cell Environ 19:1369–1378 [12]

Hättenschwiler S, Miglietta F, Raschi A, Körner C (1997) Thirty years of in situ tree growth under elevated CO_2: a model for future forest responses? Global Change Biol 3:436–471 [12]

Havranek W (1972) Über die Bedeutung der Bodentemperatur für die Photosynthese und Transpiration junger Forstpflanzen und für die Stoffproduktion an der Waldgrenze. Angew Bot 46:101–116 [7]

Havranek WM, Tranquillini W (1995) Physiological processes during winter dormacy and their ecological significance. In: Smith WK, Hinckley TM (eds) Ecophysiology of coniferous forests. Academic, San Diego, pp. 95–124 [10]

Heaney A, Proctor J (1989) Chemical elements in litter in forests on Volcan Barva, Costa Rica. In: Proctor J (ed.) Mineral nutrients in tropical forest and savanna ecosystems. Spec Pub Brit Ecol Soc 9:255–271, Blackwell, Oxford [6]

Hemp A (2005) Climate change-driven forest fires marginalize the impact of ice cap wasting on Kilimanjaro. Glob Change Biol 11:1013–1023 [6, 12]

Hemp, A (2006a) Continuum or zonation? Altitudinal diversity patterns in the forests on Mt Kilimanjaro. Plant Ecol 184:27–42 [1]

Hemp, A (2006b) Vegetation of Kilimanjaro: hidden endemics and missing bamboo. Afr J Ecol 44:305–328 [1]

HempA, BeckE (2001) *Erica excels* as a fire-tolerating component of Mt Kilimanjaro's forests. Phytocoenologia 31:449–475 [6]

Hermes K (1955) Die Lage der oberen Waldgrenze in den Gebirgen der Erde und ihr Abstand zur Schneegrenze. Kölner geographische Arbeiten Heft 5. University of Cologne, Cologne [1, 2, 3]

Hertel D, Wesche K (2008) Tropical moist *Polylepis* stands at the treeline in East Bolivia: the effect of elevation on stand microclimate, above and below-ground structure, and regeneration. Trees Struct Funct 22:303–315 [6]

Hiltbrunner E, Schwikowski M, Körner C (2005) Inorganic nitrogen storage in alpine snow pack in the Central Alps (Switzerland). Atmos Environ 39:2249–2259 [11]

Hoch G (2005) Fruit-bearing branchlets are carbon autonomous in mature broad-leaved temperate forest trees. Plant Cell Environ 28:651–659 [11]

Hoch G, Körner C (2003) The carbon charging of pines at the climatic treeline: a global comparison. Oecologia 135:10–21 [1, 6, 7, 9, 11]

Hoch G, Körner C (2005) Growth, demography and carbon relations of *Polylepis* trees at the world's highest treeline. Funct Ecol 19:941–951 [3, 4, 6, 7, 9, 11, 12]

Hoch G, Körner C (2009) Growth and carbon relations of tree forming conifers at constant VS variable low temperatures. J Ecol 97:57–66 [4, 7, 11]

Hoch G, Körner C (2012) Global patterns of mobile carbon stores in trees at the high elevation treeline. Global Ecol Biogeogr. doi: 10.1111/j.1466-8238.2011.00731.x [10, 11, 12]

Hoch G, Popp M, Körner C (2002) Altitudinal increase of mobile carbon pools in *Pinus cembra* suggests sink limitation of growth at the Swiss treeline. Oikos 98:361–374 [10, 11]

Hoch G, Richter A, Körner C (2003) Non-structural carbohydrates in temperate forest trees. Plant Cell Environ 26:1067–1081 [9]

Hoffmann, H (1859) Über den klimatischen Coefficienten der Vegetation. Bot Z 17:85–88 [8]

Hoffmann H (1886) Beobachtungen über thermische Vegetations-constanten. Meteorol Z (Vienna) 1886:546–547 [8]

Hofgaard A, Dalen L, Hytteborn H (2009) Tree recruitment above the treeline and potential for climate-driven treeline change. J Veg Sci 20:1133–1144 [9,12]

Högberg MN, Baath E, Nordgren A, Arnebrant K, Högberg P (2003) Contrasting effects of nitrogen availability on plant carbon supply to mycorrhizal fungi and saprotrophs–a hypothesis based on field observations in boreal forest. New Phytol 160:225–238 [11]

Holm S-O (1994) Reproductive patterns of *Betula pendula* and *Betula pubescens* collected along regional altitudinal gradient in northern Sweden. Ecography 17:60–72 [9]

Holmgren, B, Ovhed M, Karlsson PS (1996) Measuring and modeling stomatal and aerodynamic conductances of mountain birch: implications for tree dynamics. Arct Alp Res 28:425–434 [11]

Holtmeier F-K (1974) Geoökologische Beobachtungen und Studien an der subarktischen und alpinen Waldgrenze in vergleichender Sicht. Franz Steiner Verlag, Wiesbaden [1]

Holtmeier F-K (1993) Timerlines as indicators of climatic changes: problems and research needs. In: Frenzel B (ed.) Oscillations of the alpine and polar tree limits in the Holocene. Gustav Fischer Verlag, Stuttgart, pp. 211–222 [3]

Holtmeier F-K (2000) Die Höhengrenze der Gebirgswälder. Verlag Natur & Wissenschaft, Solingen [1, 3]

Holtmeier F-K (2009) Mountaintimberlines. Ecology, patchiness, and dynamics. Springer, Berlin Heidelberg New York [1, 3, 6, 9]

Holtmeier FK, Broll G (1992) The influence of tree islands and microtopography on pedoecological conditions in the forest-alpine tundra ecotone on Niwot Ridge, Colorado Front Range, USA. Arctic Alp Res 24:216–228 [3, 4, 9]

Holtmeier FK, Broll G, Müterthies A, Anschlag K (2003) Regeneration of trees in the treeline ecotone: northern Finnish Lapland. Fennia 181:103–128 [6, 9]

Holzer K (1979) Die Kulturkammertestung der Fichte. Allg Forstz 90:174–176 [8]

Holzer K (1981a) Die Kulturkammertestung zur Erkennung des Erbwertes bei Fichte (*Picea abies* L. Karsten). 4. Qualitative Merkmale. Centralbl Forstwes 98:65–87 [6, 8]

Holzer K (1981b) Genetische Zusammenhange der Fichtenverbreitung in den Alpen. Allg Forstz 207:421–424 [7]

Holzer K (1992) Die Kulturkammertestung zur Erkennung des Erbwertes bei Fichte. 5. Merkmal

Keimblattzahl. Centralbl Forstwes 109:29–48 [8, 9]

Hope GS (1976) The vegetational history of Mt Wilhelm, Papua New Guinea. J Ecol 64:627–663 [3]

Hu J, Moore DJP, Monson R (2010) Weather and climate controls over the seasonal carbon isotope dynamics of sugars from subalpine forest trees. Plant Cell Environ 33:35–47 [11]

Humboldt A von (1845–1862) Entwurf einer physischen Weltbeschreibung. Atlas zur Physik der Welt in 42 Tafeln. Bromme T (ed., 1854) Krais und Hoffmann, Stuttgart [1]

Humboldt A von, Bonpland A (1807) Ideen zu einer Geographie der Pflanzen nebst einem Naturgemälde der Tropenländer. Cotta, Tübingen [1]

Hustich I (1948) The scotch pine in northernmost Finland and its dependence on the climate in the last decades. Acta Bot Fenn 42:1–75 [9]

Imhof E (1900) Die Waldgrenze in der Schweiz. In: Gerland G (ed.) Beiträge zur Geophysik, Zeitschrift für physikalische Erdkunde. Verlag Wilhelm Engelmann, pp 240–330 [1, 3]

Inauen N, Körner C, Hiltbrunner E (2012) No growth stimulation by CO_2 enrichment in alpine glacier forefield plants. Global Change Biol. doi: 10.1111/j.1365-2486.2011.02584.x [12]

Innes JL (1991) High-altitude and high-latitude tree growth in relation to past, present and future global climate change. Holocene 1:168–173 [1]

Ives JD (1978) Remarks on the stability of timberline. In: Troll C, Lauer W (eds) Geoecological relations between the southern temperate zone and the tropical mountains. Franz Steiner Verlag, Wiesbaden, pp. 313–317 [1, 12]

Ives JD, Hansen-Bristow KJ (1983) Stability and instability of natural and modified upper timberline landscapes in the Colorado Rocky Mountains, USA. Mount Res Dev 3:149–155 [3,12]

Jalkanen R, Konopka B (1998) Snow-packing as a potential harmful factor on *Picea abies*, *Pinus sylvestris* and *Betula pubescens* at high altitude in northern Finland. Eur J For Pathol 28:373–382 [6]

James JC, Grace J, Hoad SP (1994) Growth and photosynthesis of *Pinus sylvestris* at its altitudinal limit in Scotland. J Ecol82:297–306 [7]

Jarvis PG (1976) The interpretation of the variations in leaf water potential and stomatal conductance found in canopies in the field. Phil Trans R Soc Lond B 273:593–610 [11]

Jenik J, Lokvenc T (1962) Die alpine Waldgrenze im Krkonose Gebirge. Rozpr Cesk Akad Ved 72:3–65 [1]

Jeremias K (1964) Über die jahresperiodisch bedingten Veränderungen der Ablagerungsform der Kohlenhydrate in vegetativen Pflanzenteilen. Botanische Studien 15, Gustav Fischer, Jena [10]

Jobbagy EG, Jackson RB (2000a) Global controls of forest line elevation in the northern and southern hemispheres. Global Ecol Biogeogr 9:253–268 [1]

Jobbagy EG, Jackson RB (2000b) The vertical distribution of soil organic carbon and its relation to climate and vegetation. Ecol Appl 10:423–436 [3]

Johnsen O, Skrøppa T (1996) Adaptive properties of *Picea abies* progenies are influenced by environmental signals during sexual reproduction. Euphytica 92:67–71 [8]

Johnson DM, Germino MJ, Smith WK (2004) Abiotic factors limiting photosynthesis in *Abies lasiocarpa* and *Picea engelmannii* seedlings below and above the alpine timberline. Tree Physiol 24:377–386 [11]

Jolly WM, Dobbertin M, Zimmermann NE, Reichstein M (2005) Divergent vegetation growth responses to the 2003 heat wave in the Swiss Alps. Geophys Res Lett 32:L18409 [7,11,12]

Junttila O (1986) Effects of temperature on shoot growth in northern provenances of *Pinus sylvestris* L. Tree Physiol 1:185–192 [7]

Kajimoto T, Matsuura Y, Mori S, Sofronov MA, Volokitina AV, Abaimov AP (1998) Root growth of *Larix gmelinii* and microsite difference in soil-temperature on permafrost soils in Central Siberia. In: Mori S, Kanazawa Y, Matsuura Y, Inoue G (eds) Proceedings of the sixth symposium on the joint Siberian permafrost studies between Japan and Russia in 1997. Nat Inst Environ Stud, Tsukuba, pp. 43–51 [7]

Kaku S, Iwaya M (1979) Deep supercooling in xylem and ecological distribution in the genera *Ilex*, *Viburnum* and *Quercus* in Japan. Oikos 33:402–411 [10]

Kandler O, Dover C, Ziegler P (1979) Kälteresistenz der Fichte. I Steuerung von Kälteresistenz, Kohlenhydrat- und Proteinstoffwechsel durch Photoperiode und Temperatur. Ber Dtsch Bot Ges 92:225–241 [10]

Kapos V, Rhind J, Edwards M, Price MF, Ravilious C (2000) Developing a map of the world's mountain forests. In: Price MF, Butt N (eds) Forests in sustainable mountain development. IUFRO Research Series 5. CABI Publishing, Wallingford, pp. 4–9 [5, 12]

Karlsson PS, Nordell KO (1988) Intraspecific variation in nitrogen status and photosynthetic capacity within mountain birch populations. Holoarct Ecol 11:293–297 [11]

Karlsson PS, Schleicher LF, Weih M (2000) Seedling growth, allocation patterns and nitrogen utilisation in three birch forms originating from different environments. Ecoscience 7:80–85 [8]

Karsson S, Weih M (1996) Relationships between nitrogen economy and performance in the mountain birch *Betula pubescens* ssp tortuosa. Ecol Bull 45:71–78 [11]

Kasuga J, Hashidoko Y, Nishioka A, Yoshiba M, Arakawa K, Fujikawa S (2008) Deep supercooling xylem parenchyma cells of katsura tree (*Cercidiphyllum japonicum*) contain flavonol glycosides exhibiting high anti-ice nucleation activity. Plant Cell Environ 31:1335–1348 [10]

Kelly D (1994) The evolutionary ecology of mast seeding. Trends Ecol Evol 9:465–470 [9]

Kernaghan G (2001) Ectomycorrhizal fungi at tree line in the Canadian Rockies II. Identification of ectomycorrhizae by anatomy and PCR. Mycorrhiza 10:217–229 [6, 11]

Kernaghan G, Currah RS (1998) Ectomycorrhizal fungi at tree line in the Canadian Rockies. Mycotaxon 69:39–79 [11]

Kharuk VI, Ranson KJ, Im ST, Dvinskaya ML (2009) Response of *Pinus sibirica* and *Larix sibirica* to climate change in southern Siberian alpine forest-tundra ecotone. Scan J For Res 24:130–139 [12]

Khutornoi OV, Velisevich SN, Vorob'ev VN (2001) Ecological variation in the morphological structure of the crown in Siberian stone pine at the timberline. Rus J Ecol 32:393–399 [6]

Kirdyanov A, Hughes M, Vaganov E, Schweingruber F, Silkin P (2003) The importance of early summer temperature and date of snow melt for tree growth in the Siberian Subarctic. Trees Struct Funct 17:61–69 [7]

Kitayama K, Aiba SI (2002) Ecosystem structure and productivity of tropical rain forests along altitudinal gradients with contrasting soil phosphorus pools on Mount Kinabalu, Borneo. J Ecol 90:37–51 [6, 11]

Kitayama K, Aiba S-I, Majalap-Lee N, Ohsawa M (1998) Soil nitrogen minteralization rates of rainforests in a matrix of elevations and geological substrates on Mount Kinabalu, Borneo. Ecol Res 13:301–312 [11]

Kitayama K, Suzuki S, Hori M, Takyu M, Aiba SI, Majalap-Lee N, Kikuzawa K (2004) On the relationships between leaflitter lignin and net primary productivity in tropical rain forests. Ecophysiology 140:335–339 [6, 11]

Kjällgren L, Kullman L (1998) Spatial patterns and stucture of the mountain birch tree-limit in the southern Swedish Scandes–a regional perspective. Geogr Ann 80:1–16 [3]

Klötzli F (1975) Zur Waldfähigkeit der Gebirgssteppen HochSemiens (Nordäthiopien). Beitr Naturk Forsch Südw Dtl 34:131–147 [1]

Klötzli F (1984) The position of Fagaceae and Myrtaceae on the Pacific Mountains. Erdwiss Forsch 18:337–354 [1, 6]

Kollas C, Vitasse Y, Randin CF, Hoch G, Körner C (2012) Unrestricted quality of seeds in European broad-leaved tree species growing at the cold boundary of their distribution. Ann Bot. doi:10.1093/aob/mcr299 [9]

Köppen W (1919) Baumgrenze und Lufttemperatur. Petermanns Geogr Mitt 65:201–203 [1, 3]

Köppen W (1936) Das geographische System der Klimate. In: Köppen W, Geiger R (eds) Handbuch der Klimatologie. Verlag von Gebrüder Borntraeger, Berlin, Band I, Teil C, pp. C5–C44 [1]

Körner C (1989) The nutritional status of plants from high altitudes. Aworldwide comparison. Oecologia 81:379–391 [11]

Körner C (1998) Are-assessment of high elevation treeline positions and their explanation. Oecologia 115:445–459 [1, 2, 4]

Körner C (1999) Alpine plants: stressed or adapted? In: Press MC, Scholes JD, Barker MG (eds) Physiological plant ecology. Blackwell, Oxford, pp. 297–311 [2]

Körner C (2000) Why are there global gradients in species richness? Mountains might hold the answer. Trends Ecol Evol 15:513–514 [5]

Körner C (2003a) Alpine plant life, 2nd edn. Springer, Berlin Heidelberg New York [1, 2, 3, 4, 6, 7, 8, 9, 10, 11]

Körner C (2003b) Limitation and stress - always or never? J Veg Sci 14:141–143 [2]

Körner C (2003c) Carbon limitation in trees. J Ecol 91:4–17 [11]

Körner C (2004) Individuals have limitations, not communities–a response to Marrs, Weiher and Lortie et al. J Veg Sci 15:581–582 [2]

Körner C (2006a) Significance of temperature in plant life. In: Morison JIL, Morecroft MD (eds) Plant growth and climate change. Blackwell, Oxford, pp. 48–69 [7]

Körner C (2006b) Plant CO_2 responses: an issue of definition, time and resource supply. New Phytol 172:393–411 [12]

Körner C (2007a) Climatic treelines: conventions, global patterns, causes. Erdkunde 61:315–324 [1, 2, 3, 4]

Körner C (2007b) The use of "altitude" in ecological research. Trend Ecol Evol 22:569–574 [2, 4, 5, 11]

Körner C (2008) Winter crop growth at low temperature may hold the answer for alpine treeline formation. Plant Ecol Divers 1:3–11 [4, 12]

Körner C (2012) Treelines will be understood, once the difference between a tree and a shrub is. Ambio (Festschrift T. Callaghan) in press [2, 6, 11]

Körner C, Bannister P (1985) Stomatal responses to humidity in *Nothofagus menziesii*. NZ J Bot 23:425–429 [11]

Körner C, Cochrane P (1983) Influence of plant physiognomy on leaf temperature on clear midsummer days in the Snowy Mountains, south-eastern Australia. Acta Oecol, Oecol Plant 4:117–124 [4, 9]

Körner C, Cochrane PM (1985) Stomatal responses and water relations of *Eucalyptus pauciflora* in summer along an elevational gradient. Oecologia 66:443–455 [6, 11]

Körner C, Diemer M (1987) *In situ* photosynthetic responses to light, temperature and carbon dioxide in herbaceous plants from low and high altitude. Funct Ecol 1:179–194 [11]

Körner C, Hoch G (2006) A test of treeline theory on a montane permafrost island. Arct Antarct Alp Res 38:113–119 [6]

Körner C, Larcher W (1988) Plant life in cold climates. In: Long SF, Woodward FI (eds) Plants and temperature. Symp Soc Exp Biol 42:25–57 [11]

Körner C, Miglietta F (1994) Long term effects of naturally elevated CO_2 on mediterranean grassland and forest trees. Oecologia 99:343–351 [11]

Körner C, Paulsen J (2004) A world-wide study of high altitude treeline temperatures. J Biogeogr 31:713–732 [1, 3, 4, 5, 7]

Körner C, Renhardt U (1987) Dry matter partitioning and root length /leaf area ratios in herbaceous perennial plants with diverse altitudinal distribution. Oecologia 74:411–418 [6]

Körner C, Scheel JA, Bauer H (1979) Maximum leaf diffusive conductance in vascular plants. Photosynthetica 13:45–82 [11]

Körner C, Allison A, Hilscher H (1983) Altitudinal variation in leaf diffusive conductance and leaf anatomy in heliophytes of montane New Guinea and their interrelation with microclimate. Flora 174:91–135 [6]

Körner C, Bannister P, Mark AF (1986) Altitudinal variation in stomatal conductance, nitrogen content and leaf anatomy in different plant life forms in New Zealand. Oecologia 69:577–588 [6, 11]

Körner C, Neumayer M, Pelaez Menendez-Riedl S, Smeets-Scheel A (1989a) Functional morphology of mountain plants. Flora 182:353–383 [2,6]

Körner C, Pelaez Menendez-Riedl S, John PCL (1989b) Why are Bonsai plants small? A consideration of cell size. Aust J Plant Physiol 16:443–448 [6]

Körner C, Farquhar GD, Wong SC (1991) Carbon isotope discrimination by plants follows latitudinal and altitudinal trends. Oecologia 88:30–40 [2, 11]

Körner C, Diemer M, Schäppi B, Niklaus P, Arnone J (1997) The responses of alpine grassland to four seasons of CO_2 enrichment: a synthesis. Acta Oecol 18:165–175 [12]

Körner C, Paulsen J, Pelaez-Riedl S (2003) A bioclimatic characterisation of Europe's alpine areas. In: Nagy L, Grabherr G, Körner C, Thompson DBA (eds) Alpine biodi-versity in Europe. Ecol Stud 167:13–28, Springer, Berlin Heidelberg New York [9]

Körner C, Asshoff R, Bignucolo O, Hättenschwiler S, Keel SG, Pelaez-Riedl S, Pepin S, Siegwolf RTW, Zotz G (2005) Carbon flux and growth in mature deciduous forest trees exposed to elevated CO_2. Science 309:1360–1362 [12]

Körner C, Paulsen J, Spehn EM (2011) A definition of mountains and their bioclimatic belts for global comparisons of biodiversity data. Alp Bot 121:73–78, doi 10.1007/s00035-011-0094-4 [5, 12]

Kudo G (1996) Intrasepecific variation of leaf traits in several deciduous species in relation to length of growing season. Ecoscience 3:483–489 [11]

Kullman L (1989) Cold-induced dieback of montane spruce forests in the Swedish Scandes–a modern analogue of paleoenvironmental processes. New Phytol 113:377–389 [12]

Kullman L (1990) Dynamics of altitudinal tree-limits in Sweden: a review. Norsk Geogr Tidsskr 44:103–116 [1]

Kullman L (1995) Holocene tree-limit and climate history from the Scandes Mountains, Sweden. Ecology 76:2490–2502 [12]

Kullman L (1996) Norway spruce present in the Scandes Mountains, Sweden at 8000 BP: New light on Holocene tree spread. Glob Ecol Biogeogr Lett 5:94–101 [12]

Kullman L (1998) Tree-limits and montane forests in the Swedish Scandes: sensitive biomonitors of climate change and variability. Ambio 27:312–321 [1, 12]

Kullman L (1999) Early holocene tree growth at a high elevation site in the northernmost Scandes of Sweden (Lapland): a palaeobiogeographical case study based on megafossil evidence. Geogr Ann Ser A Phys Geogr 81:63–74 [12]

Kullman L (2007) Tree line population monitoring of Pinus sylvestris in the Swedish Scandes, 1973-2005: implications for tree line theory and climate change ecology. J Ecol 95:41–52 [9]

Kullman L, Hogberg N (1989) Rapid natural decline of upper montane forests in the Swedish Scandes. Arctic 42:217–226 [10]

Kullman L, Öberg L (2009) Post-little ice age tree line rise and climate warming in the Swedish Scandes: a landscape ecological perspective. J Ecol 97:415–429 [12]

LaMarche VC, Mooney HA (1967) Altithermal timberline advance in western United States. Nature 11:980–982 [12]

LaMarche VC, Mooney HA (1972) Recent climatic change and development of the bristlecone pine (*Pinus longaeva* Baley) krummholz zone, Mt Washington, Nevada. Arct Alp Res 4:61–72 [1, 12]

LaMarche VC, Graybill DA, Fritts HC, Rose MR (1984) Increasing atmospheric carbon dioxide: tree ring evidence for growth enhancement in natural vegetation. Science 225:1019–1021 [12]

Lambers H, Chapin III FS, Pons TL (2008) Plant physiological ecology. Springer, Berlin Heidelberg New York [9]

Langlet O (1971) Two hundred years genecology. Taxon 20:653–722 [8]

Lanner RM (1988) Dependence of Great Basin bristlecone pine on Clark's nutcracker for regeneration at high elevations. Arct Alp Res 20:358–362 [9]

Lara A, Villalba R (1993) A 3620-year temperature record from *Fitzroya cupressoides* tree rings in southern South America. Science 260:1104–1106 [12]

Larcher W (1957) Frosttrocknis an der Waldgrenze und in der alpinen Zwergstrauchheide auf dem Patscherkofel bei Innsbruck. In: Veröff des Museum Ferdinadeum, Universitätsverlag Wagner, Innsbruck 37, pp. 49–81 [10]

Larcher W (1963) Zur spätwinterlichen Erschwerung der Wasserbilanz von Holzpflanzen an der Waldgrenze. Ber Naturwiss Med Ver Innsbruck 53:125–137 [10]

Larcher W (1985a) Frostresistenz. Handb Pflanzenkr 1:177–259 [10]

Larcher W (1985b) Winter stress in high mountains. In: Turner H, Tranquillini W (eds) Establishment and tending of subalpine forest: research and management. Ber Eidg Anst For Versuch 270:11–20 [10]

Larcher W (2003) Physiological plant ecology, 4th edn. Springer, Berlin Heidelberg New York [10]

Larcher W, Siegwolf R (1985) Development of acute frost drought in *Rhododendron ferrugineum* at the alpine timberline. Oecologia 67:298–300 [10]

Larcher W, Kainmuller C, Wagner J (2010) Survival types of high mountain plants under extreme temperatures. Flora 205:3–18 [10]

Larigauderie A, Körner C (1995) Acclimation of leaf dark respiration to temperature in alpine and lowland plant species. Ann Bot 76:245–252 [4, 8]

Larsen JB (1986) Die geographische Variation der Weisstanne (*Abies alba* Mill.) Wachstumsentwicklung und Frostresistenz. Forstwiss Cbl 105:396–406 [8]

Latt CR, Nair PKR, Kang BT (2001) Reserve carbohydrate levels in the boles and structural roots of five multipurpose tree species in a seasonally dry tropical climate. For Ecol Manage 146:145–158 [11]

Lauer W (1981) Ecoclimatological conditions of the Paramo belt in the tropical high mountains. Mount Res Dev 1:209–221 [1]

Lauer W (1985) Klimatische Grundzüge der Höhenstufung tropischer Gebirge. Klimageographie 402–422 [1]

Lauer W, Rafiqpoor MD (2000) Paramo de Papallacta–a physiogeographical map 1:50000 of the area around the Antisana (Eastern Cordillera of Ecuador). Erdkunde 54:20–33 [1,4]

Lauer W, Rafiqpoor MD (2002) Die Klimate der Erde. Eine Klassifikation auf der Grundlage der ökophysiologischen Merkmale der realen Vegetation. Franz Steiner Verlag, Stuttgart [4]

Lauer W, Rafiqpoor MD, Theisen I (eds) (2001) Physiogeographie, Vegetation und Syntaxonomie der Flora des Paramo de Papallacta (Ostkordillere Ecuador). Franz Steiner Verlag, Stuttgart [1, 6]

Lawson IT, Al-Omari S, Tzedakis PC, Bryant CL, Christanis K (2005) Late glacial and Holocene vegetation history at Nisi Fen and the Boras mountains, northern Greece. Holocene 15:873–887 [4]

Lehner G, Lütz C (2003) Photosynthetic functions of cembran pines and dwarf pines during winter at timberline as regulated by different temperatures, snowcover and light. J Plant Physiol 160:153–166 [10]

Leikola M (1969) The influence of environmental factors on the diameter growth of forest trees: auxanometric study. Acta For Fenn 92:1–144 [7]

Lenz A, Hoch G, Körner C (2012) Early season temperature controls cambial activity and total tree ring width at treeline. Plant Ecology Diversity, in press [7]

Leuschner C, Schulte M (1991) Microclimatological investigations in the tropical alpine shrub of Maui, Hawai: evidence for a drought-induced alpine timberline. Pac Sci 45:152–168 [3]

Leuzinger S, Körner C (2007) Tree species diversity affects canopy leaf temperatures in a mature temperate forest. Agric For Meteorol 146:29–37 [4]

Li C, Liu S, Berninger F (2004) *Picea* seedlings show apparent acclimation to drought with increasing altitude in the eastern Himalaya. Trees 18:277–283 [11]

Li MH, Yang J (2004) Effects of microsite on growth of *Pinus cembra* in the subalpine zone of the Austrian Alps. Ann For Sci 61:319–325 [7, 9]

Li MC, Kong GQ, Zh JJ (2009) Vertical and leaf-age-related variation of nonstructural carbohydrates in two alpine timberline species, southestern Tibetan plateau. J For Res 14:229–235 [11]

Li MH, Hoch G, Körner C (2001) Spatial variability of mobile carbohydrates within *Pinus cembra* trees at the alpine treeline. Phyton 41:203–213 [11]

Li MH, Hoch G, Körner C (2002) Source/sink removal affects moblie carbohydrates in Pinus cembra at the Swiss treeline. Trees 16:331–337 [7, 11]

Li MH, Xiao WF, Shi P, Wang SG, Zhong YD, Liu XL (2008) Nitrogen and carbon source-sink relationships in trees at the Himalayan treelines compared with lower elevations. Plant Cell Environ 31:1377–1387 [11]

Lloyd AH, Graumlich LJ (1997) Holocene dynamics of treeline forests in the Sierra Nevada. Ecology 78:1199–1210 [1]

Lloyd J, Farquhar GD (1994) ^{13}C discrimination during CO_2 assimilation by the terrestrial biosphere. Oecologia 99:201–215 [2]

Loehle C (1998) Height growth rate tradeoffs determine northern and southern range limits for trees. J Biogeogr 25:735–742 [8]

Loris K (1981) Dickenwachstum von Zirbe; Fichte und Lärche an der Alpinen Waldgrenze/Patscherkofel. Ergebnisse der Dendrometermessungen 1976/79. Mitt Forstl Bundesvers Wien 142:417–441 [7]

Löve D (1970) Subarctic and subalpine: where and what? Arct Alp Res 2:63–73 [2]

Luo TX, Pan YD, Ouyang H, Shi PL, Luo J, Yu ZL, Lu Q (2004) Leaf area index and net primary productivity along subtropical to alpine gradients in the Tibetan Plateau. Global Ecol Biogeogr 13:345–358 [11]

Luo TX, Luo J, Pan Y (2005) Leaf traits and associated ecosystem characteristics across subtropical and timberline forests in the Gongga Mountains, Eastern Tibetan Plateau. Oecologia 142:261–273 [6]

Lütz C (2010) Cell physiology of plants growing in cold environments. Protoplasma 244:53–73 [2]

Lutze JL, Roden JS, Holly CJ, Wolfe J, Egerton JJG, Ball MC (1998) Elevated atmospheric CO_2 promotes frost damage in evergreen tree seedlings. Plant Cell Environ 21: 631–635 [10]

Lydon RF (1998) The shoot apical meristem. Its growth and development. Cambridge University Press, Cambridge [7]

MacDonald GM, Edwards TWD, Moser KA, Pienitz R, Smol JP (1993) Rapid response of treeline vegetation and lakes to past climate warming. Nature 361:243–246 [1]

MäenpääE, Skre O, Malila E, Partanen R, Wielgolaski FE, Laine K (2001) Carbon economy in birch-dominated ecosystem species in northern Fennoscandia. In: Wielgolaski FE (ed.) Nordic mountain birch ecosystems, Man and the Biosphere 27:93-114, Unesco, Paris [11]

Malyshev L (1993) Levels of the upper forest boundary in nothern Asia. Vegetatio 109:175–186 [1]

Manuel N, Cornic G, Aubert S, Choler P, Bligny R, Heber U (1999) Protection against photoinhibition in the alpine plant *Geum montanum*. Oecologia 119:149–158 [10]

Marcelis LFM (1996) Sink strengthas a determinant of dry matter partitioning in the whole plant. J Exp Bot 47:1281–1291 [11]

Marchand PJ, Chabot BF (1978) Winter water relations of treeline plant species on Mt Washington, New Hampshire. Arct Alp Res 10:105–116 [10]

Marcora P, Hensen I, Renison D, Seltmann P, Wesche K (2008) The performance of *Polylepis australis* trees along their entire altitudinal range: implications of climate change for their conservation. Divers Distrib 14:630–636 [9, 10]

Mark AF, Porter S, Piggott JJ, Michel P, Maegli T, Dickinson KJM (2008) Altitudinal patterns of vegetation, flora, life forms, and environments in the alpine zone of the Fiord Ecological Region, New Zealand. NZ J Bot 46:205–237 [1, 3, 4, 7]

Marqius RJ, Newell EA, Villegas AC (1997) Non-structural carbohydrate accumulation and use in an understory rain-forest shrub and relevance for the impact of leaf herbivory. Funct Ecol 11:636–643 [11]

Marshall JD, Zhang J (1994) Carbon isotope discrimination and water-use efficiency in native plants of the northcentral Rockies. Ecology 75:1887–1895 [2]

Martin M, Gavazov K, Körner C, Hättenschwiler S, Rixen C (2010) Reduced early growing season freezing resistance in alpine treeline plants under elevated atmospheric CO_2. Global Change Biol 16:1057–1070 [10, 12]

Maruta E (1996) Winter water relations of timberline larch (*Larix leptolepis* Gord.) on Mt Fuji. Trees Struct Funct 11:119–126 [10]

Matyssek R, Wieser G, Patzner K, Blaschke H, Häberle KH (2009) Transpiration of forest trees and stands at different altitude: consistencies rather than contrasts? Eur J For Res 128:579–596 [11, 12]

Mayr S (2007) Limits in water relations. In: Wieser G, Tausz M (eds) Trees at their upper limit. Springer, Berlin Heidelberg New York, pp. 145–162 [10]

Mayr S, Sperry JS (2010) Freeze-thaw-induced embolism in *Pinus contorta*: centrifuge experiments validate the "thawexpansion hypothesis" but conflict with ultrasonic emission data. New Phytol 185:1016–1024 [10]

Mayr S, Wolfschwenger M, Bauer H (2002) Winter-drought induced embolism in Norway spruce (*Picea abies*) at the Alpine timberline. Physiol Plant 115:74–80 [6]

Mayr S, Gruber A, Bauer H (2003) Repeated freeze-thaw cycles induce embolism in drought stressed conifers (Norway spruce, stone pine). Planta 217:436–441 [10]

Mayr S, Hacke U, Schmid P, Schwienbacher F, Gruber A (2006) Frost drought in conifers at the alpine timberline: xylem dysfunction and adaptations. Ecology 87:3175–3185 [6,10]

Mayr S, Cochard H, Ameglio T, Kikuta SB (2007) Embolism formation during freezing in the wood of

Picea abies. Plant Physiol 143:60–67 [10]

McAllister H (2005) The genus *Sorbus*. Royal Botanic Gardens Kew, London [8]

McCracken IJ, Wardle P, Benecke U, Buxton RP (1985) Winter water relations of tree foliage at timberline in New Zealand and Switzerland. In: Turner H, Tranquillini W (eds) Establishment and tending of subalpine forests: research and management. Ber Eidg Anst For Versuch 270:85–93 [10]

McLaughlin SB, Andersen CP, Edwards NT, Roy WK, Layton Pa (1990) Seasonal patterns of photosynthesis and respiration of red spruce saplings from two elevations in declining southern Appalachian stands. Can J For Res 20:485–495 [12]

Melanson GP, Brown DG, Butler DR, Cairns DM, Fagre DB, Walsh SJ (2009) Ecotone dynamics: invasibility of alpine tundra by tree species from the subalpine forest. In: Butler DR, Melanson GP, Walsh SJ, Fagre DB (eds) The changing alpine treeline: the example of Glacier National Park, MT, USA. Elsevier, Amsterdam, pp. 35–61 [9]

Melcher PJ, Cordell S, Jones TJ, Scowcroft PG, Niemczura W, Giambelluca TW, Goldstein G (2000) Supercooling capacity increases from sea level to the tree line in the Hawaiian tree species *Metrosideros polymorpha*. Int J Plant Sci 161:369–379 [8, 10]

Michaelis P (1934a) Ökologische Studien an der alpinen Baumgrenze. IV. Zur Kenntnis des winterlichen Wasserhaushaltes. JB Wiss Bot 80:169 [10]

Michaelis P (1934b) Ökologische Studien an der alpinen Baumgrenze. V. Osmotischer Wert und Wassergehalt wahrend des Winters in den verschiedenen Hohenlagen. JB Wiss Bot 80:336 [10]

Miehe G, Miehe S (1994) Zur oberen Waldgrenze in tropischen Gebirgen. Phytocoenologia 24:53–110 [1]

Miehe G, Miehe S, Schlütz F (2002) Vegetationskundliche und palynologische Befunde aus dem Muktinath-Tal (Tibetischer Himalaya, Nepal). Erdkunde 56:268–285 [1]

Miehe G, Miehe S, Koch S, Will M (2003) Sacred forests in Tibet. Using geographical information systems for forest rehabilitation. Mount Res Dev 23:324–328 [3, 10]

Miehe G, Miehe S, Schlütz F, Kaiser K, Duo L (2006) Palaeoecological and experimental evidence of former forests and woodlands in the treeless destet pastures of Southern Tibet (Lhasa, A.R. Xizang, China). Palaeogeogr Palaeoclimatol 242:54–67 [1, 12]

Miehe G, Miehe S, Vogel J, Co S, Duo L (2007) Highest treeline in the northern hemisphere found in southern Tibet. Mount Res Dev 27:169–173 [1, 3]

Miehe G, Miehe S, Will M, Opgenoorth L, Duo L, Dorgeh T, Liu JQ (2008) An inventory of forest relicts in the pastures of Southern Tibet (Xizang AR, China). Plant Ecol 194:157–177 [11]

Mitchell KA, Bolstad PV, Vose JM (1999) Interspecific and environmentally induced variation in foliar dark respiration among eighteen southeastern deciduous tree species. Tree Physiol 19:861–870 [8, 11]

Moen J, Aune K, Edenius L, Angerbjörn A (2004) Potential effects of climate change on treeline position in the Swedish mountains. Ecol Soc 9:12 [12]

Molau U, Larsson EL (2000) Seed rain and seed bank along an alpine altitudinal gradient in Swedish Lapland. Can J Bot 78:728–747 [9]

Mooney HA, Billings WD (1960) The annual carbohydrate cycle of alpine plants as related to growth.

Am J Bot 47:594–598 [11]

Mooney HA, Billings WD (1961) Comparative physiological ecology of arctic and alpine populations of Oxyria digyna. Ecol Monogr 31:1–29 [8]

Mooney HA, Wright RD, Strain BR (1964) The gas exchange capacity of plants in relation to vegetation zonation in the White Mountains of California. Am Midl Nat 72:281–297 [11]

Morales MS, Villalba R, Grau HR, Paolini L (2004) Rainfallcontrolled tree growth in high-elevation subtropical treelines. Ecology 85:3080–3089 [3, 7, 10, 12]

Moser L, Fonti P, Bütgen U, Esper J, Luterbacher J, Franzen J, Frank D (2009) Timing and duration of European larch growing season along altitudinal gradients in the Swiss Alps. Tree Physiol 30:225–233 [4, 7]

Moser M (1958) Der Einfluss tiefer Temperaturen auf das Wachstum und die Lebenstätigkeit höherer Pilze mit spezieller Berücksichtigung von Mykorrhizapilzen. Sydowia Ann Mycol Ser 2 12:386–399 [11]

Moser M (1967) Die ektotrophe Ernährungsweise an der Waldgrenze. Mittl Forstl Bundesversuchsanst Wien 75: 357–381 [6, 11]

Müller HN (1981) Messungen zur Beziehung Klimafaktoren-Jahrringwachstum von Nadelbaumarten verschiedener waldgrenznaher Standorte. Mittl Forst Bundesver Wien 142:327-355 [7]

Nagano S, Nakano T, Hikosaka K, Maruta E (2009) Needle traits of an evergreen, coniferous shrub growing at wind-exposed and protected sites in a mountain region: does *Pinus pumila* produce needles with greater mass per area under windstress conditions? Plant Biol 11[Suppl 1]:94–100 [6]

Nagy L, Grabherr G (2009) The biology of alpine habitats. Oxford University Press, Oxford [1]

Nather H (1958) Zur Keimung der Zirbensamen. Zentralbl Ges Forst 75:61-70 [9]

Neuner G (2007) Frost resistance at the upper timberline. In: Wieser G, Tausz M (eds) Trees at their upper limit. Springer, Dordrecht, pp. 171-180 [10]

Nicolussi K, Bortenschlager S, Körner C (1995) Increase in tree-ring width in subalpine *Pinus cembra* from the central Alps that may be CO_2-related. Trees 9:181–189 [12]

Noble IR (1980) Interactions between tussock grass (*Poa* spp.) and *Eucalyptus pauciflora* seedlings near treeline in southeastern Australia. Oecologia 45:350–353 [9]

Norby RJ, Warren JM, Iversen CM, Medlyn BE, McMurtrie RE (2010) CO_2 enhancement of forest productivity constrained by limited nitrogen availability. Proc Natl Acad Sci USA 107:19368–19373 [12]

Oberhuber W (2004) Influence of climate on radial growth of *Pinus cembra* within the alpine timberline ecotone. Tree Physiol 24:291–301 [7]

Oegren E, Nilsson T, Sundblad LG (1997) Relationship between respiratory depletion of sugars and loss of cold hardiness in coniferous seedlings over-wintering at raised temperatures: Indication of different sensitivities of spruce and pine. Plant Cell Environ 20:247–253 [10]

Ohsawa M (1990) An interpretation of latitudinal patterns of forest limits in south and east asian mountains. J Ecol 78:326–339 [1,3]

Ohsawa M (1995) Latitudinal comparison of altitudinal changes in forest structure, leaf-type, and species richness in humid monsoon Asia. Vegetatio 121:3–10 [1,3]

Ohsawa M, Nitta I (2002) Forest zonation and morphological tree-traits along latitudinal and altitudinal environmental gradients in humid monsoon asia. Global Environ Res 6:41–52 [1]

Ohsawa T, Die Y (2008) Global patterns of genetic variation in plant species along vertical and horizontal gradients on mountains. Global Ecol Biogeogr 17:152–163 [8]

Oleksyn J, Modrzynski J, Tjoelker MG, Zytkowiak R, Reich PB, Karolewski P (1998) Growth and physiology of *Picea abies* populations from elevational transects: common garden evidence for altitudinal ecotypes and cold adaptation. Funct Ecol 12:573–590 [6,8,11]

Oribe Y, Funada R, Kubo T (2003) Relationships between cambial activity, cell differentiation and the localization of starch in storage tissues around the cambium in locally heated stems of *Abies sachalinensis* (Schmidt) Masters. Trees Struct Funct 17:185–192 [11]

Oswald H (1963) Verteilung und Zuwachs der Zirbe (*Pinus cembra* L.) der subalpinen Stufe an einem zentralalpinen Standort. Mitt Forstl Versuchswes Österr 60:437–499 [6, 9]

Ott E (1978) Über die Abhängigkeit des Radialzuwachses und der Oberhohen bei Fichte und Lärche von der Meereshohe und Exposition im Lotschental. Schweiz Z Forstwes 129:169–193 [7]

Ozenda P (1997) Aspects biogeographiques de la vegetation des hautes chaines. Biogeographica 73:145–179 [1]

Paulsen J, Körner C (2001) GIS-analysis of tree-line elevation in the Swiss Alps suggest no exposure effect. J Veg Sci 12:817–824 [3, 4, 5, 9]

Paulsen J, Weber UM, Körner C (2000) Tree growth near treeline: abrupt or gradual reduction with altitude? Arct Antarct Alp Res 32:14–20 [1, 3, 7, 12]

Paulsen J, Körner C (2014) A climate-based model to predict potential treeline position around the globe. Alp Bot 124:1-12

Payette S, Filion L, Delwaide A, Bégin C (1989) Reconstruction of tree-line vegetation response to long-term climate change. Nature 341:429–432 [12]

Payette S, Filion L, Gauthier L, Boutin Y (1985) Secular climate change in old-growth tree-line vegetation of northern Quebec. Nature 315:135–138 [12]

Payette S, Delwaide A, Morneau C, Lavoie C (1996) Patterns of tree stem decline along a snow-drift gradient at treeline: a case study using stem analysis. Can J Bot 74:1671–1683 [6, 10]

Peintner U, Moser M (1996) The mycobiota (basidiomycetes) of an Alpine Tyrolean valley. Phyton Ann REI Bot 36:65–81 [11]

Pelekanos V (1988) Samenmerkmale und Keimblattzahlen des Fichtenprofils “Seetaler Alpen” Forst Bundesver (Vienna) 28:159–162 [8, 9]

Pereg, D, Payette S (1998) Development of black spruce growth forms at treeline. Plant Ecol 138:137–147 [6]

Perkins TD, Adams GT, Klein RM (1991) Desiccation or freezing? Mechanisms of winter injury to red spruce foliage. Am J Bot 78:1207–1217 [10]

Persson B (1994) Effect of provenance transfer on survival in nine experimental series with *Pinus sylvestris* (L.) in Northern Sweden. Scand J For Res 9:275–287 [8]

Petersen KL, Mehringer PJ (1976) Postglacial timberline fluctuations, La Plata Mountains, southwestern

Colorado. Arct Alp Res 8:275–288 [1]

Peterson DL (1994) Recent changes in the growth and establishment of subalpine conifers in western North America. In: Beniston M (ed.) Mountain environments in changing climates. Routledge, London, pp. 234–243 [1]

Petersson D (1998) Climate, limiting factors and environmental change in high altitude forests of Western North America. In: Benniston M, Innes IJ (eds) The impact of climate variability on forests. Springer, Berlin Heidelberg New York, pp. 191–208 [12]

Petit RJ, Hampe A (2006) Some evolutionary consequences of being a tree. Annu Rev Ecol Evol Syst 37:187–214 [2]

Piper FI, Cavieres LA, Reyes-Diaz M, Corcuera LJ (2006) Carbon sink limitation and frost tolerance control performance of the tree *Kageneckia angustifolia* D. Don (Rosaceae) at the treeline in central Chile. Plant Ecol 185:29–39 [10]

Pisek A, Winkler E (1958) Assimilationsvermogen und Respiration der Fichte (*Picea excelsa* Link) in verschiedener Hohenlage und der Zirbe (*Pinus cembra* L.) an der alpinen Waldgrenze. Planta 51:518–543 [11]

Pluss AR, Schütz W, Stöcklin J (2005) Seed weight increases with altitude in the Swiss Alps between related species but not among populations of individual species. Oecologia 144:55–61 [9]

Porter TJ, Pisaric MFJ, Kokelj SV, Edwards TWD (2009) Climatic signals in delta C-13 and delta O-18 of tree-rings from white spruce in the Mackenzie Delta Region, Northern Canada. Arct Antarct Alp Res 41:497–505 [11]

Rada F, Goldstein G, Azocar A, Meinzer F (1985) Daily and seasonal osmotic changes in a tropical treeline species. J Exp Bot 36:989–1000 [10]

Rada F, Azocar A, Briceno B, Gonzalez J, Garcia- Nunez C (1996) Carbon and water balance in *Polylepis sericea*, a tropical treeline species. Trees 10:218–222 [1, 11]

Rada F, Garcia-Nunez C, Boero C, Gallardo M, Hilal M, Gonzalez J, Prado F, Liberman-Cruz M, Azocar A (2001) Low-temperature resistance in *Polylepis tarapacana*, a tree growing at the highest altitudes in the world. Plant Cell Environ 24:377–381 [3, 8, 10]

Rada F, Garcia-Nunez C, Rangel S (2009) Low temperature resistance in saplings and ramets of *Polylepis sericea* in the Venezuelan Andes. Acta Oecol 35:610–613 [10]

Rafiqpoor MD (2005) Mikroklimatische Bedingungen des Baumwachstums im Waldgrenzökoton des Paramo de Papallacta-Ostkordillere Ecuador. In: Veste M, Wucherer W, Homeier J (eds) Oekologische Forschung im globalen Kontext. Festschrift zum 65. Geburtstag von Prof. Dr. S.-W. Breckle. Cuvillier Verlag, Göttingen, pp. 235–256 [4]

Raich JW, Russell AE, Kitayama K, Parton WJ, Vitousek PM (2006) Temperature influences carbon accumulation in moist tropical forests. Ecology 87:76–87 [6]

Ramsay PM, Oxley ERB (1996) Fire temperatures and postfire plant community dynamics in Ecuadorian grass paramo. Vegetatio 124:129–144 [6]

Ramsay PM, Oxley ERB (1997) The growth form composition of plant communities in the Ecuadorian paramos. Plant Ecol 131:173–192 [1]

Ranney TG, Bir RE, Skroch WA (1991) Comparative drought resistance among six species of birch (*Betula*): influence of mild water stress on water relations and leaf gas exchange. Tree Physiol 8:351–360 [10]

Ravazzi C, Donegana M, Vescovi E, Arpenti E, Caccianiga M, Kaltenrieder P, Londeix L, Marabini S, Mariani S, Pini R, Vai GB, Wick L (2006) A new Lateglacial site with *Picea abies* in the Northern Apennine foothills: a population failing the model of glacial refugia trees. Veg Hist Archaeobot 15:357–371 [4]

Reasoner M, Tinner W (2008) Holocene treeline fluctuations. In: Gornitz V (ed.) Encyclopedia of Paleoclimatology and ancient environments, Springer, Dordrecht, pp 442–446 [12]

Reich PB, Oleksyn J, Troeler MG (1994) Seed mass effects on germination and growth of diverse European Scots pine populations. Can J For Res 24:306–320 [8]

Reich PB, Oleksyn J, Modrzynski J, Tjoelker M (1996) Evidence that longer needle retention of spruce and pine populations at high elevations and high latitudes is largely a phenotypic response. Tree Physiol 16:643–647 [6, 8]

Richards JH (1985) Ecophysiological characteristics of seedling and sapling subalpine larch, *Larix lyallii*, in the winter environment. In: Turner H, Tranquillini W (eds) Establishment and tending of subalpine forests: research and management. Proceedings of the third IUFRO workshop, 1984. Ber Eidg Anst Forst Versuchs 270:103–112 [10]

Richardson DM (1998) Ecology and biogeography of *Pinus*. Cambridge University Press, Cambridge [8]

Richardson SJ, Allen RB, Whitehead D, Carlwell FE, Ruscoe WA, Platt KH (2005) Climate and net carbon availability determine temporal patterns of seed production by *Nothofagus*. Ecology 86:972–981 [9]

Robinson H, Cuatrecasas J (1992) Additions to *Aequatorium* and *Gynoxys* (Asteraceae: Senecioneae) in Bolivia, Ecuador, and Peru. Novon 2:411–416 [8]

References Rochefort R, Little RL, Woodward A, Peterson D (1994) Changes in sub-alpine tree distribution in western North America: a review of climatic and other casual factors. Holocene 4:89–100 [1, 2, 12]

Rolland C, Petitcolas V, Michalet R (1998) Changes in radial tree growth for *Picea abies*, *Larix decidua*, *Pinus cembra* and *Pinus uncinata* near the alpine timberline since 1750. Trees Struct Funct 13:40–53 [1, 3, 7, 12]

Rossi S, Deslauriers A, Anfodillo T, Morin H, Saracino A, Motta R, Borghetti M (2005) Conifers in cold environments synchronize maximum growth rate of tree-ring formation with day length. New Phytol 170: 301–310 [7]

Rossi S, Deslauriers A, Anfodillo T, Carraro V (2007) Evidence of threshold temperatures for xylogenesis in conifers at high altitudes. Oecologia 152:1–12 [1, 7]

Rossi S, Simard S, Rathgeber CBK, Deslauriers A, De Zan C (2009) Effects of a 20-day-long dry period on cambial and apical meristem growth in *Abies balsamea* seedlings. Trees Struct Funct 23:85–93 [7]

Ruotsalainen AL, Tuomi J, Vare H (2002) A model for optimal mycorrhizal colonization along altitudinal gradients. Silv Fenn 36:681–694 [11]

Ryyppö A, Iivonen S, Rikala R, Sutinen ML, Vapaavuori E (1998) Responses of Scots pine seedlings to low root zone temperature in spring. Physiol Plant 102:503–512 [7]

Sakai A, Larcher W (1987) Frost survival of plants: responses and adaptation. Ecological studies 62, Springer, Berlin Heidelberg New York [10]

Sakai A, Okada S (1971) Freezing resistance of conifers. Sil Genet 20:91–97 [10]

Sakai A, Paton DM, Wardle P (1981) Freezing resistance of trees of the south temperate zone, especially subalpine species of Australasia. Ecology 62:563–570 [10]

Sakio H, Masuzawa T (1987) Ecological studies on the timberline of Mt Fuji. 2. Primary productivity of *Alnus maximowiczii* dwarf forest. Bot Mag Tokyo 100:349–363 [7]

Salisbury FB (1985) Plant adaptation to light environment. In: Kaurin A, Junttila O, Nilsen J (eds) Plant production in the north. Norwegian University Press, Tromsø, pp. 43–61 [9]

Salzer MW, Hughes MK, Bunn AG, Kipfmueller KF (2009) Recent unprecedented tree-ring growth in bristlecone pine at the highest elevations and possible causes. Proc Natl Acad Sci USA 106:20348–20353 [7, 12]

Schädel C, Richter A, Blöchl A, Hoch G (2010) Hemicellulose concentration and composition in plant cell walls under extreme carbon source-sink imbalances. Physiol Plant 139:241–255 [11]

Schauer AJ, Schoettle AW, Boyce RL (2001) Partial cambial mortality in high-elevation *Pinus aristata* (Pinaceae). Am J Bot 88:646–652 [6]

Scherrer D, Körner C (2010a) Infra-red thermometry of alpine landscapes challenges climatic warming projections. Global Change Biol 16:2602–2613 [3, 4, 9]

Scherrer D, Körner C (2010b) Topographically controlled thermal-habitat differentiation buffers alpine plant diversity against climate warming. J Biogeogr 38:406–416 [9]

Schickhoff U (2005) The upper timberline in the Himalayas, Hindu Kush and Karakorum: a review of geographical and ecological aspects. In: Broll G, Keplin B (eds) Mountain ecosystems. Studies in treeline ecology. Springer, Berlin Heidelberg New York, pp. 275–354 [3]

Schimper ASW (1898) Pflanzengeographie auf physiologischer Grundlage. Fischer, Jena. Engl Transl (1903) Plant geography upon a physiological basis. Clarendon, Oxford [1,4]

Schneider R (1985) Analyse palynologique dans l'Aspromante en Calabre (Italie méridional). Cah Lig Prehist Protohist 2:279–288 [4]

Schönenberger W (2001) Cluster afforestation for creating diverse mountain forest structures–a review. For Ecol Manage 145:121–128 [9]

Schönenberger W, Frey W (1988) Untersuchungen zur Ökologie und Technik der Hochlagenaufforstung. Forschungsergebnisse aus dem Lawinenanrissgebiet Stillberg. Schweiz Z Forstwes 139:735–820 [6]

Schröter C (1908) Das Pflanzenleben der Alpen. Raustein, Zurich [1, 3]

Schröter C (1926) Das Pflanzenleben der Alpen. Raustein, Zurich [1, 3]

Schweingruber FH (1996) Tree rings and environment. Dendroecology, Haupt, Bern [7]

Scopel AL, Ballare CL, Sanchez RA (1991) Induction of extreme light sensivity in buried weed seeds and its role in the perception of soil cultivations. Plant Cell Environ 14: 501–508 [9]

Scott PA, Bentley CV, Fayle DCF, Hansell RIC (1987) Crown forms and shoot elongation of white spruce at the treeline, Churchill, Manitoba, Canada. Arct Alp Res 19:175–186 [3,7]

Shaver GR, Chapin III FS, Billings WD (1979) Ecotypic differentiation in *Carex aquatilis* on ice-wedge polygons in the Alaskan coastal tundra. J Ecol 67:1025–1046 [11]

Shi P, Körner C, Hoch G (2006) End of season carbon supply status of woody species near the treeline in western China. Basic Appl Ecol 7:370–377 [11]

Shi P, Körner C, Hoch G (2008) A test of the growth-limitation theory for alpine tree line formation in evergreen and deciduous taxa of the eastern Himalayas. Funct Ecol 22:213–220 [6, 11]

Shi Z, Liu S, Liu X, Centritto M (2006) Altitudinal variation in photosynthetic capacity, diffusional conductance and d^{13}C of butterfly bush (*Buddleja davidii*) plants growing at high elevations. Physiol Plant 128:722–731 [11]

Shrestha BB, Ghimire B, Lekhak HD, Jha PK (2007) Regeneration of treeline birch (*Betula utilis* D. don) forest in a transHimalayan dry valley in Central Nepal. Mt Res Dev 27:259–267 [9]

Singh SP, Adhikari BS, Zobel DB (1994) Biomass, productivity, leaf longevity and forest structure in the central Himalaya. Ecol Monogr 64:401–421 [1, 11]

Skre O (1993) Consequences of possible climatic temperature changes for plant production and growth in alpine and sub-alpine areas in Fennoscandia. In: Holten JI, Paulsen G, Oechel WC (eds) Impacts of climatic change on natural ecosystems, with emphasis on boreal and arctic/alpine areas. NINA, Trondheim, pp. 125–135 [11]

Slatyer RO (1976) Water deficits in timberline trees in the Snowy Mountains of South-Eastern Australia. Oecologia 24:357–366 [10]

Slatyer RO (1977) Altitudinal variation in the photosynthetic characteristics of snow gum, *Eucalyptus pauciflora* Sieb. Ex Spreng. IV. Temperature response of four populations grown at different temperatures. Aust J Plant Physiol 4:583–594 [8]

Slatyer RO (1978) Altitudinal variation in the photosynthetic characteristics of snow gum, *Eucalyptus pauciflora* Sieb. Ex Spreng. VII. Relationship between gradients of field temperature and photosynthetic temperature optima in the Snowy Mountains area. Aust J Bot 26:111–121 [1]

Slatyer RO, Cochrane PM, Galloway RW (1985) Duration and extent of snow cover in the Snowy Mountains and a comparison with Switzerland. Search 15:327–331 [1]

Slatyer RO, Noble IR (1992) Dynamics of montane treelines. In: Hansen AJ, di Castri F (eds) Landscape boundaries. Consequences for biotic diversity and ecological flows. Ecol Stud 92:346-359, Springer, Berlin Heidelberg New York [1, 3, 12]

Smith SD, Naumburg E, Niinemets Ü, Germino MJ (2004) Leaf to landscape. In: Smith WK, Vogelmann TC, Critchley C (eds): Photosynthetic adaptation, chloroplast to landscape. Springer, Berlin Heidelberg New York, pp. 262–294 [11]

Smith WK (1985) Western montane forests. In: Chabot BF, Mooney HA (eds) Physiological ecology of North American plant communities. Chapman and Hall, London, pp. 95–126 [1, 11]

Smith WK, Germino MJ, Hancock TE, Johnson DM (2003) Another perspective on altitudinal limits of alpine timberlines. Tree Physiol 23:1101–1112 [1, 9]

Smith WK, Germino MJ, Johnson DM, Reingardt K (2009) The altitude of alpine treeline: a bellwether of climatic change effects. Bot Rev 75:163–190 [1, 9]

Solfjeld I, Johnsen Ø (2006) The influence of root-zone temperature on growth of *Betula pendula* Roth. Trees Struct Funct 20:320–328 [7]

Sonesson M, Hoogesteger J (1983) Recent tree-line dynamics (*Betula pubescens* Ehrh. ssp. *tortuosa* (Ledeb.) Nyman) in northern Sweden. In: Morisset P, Payette S (eds) Tree-line ecology. Coll Nordic 47:47–54 [1, 12]

Sorensen FC, Franklin JF (1977) Influence of year of cone collection on seed weight and cotyledon number in *Abies procera*. Silv Genet 26:41–43 [9]

Sowell JB, McNulty SP, Schilling BK (1996) The role of stem recharge in reducing the winter desiccation of *Picea engelmannii* (Pinaceae) needles at alpine timberline. Am J Bot 83:1351–1355 [10]

Sparks JP, Black RA (2000) Winter hydraulic conductivity end xylem cavitation in coniferous trees from upper and lower treeline. Arct Antarct Alp Res 32:397–403 [10]

Speck T, Rowe NP, Brüchert F, Gallenmüller F, Spatz HC (1996) How plants adjust the "material properties" of their stems according to differing mechanical constraints during growth: an example of smart design in nature. Eng Syst Design Anal 5:233–241 [6]

Sperry JS, Sullivan JEM (1992) Xylem embolism in response to freeze-thaw cycles and water-stress in ring-porous, diffuseporous, and conifer species. Plant Physiol 100:605–613 [10]

Splechtna BE, Dobry J, Klinka K (2000) Tree-ring characteristics of subalpine fir (*Abies lasiocarpa* (Hook.) Nutt.) in relation to elevation and climatic fluctuations. Ann For Sci 57:89–100 [7]

Squeo A, Rada F, Azocar A, Goldstein G (1991) Freezing tolerance and avoidance in high tropical Andean plants: is it equally represented in species with different plant height? Oecologia 86:378–382 [8,9,10]

Stevens GC, Fox JF (1991) The cause of treeline. Annu Rev Ecol Syst 22:177–191 [1]

Stöcklin J, Körner C (1999) Recruitment and mortality of *Pinus sylvestris* near the nordic treeline: the role of climatic change and herbivory. Ecol Bull 47:168–177 [9]

Stottlemyer R, Binkley D, Steltzer H (2000) Treeline biogeochemistry and dynamics, Noatak National Preserve, Northwestern Alaska. Stud US Geol Surv Alaska 2000:113–c121 [1]

Stuiver M, Braziunas TF (1987) Tree cellulose $^{13}C/^{12}C$ isotope ratios and climatic change. Nature 328:58–60 [2]

Sulpice R, Pyl ET, Ishihara H, Trenkamp S, Steinfath M, Witucka-Wall H, Gibon Y, Usadel B, Poree F, Piques MC, Von Korff M, Steinhauser MC, Keurentjes JJB, Guenther M, Hoehne M, Selbig J, Fernie AR, Altmann T, Stitt M (2009) Starch as a major integrator in the regulation of plant growth. Proc Natl Acad Sci USA 106:10348–10353 [11]

Sundblad LG, Andersson B (1995) No difference in frost hardiness between high and low altitude *Pinus sylvestris* (L.) offspring. Scand J For Res 10:22–26 [10]

Susiluoto S, Perämäki M, Nikinmaa E, Berninger F (2008) Effects of sink removal on transpiration at the treeline: implications for the growth limitation hypothesis. Environ Exp Bot 60:334–339 [7]

Susiluoto S, Hilasvuori W, Berninger F, (2010) Testing the growth limitation hypothesis for subarctic Scots pine. J Ecol 98:1186–1195 [11]

Sutinen ML, Ritari A, Holappa T, Kujala K (1998) Seasonal changes in soil temperature and in the frost hardiness of Scots pine (*Pinus sylvestris*) roots under subarctic conditions. Can J For Res 28:946–950 [10]

Sveinbjörnsson B (2000) North American and European treelines: external forces and internal processes controlling position. Ambio 29:388–395 [1, 7, 12]

Sveinbjörnsson B, Nordell O, Kauhanen H (1992) Nutrient relations of mountain birch growth at and below the elevational tree-line in Swedish Lapland. Funct Ecol 6:213–220 [11]

Sveinbjörsson B, Davis J, Abadie W, Butler A (1995) Soil carbon and nitrogen mineralization at different elevations in the Chugach Mountains of south-central Alaska, USA. Arc Alp Res 27:29–37 [11]

Sveinbjörnsson B, Kauhanen H, Nordell O (1996) Treeline ecology of mountain birch in the Torneträsk area. Ecol Bull 45:65–70 [9]

Sveinbjörnsson B, Hofgaard A, Lloyd A (2002) Natural causes of the tundra-taiga boundary. Ambio Spec Rep 12:23–29 [11]

Takahashi K (1944) Die Baum-und Waldgrenze im HidaGebirge (japanische Nordalpen). Ein Beitrag zur Baumund Waldgrenze Ostasiens. Jap J Bot 13:269–343 [1]

Tang CQ, Ohsawa M (1999) Altitudinal distribution of evergreen broad-leaved trees and their leaf-size pattern on a humid subtropical mountain, Mt Emei, Sichuan, China. Plant Ecol 145:221–233 [6]

Tanja S, Berninger F, Vesala T, Markkanen T, Hari P, Mäkelä A, Ilvesniemi H, Hänninen H, Nikinmaa E, Huttula T, Laurila T, Aurela M, Grelle A, Lindroth A, Arneth A, Shibistova O, Lloyd J (2003) Air temperature triggers the recovery of evergreen boreal forest photosynthesis in spring. Global Change Biol 9:1410–1426 [11]

Taschler D, Neuner G (2004) Summer frost resistance and freezing patterns measured in situ in leaves of major alpine plant growth forms in relation to their upper distribution boundary. Plant Cell Environ 27:737–746 [10]

Tateno M (2003) Benefit to N_2-fixing alder of extending growth period at the cost of leaf nitrogen loss without resorption. Oecologia 137:338–343 [10]

Taulavuori KMJ, Taulavuori EB, Skre O, Nielsen J, Igeland B, Laine KM (2004) Dehardening of mountain birch (*Betula pubescens* ssp. *czerepanovii*) ecotypes at elevated witer temperatures. New Phytol 162:427–436 [10]

Tausz M (2007) Photo-oxidative stress at the timberline. In: Wieser G, Tausz M (eds) Trees at their upper limit. Springer, Berlin Heidelberg New York, pp. 181–195 [10]

Thomas FM (2000) Growth and water relations of four deciduous tree species (*Fagus sylvatica* L., *Quercus petraea* [Matt.] Liebl., *Q-pubescens* Willd., *Sorbus aria* [L.] Cr.) occurring at Central-European tree-line sites on shallow calcareous soils: physiological reactions of seedlings to severe drought. Flora 195:104–115 [10]

Thompson K (1990) Genome size, seed size and germination temperature in herbaceous angiosperms. Evol Trend Plant 4:113–116 [6]

Thompson K, Rabinowitz D (1989) Do big plants have big seeds? Am Nat 133:722–728 [9]

Tibbett M, Grantham K, Sanders FE, Cairney JWG (1998) Induction of cold active acid phosphomonoesterase activity at low temperature in psychrotrophic ectomycorrhizal *Hebeloma* spp. Mycol Res 102:1533–1539 [11]

Tibbett M, Sanders FE, Cairney JWG, Leake JR (1999) Temperature regulation of extracellular proteases in ectomycorrhizal fungi (*Hebeloma* spp.) grown in axenic culture. Mycol Res 103:707–714 [11]

Tinner W (2006) Treeline studies. In: Elias SA (ed) Encyclopedia of quarternary science, Elsevier, Amsterdam, pp. 2374–2383 [12]

Tinner W, Kaltenrieder P (2005) Rapid responses of highmountain vegetation to early Holocene environmental changes in the Swiss Alps. J Ecol 93:936–947 [12]

Tinner W, Theurillat JP (2003) Uppermost limit, extent, and fluctuations of the timberline and treeline ecocline in the Swiss Central Alps during the past 11500 years. Arct Antarct Alp Res 35:158–169 [1, 12]

Tinner W, Vescovi E (2005) Ecologia e oscillazioni del limite degli alberi nelle Alpi dal Pleniglaciale al presente. Studi Trent Sci Nat Acta Geol 82:7–15 [12]

Tinner W, Ammann B, Germann P (1996) Treeline fluctuations recorded for 12500 years by soil profiles, pollen, and plant macrofossils in the Central Swiss Alps. Arct Alp Res 28:131–147 [1, 12]

Tjoelker MG, Oleksyn J, Reich PB (1999) Acclimation of respiration to temperature and CO_2 in seedlings of boreal tree species in relation to plant size and relative growth rate. Global Change Biol 5:679–691 [11]

Tranquillini W (1958) Die Frosthärte der Zirbe unter besonderer Berücksichtigung autochthoner und aus Forstgärten stammender Jungpflanzen. Forstw Centralbl 77:89–105 [10]

Tranquillini W (1963) Climate and water relations of plants in the sub-alpine region. In: Rutler AJ, Whitehead FH (eds) The water relations of plants. Blackwell, London, pp. 153–167 [4]

Tranquillini W (1976) Water relations and alpine timberline. In: Lange OL, Kappen L, Schulze E-D (eds) Water and plant life. Ecological studies 19, Springer, Berlin Heidelberg New York, pp. 473–491 [10,11]

Tranquillini W (1979) Physiological ecology of the alpine timberline. Tree existence at high altitudes with special references to the European Alps. Ecological studies 31, Springer, Berlin Heidelberg New York [10]

Tranquillini W (1982) Frost-drought and its ecological significance. In: Lange OL, Osmond CB, Ziegler H (eds) Encyclopedie of plant physiology, vol. 12B. Physiological plant ecology II. Springer, Berlin Heidelberg New York, pp. 379–400 [10]

Tranquillini W, Havranek WM (1985) Influence of temperature on photosynthesis in spruce provenances from different altitudes. In: Turner H, Tranquillini W (eds) Establishment and tending of subalpine forest: research and management. Ber Eidg Anst Forst Versuch 270:41–51 [8,11]

Tranquillini W, Platter W (1983) Der winterliche Wasserhaushalt der Larche (*Larix decidua* Mill.) an der alpinen Waldgrenze. Verhandl Ges Ökol 11:433–443 [10]

Tranquillini W, Turner H (1961) Untersuchungen über die Pflanzentemperat uren in der subalpinen Stufe mit besonderer Berücksichtigung der Nadeltemperaturen der Zirbe. Mittl Forst Bund Mariabrunn 59:127–151 [4]

Treml V, Banas M (2008) The effect of exposure on alpine treeline position: a case study from the High Sudetes, Czech Republic. Arct Antarct Alp Res 40:751–760 [3]

Treter U (1984) Die Baumgrenzen Skandinaviens. Ökologische und dendroklimatische Untersuchungen. Franz Steiner Verlag, Wiesbaden [1]

Troll C (1961) Klima und Pflanzenkleid der Erde in dreidimensionaler Sicht. Naturwissenschaften 9:332–348 [1]

Troll C (1968) The Cordilleras of the tropical Americas. In: Troll C (ed) Geo-ecology of the mountainous regions of the tropical Americas. Ferd. Dümmlers Verlag, Bonn, pp. 15–55 [1]

Troll C (1973a) The upper timberlines in different climatic zones. Arct Alp Res 5:A3–A18 [1]

Troll C (1973b) High mountain belts between the polar caps and the equator: their definition and lower limit. Arct Alp Res 5:A19–A27 [1]

Troll C, Lauer W (eds) (1978) Geoökologische Beziehungen zwischen der temperierten Zone der Südhalbkugel und den Tropengebieten. Franz Steiner, Wiesbaden [1]

Tschaplinski TJ, Blake TJ (1994) Carbohydrate mobilization following shoot defoliation and decapitation in hybrid poplar. Tree Physiol 14:141–151 [11]

Turner H (1958) Maximaltemperaturen oberflächennaher Bodenschichten an der alpinen Waldgrenze. Wetter Leben 10:1–12 [9]

Turner H (1968) Über "Schneeschliff" in den Alpen. Wetter Leben 20:192–200 [10]

Turner H (1988) Frostschäden und Witterungsverlauf. Eidg Anst Forst Versuch 307:35–44 [10]

Turner H, Tranquillini W (1985) Establishment and tending of subalpine forests: research and management. Proceedings of the third IUFRO workshop, 1984. Ber Eidg Anst Forst Versuch 270 [1]

Turner H, Häsler R, Schönenberger W (1982) Contrasting microenvironments and their effects on carbon uptake and allocation by young conifers near alpine treeline in Switzerland. In: Waring RH (ed) Carbon uptake and allocation in subalpine ecosystems as a key to management. Oregon State University, Oregon, pp. 22–30 [6]

Tzedakis PC (2009) Cenozoic climate and vegetation change. In: Woodward JC (ed.) The physical geography of the mediterranean, Oxford University Press, Oxford, pp. 89–137 [4]

Ulmer W (1937) Über den Jahresgang der Frosthärte einiger immergrüner Arten der alpinen Stufe sowie der Zirbe und Fichte. Unter Berücksichtigung von osmotischem Wert, Zuckerspiegel und Wassergehalt. In: Fitting H (ed) Jb Wiss Bot 84:553–592 [10]

Urrego DH, Niccum BA, La Drew CF, Silman MR, Bush MB (2011) Fire and drought as drivers of Holocene tree line changes in the Peruvian Andes. J Quart Sci 26:28–36 [12]

Vaganov EA, Hughes MK, Shshkin AV (2006) Growth dynamics of conifer tree rings. Images of past and future environments. Ecological studies series. Springer, Berlin Heidelberg New York [6, 7]

Van de Water PK, Leavitt SW, Betancourt JL (2002) Leaf delta C-13 variability with elevation, slope aspect, and precipitation in the southwest United States. Oecologia 132:332–343[2]

van de Weg MJ, Meir P, Grace J, Atkin OK (2009) Altitudinal variation in leaf mass per unit area, leaf tissue density and foliar nitrogen and phosphorus content along an AmazonAndes gradient in Peru. Plant Ecol Divers 2:243–254 [6,11]

VanBogaert R, Haneca K, Hoogesteger J, Jonasson C, DeDapper M, Callaghan TV (2011) A century of treeline changes in sub-arctic Swden shows local and regional variability and only minor influence of 20th century climate warming. J Biogeogr 38:907–921 [12]

Vanderklein DW, Reich PB (1999) The effect of defoliation intensity and history on photosynthesis, growth and carbon reserves of two conifers with contrasting leaf lifespans and growth habits. New Phytol 144:121–132 [11]

Velez V, Cavelier J, Devia B (1998) Ecological traits of the tropical treeline species Polylepis quadrijuga (Rosaceae) in the Andes of Colombia. J Trop Ecol 14:771–787 [1, 7, 11]

Vescovi E, Ammann B, Ravazzi C, Tinner W (2010). A new lateglacial and Holocene record of vegetation and fire history from Lago del Greppo, Northern Apennines, Italy. Veg Hist Archaebot 2010:271–278 [4]

Viereck LA (1979) Characteristics of treeline plant communities in Alaska. Holarct Ecol 2:228–238 [9]

Villalba R, Boninsegna JA, Veblen TT, Schmelter A, Rubulis S (1997) Recent trends in tree-ring records from high elevation sites in the Andes of northern Patagonia. Clim Change 36:425–454 [1, 7, 12]

Vitousek PM, Field CB, Matson PA (1990) Variation in foliar delta ^{13}C in Hawaiian *Metrosideros polymorpha*: a case of internal resistance? Oecologia 84:362–370 [2, 11]

Vittoz P, Rulence B, Largey T, Freléchoux F (2008) Effects of climate and land-use change on the establishment and growth of cembran pine (*Pinus cembra* L.) over the altitudinal treeline ecotone in the Central Swiss Alps. Arct Antarct Alp Res 1:225–232 [12]

Viveros-Viveros H, Cuauhtemoc SR, Vargas-Hernandez JJ, Lopez-Upton J, Ramirez-Valverde G, Santacruz-Varela A (2009) Altitudinal genetic variation in *Pinus hartwegii* Lindl. I: height growth, shoot phenology, and frost damage in seedlings. For Ecol Manage 257:836–842 [8, 10]

Vong RJ, Sigmon JT, Mueller SF (1991) Cloud water deposition to Appalachian forests. Environ Sci Technol 25:1014–1021 [12]

Vorreiter L (1937) Bau und Festigkeitseigenschaften des Holzes der Glatzer Schneebergfichte. Tharandter Forst Jahrb 88:65–126, 235-285, 351-385 [6]

Vuille M, Bradley RS (2000) Mean annual temperature trends and their vertical structure in the tropical Andes. Geophys Res Lett 27:3885–3888 [12]

Walker DA (2000) Hierarchical subdivision of arctic tundra based on vegetation response to climate, parent material and topography. Global Change Biol 6:19–34 [1]

Wallentin G, Tappeiner U, Strobl J Tasser E (2008) Understanding alpine tree line dynamics: an individual-based model. Ecol Model 218:235–246 [12]

Walther GR (2003) Plants in a warmer world. Perspect Plant Ecol Evol Syst 6:169–185 [12]

Walther GR, Beissner S, Pott R (2005) Climate Change and high mountain vegetation shifts. In: Broll G, Keplin B (eds) Mountain ecosystems-studies in treeline ecology, Springer, Berlin Heidelberg New York, pp. 77–96 [1]

Wang B, Qiu YL (2006) Phylogenetic distribution and evolution of mycorrhizas in land plants. Mycorrhiza 16:299–363 [6]

Wang T, Liang Y, Ren HB, Yu D, Ni H, Ma KP (2004) Age structure of *Picea schrenkiana* forest along an altitudinal gradient in the central Tianshan Mountains, northwestern China. For Ecol Manage 196:267–274 [9]

Wang T, Ren HB, Ma KP (2005) Climatic signals in tree ring of *Picea schrenkiana* along an altitudinal gradient in the central Tianshan Mountains, northwestern China. Trees Struct Funct 19:735–741 [7]

Wardlaw IF (1990) Tansley Review No. 27. The control of carbon partitioning in plants. New Phytol 116:341–381 [7, 11]

Wardle J (1970) The ecology of Nothofagus solandri. 3. Regeneration. NZ J Bot 8:571–608 [9]

Wardle P (1971) An explanation for alpine timberline. NZ J Bot 9:371–402 [6, 7, 8, 9]

Wardle P (1974) Alpine timberlines. In: Ives JD, Barry RG (eds) Arctic and alpine environments. Methuen, London, pp. 371–402 [1]

Wardle P (1981a) Winter desiccation of conifer needles simulated by artificial freezing. Arct Alp Res 13:419–423 [10]

Wardle P (1981b) Is the alpine timberline set by physiological tolerance reproductive capacity, or biological interactions? Proc Ecol Soc Aust 11:53–66 [9]

Wardle P (1985a) New Zealand timberlines. 1. Growth and survival of native and introduced tree species in the Craigieburn Range, Canterbury. NZ J Bot 23:219–234 [3, 9]

Wardle P (1985b) New Zealand timberlines. 3. A synthesis. NZ J Bot 23:263–271 [1]

Wardle P (1993) Causes of alpine timberline: a review of the hypotheses. In: Alden J, Mastrantonio JL, Odum S (eds) Forest development in cold climates. Plenum, New York, pp. 89–103 [1, 3]

Wardle P (1998) Comparison of alpine timberlines in New Zealand and the Southern Andes. R Soc NZ Misc Pub 48:69–90 [1, 3, 4]

Wardle P (2008) New Zealand forest to alpine transitions in global context. Arct Antarct Alp Res 40:240–249 [1, 10]

Warren CR, Bleby T, Adams MA (2007) Changes in gas exchange *versus* leaf solutes as a means to cope with summer drought in *Eucalyptus marginata*. Oecologia 154:1–10 [10]

Weih M, Karlsson PS (1999) The nitrogen economy of mountain birch seedlings: implications for winter survival. J Ecol 87:211–219 [11]

Weih M, Karlsson PS (2001a) Growth responses of mountain birch to air and soil temperature: is increasing leaf-nitrogen content an acclimation to lower air temperature? New Phytol 150:147–155 [11]

Weih M, Karlsson PS (2001b) Variation in growth patterns among provenances, ecotypes and individuals of mountain birch. In: Wielgolaski FE (ed.) Nordic mountain birch ecosystems. Man and the biosphere series 27, Unesco, Paris, pp. 143–154 [8, 11]

Welten M (1952) Über die spät-und postglaziale Vegetationsgeschichte des Simmentals sowie die fruhgeschichtliche und historische Wald-und Weiderodung auf Grund pollenanalytischer Untersuchungen. Veröffentl Geobot Inst Rübel Zürich 26: 1–135 [12]

Wesche K (2002) Structure and dynamics of *Erica* forest at tropical-Africantreelines. Ber Reinh Tüxen Ges 14:145-160 [3]

Wesche K, Miehe G, Kaeppeli M (2000) The significance of fire for afroalpine ericaceous vegetation. Mt Res Dev 20:340–347 [1,6]

Wesche K, Cierjacks A, Assefa Y, Wagner S, Fetene M, Hensen I (2008) Recruitment of trees at tropical alpine treelines: Erica in Africa *versus Polylepis* in South America. Plant Ecol Divers 1:35–46 [9]

Whitfield CJ (1932) Ecological aspects of transpiration. I. Pikes peak region: climatic aspects. Bot Gaz 93:436–452 [2]

Wielgolaski FE, Sonesson M (2001) Nordic mountain birch ecosystems–a conceptual overview. In: Wielgolaski FE (ed.) Nordic mountain birch ecosystems. Man and the biosphere series 27, Unesco, Paris, pp. 377–384 [6]

Wieser G (1997) Carbon dioxide gas exchange of cembran pine (*Pinus cembra*) at the alpine timberline during winter. Tree Physiol 17:473–477 [4, 11]

Wieser G (2002) The role of sapwood temperature variations within *Pinus cembra* on calculated stem respiration: implications for upscaling and predicted global warming. Phyton 42:1–11 [7]

Wieser G (2007) Limitation by insufficient carbon assimilation and allocation. In: Wieser G, Tausz M (eds) Trees at their upper limit–treelife limitation at the Alpine timberline. Springer, Dordrecht, pp. 79–129 [11]

Wieser G, Havranek WM (1995) Environmental control of ozone uptake in *Larix decidua* Mill.: a comparison between different altitudes. Tree Physiol 15:253–258 [11]

Wieser G, Stöhr D (2005) Net ecosystem carbon dioxide exchange dynamics in a *Pinus cembra* forest at the upper timberline in the central Austrian Alps. Phyton 45:233–242 [11]

Wieser G, Tausz M (2007) Trees at their upper limit – treelife limitation at the Alpine timberline. Springer, Dordrecht [1,10,12]

Wieser G, Matyssek R, Luzian R, Zwerger P, Pindur P, Oberhuber W, Gruber A (2009) Effects of atmospheric References 209 and climate change at the timberline of the Central European Alps. Ann For Sci 66:402–412 [12]

Wijmstra TA (1978) Palaeobotany and climate change. In: Gribbin J (ed.) Climatic change. Cambridge University Press, Cambridge, pp. 25–45 [1]

Wilson BF (1964) A model for cell production by the cambium of conifers, In: Zimmermann MH (ed.) The formation of wood in forest trees. Academic, New York, pp. 19–36 [7]

Wilson C, Grace J, Allen S, Slack F (1987) Temperature and stature: a study of temperatures in montane vegetation. Funct Ecol 1:405–413 [4]

Winiger M (1981) Zur thermisch-hygrischen Gliederung des Mount Kenya. Erdkunde 35:248–263 [1]

Wright JW (1976) Introduction to forest genetics. Academic, New York [8]

Würth MKR, Pelaez-Riedl S, Wright SJ, Körner C (2005) Nonstructural carbohydrate pools in a tropical forest. Oecologia 143:11–24 [11]

Wyka T (1999) Carbohydrate storage and use in an alpine population of the perennial herb, *Oxytropis sericea*. Oecologia 120:198–208 [11]

Young KR (1993) Tropical timberlines: changes in forest structure and regeneration between two Peruvian timberline margins. Arct Alp Res 25:167–174 [1, 9]

Zach A, Horna V, Leuschner C (2010) Patterns of wood carbon dioxide efflux across a 2000m elevation transect in an Andean moist forest. Oecologia 162:127–137 [6, 11]

Zetterberg P, Eronen M, Lindholm M (1996) Construction of a 7500-year tree-ring record for Scots Pine (*Pinus sylvestris* L.) in Northern Fennoscandia and its application to growth variation and palaeoclimatic studies. In: Spiecker H, Mielikäinen, Köhl M, Skovsgaard JP (eds) Growth trends in European forests. European Forest Institute Research Report No. 5. Springer, Berlin Heidelberg New York, pp. 7–18 [1]

Zhang Q, Zhang Y, Peng S, Yirdaw E, Wu N (2009) Spatial structure of alpine trees in mountain Baima Xueshan on the southeast Tibetan plateau. Silv Fenn 43:197–208 [9]

Zhu Y, Siegwolf RTW, Durka W, Körner C (2010) Phylogenetically balanced evidence for structural and carbon isotope responses in plants along elevational gradients. Oecologia 162:853–863 [6, 11]

Zotov VD (1938) Some correlations between vegetation and climate in New Zealand. NZ J Sci Technol 1938:474–487 [1]

专业名词中英文对照

A

Abscisic Acid 脱落酸
Abscission Meristem 脱落层分生组织
Adaptation 适应
Aerodynamics 空气动力学
Aerodynamic Resistance 空气动力阻尼
Africa 非洲
Age Structure 年龄结构
Air Temperature 空气温度
Alaska 阿拉斯加
Allometry 异速生长
Alpine Area 高山地区
Alps 阿尔卑斯山
Altitude 海拔高度
Anatomy 解剖
Andes 安第斯山
Antioxidants 抗氧化剂
Apical Growth 顶端生长
Apical Meristem Activity 顶端分生组织活动
Apical Meristems 顶端分生组织
Arbuscular Mycorrhiza 丛枝菌根
Arctic 北极
Aridity 干旱
Ascorbate 抗坏血酸盐
Asia 亚洲
Atmospheric Humidity 大气湿度
Atmospheric Pressure 大气压
Australia 澳大利亚
Autocorrelations 自相关
Avalanche(s) 雪崩、崩塌

B

Bark Properties 树皮特征
Barometric Pressure 大气压
Bioclimatic Mountain Belts 山地生物气候带
Bioclimatic Regions 生物气候区域
Bioclimatic Zones 生物气候区
Bioclimatology 生物气候学
Biomass Fractionation 生物量分配
Biomechanics 生物力学
Biomes 生物群区
Bonsai 盆景
Boreal 北方寒温带
Borneo 婆罗洲
Branch 侧枝
British Isles 不列颠群岛
Browsing 啃食
Buds 芽

C

California 加利福尼亚
Cambium 形成层
Cambial Dormancy 形成层休眠
Cambial Growth 形成层生长

Decomposition 分解
Deep Supercooling in Xylem 木质部超低温冷却
Definitions 定义
Defoliation 落叶
Degree Hours 度时数（超过一定温度的小时数）
Deharding 软化
Dehydration 脱水
Demography 统计学
Dendro-ecological Studies 树木生态研究
Dendrometers 树木生长测量仪
Dendroscience 树木学
Desiccation 干燥
Development 发育
Diameter 直径
Differentiation 分化
Diffusivity 扩散性
Diffusive Conductance 扩散导度
Dis-stress 去除胁迫
Disturbance(s) 干扰
Disturbance History 干扰历史
Dormancy 休眠
Drought 干旱
Gradients 梯度
Dry Matter Allocation 干物质分配
Duration 持续期
Dwarf Shrubs 低矮灌木

E

Early Freezing 早期霜冻
Early Wood 早材
Ecotones 生态交错区
Ecotypes 生态型
Ecotypic Adjustment 生态型修饰
Ectomycorrhiza 外生菌根
Elevated CO_2 二氧化碳浓度升高
Elevational Belts 海拔带
Elevational Gradients 海拔梯度
Elevational Patterns 海拔格局
Elevation/Elevational 海拔/海拔的
Embolisms 栓塞
Embryos 胚胎
Embryo Size 胚胎大小
Endosperm 胚乳
Environmental Gradients 环境梯度
Epidemic Insects 流行病昆虫
Equator 赤道
Equatorial Tropics 热带赤道
Equilibrium Freezing 冷冻平衡
Equilibrium State 平衡态
Europe 欧洲
Evaporative Cooling 蒸发冷却
Evaporative Demand 蒸发需求
Evapotranspiration 蒸散
Evolution 进化
Evolutionary Adaptations 进化适应
Evolutionary Selection 进化选择
Evolutionary Traits 进化特征
Exotherms 放热曲线
Experimental Ecology 实验生态学
Exposure (Slope) 阳坡
Extracellular Ice 胞外结冰

F

FACE 自由大气 CO_2 增加实验
Facilitation 促进作用
Families 科
Fertilizer 肥料
Addition 添加
Fibre Length 纤维长度
Fine Roots 细根
Fire 火

Hormone 激素
Human Land Use 人类的土地利用
Humidity 湿度
Hydraulic Resistance 流体阻力

I

Ice Aberration 冰爆
Ice Formation 冰的形成
Infra-red Thermometry 红外测温技术
Insect Outbreak 昆虫爆发
Insolation 日照
Internode 节间
Isotherm(s) 等温线
Isotherm Tracking 等温线示踪
Isotope Data 同位素数据
Italy 意大利

J

Japan 日本

K

Kampfzone 高山过渡带
Kilimanjaro 乞力马扎罗
Krummholz 高山矮曲林
Kyrgyzstan 吉尔吉斯斯坦

L

Lag of Treeline Shift 树线迁移的滞后性
Laminate Bark 叶皮层
Land-use 土地利用
Late Freezing 晚期霜冻
Lateral Inhibition 侧向生长抑制
Late Wood 晚材
Latitude(s) 纬度
Leaf 叶子
  Abscission 脱落
  Age Structure 年龄结构
  Area Index 面积指数
  Arrangement 排列
  Mass Fraction 质量分数
  Mass per Area (LMA) 叶质比
  Nitrogen 氮
  Nitrogen Concentration 氮浓度
  Nutrient 营养物
  Pre-formation 预形成
  Quality 质量
  Shedding 遮荫
  Traits 性状
  Turnover 周转
  Wettability 润湿性
Legacy Effect 滞后效应
Length of Growing Period 生长季长度
Life Form(s) 生活型
Life Stages 生活史阶段
Light 光
Light-harvesting 光捕获
Lignification 木质化
Lignin 木质素
Limitation 限制
Lipid 脂质
Lipid Layer 脂层
Litter 枯落物
  Decomposition 分解
Little Ice Age 小冰期
LMA 比叶重
Longevity 寿命
Lysimeters 蒸渗仪

M

Male/Female Ratios 雌雄比
Mass Elevation Effect 大陆山体效应
Massenerhebungseffekt 大地隆升效应
Masting 果实（种子）丰年

N

O

Osmotic Pressure 渗透压
Outpost-treeline 突兀的树线
Ozone 臭氧

P

Palaeo-data 古数据
Palaeoecological Works 古生态著作
Palaeo-records 古记录
Palisade Layers 栅栏层
Paper Bark 纸状树皮
Partial Pressure of CO_2 二氧化碳分压
Pathogens 病原菌
Permafrost 多年冻土
Phanerogam Plant Families 显花植物科
Phonological Stages 物候阶段
Phenology 物候
Phenophases 物候期
Phloem-xylem Interface
韧皮部—木质部界面
Phosphate 磷酸盐
Phosphorus 磷
Photoassimilate 光合同化物
Photochemical Stress 光化学胁迫
Photo-inhibition 光抑制
Photoperiod 光周期
Photosynthesis 光合作用
Photosynthetic Capacity 光合作用能力
Photosystem 光系统
Phototoxicity 光毒性
Phragmoplasts 成膜体
Phylogeny 系统发育
Physiological Traits 生理性状
Pits 坑
Plant Families 植物科
Plant Growth 植物生长
Plasmalemma 原生质膜
Pollination 传粉
Population Dynamics 种群动态
Populations 种群
Precipitation 降水
Predator 捕食者
Satiation 饱食
Productivity 生产力
Provenances 种源
Pubescence 茸毛

R

Radial Growth 径向生长
Radiation 辐射
Radiational Freezing 辐射冷冻
Radiative Cooling 辐射降温
Raffinose 棉子糖
Recruitment 苗木更新
Cohorts 同生群
Red/Far-red 红/远红外线
Refugia 避难所
Regeneration 更新
Cycles 循环
Niches 生态位
Reproduction 生殖
Resilience 弹性
Resource Limitation 资源限制
Ring Width 年轮宽度
RMF 根质量分数
Rocky Mountains 落基山脉
Root 根
Density 密度
Diameter 直径
Duration 经历时间
Elongation 伸长
Zone Temperature 区域温度
Rooting Strength 生根能力
Rooting Zones 根区
Root Mass Fraction
根质量分数（RMF）
Ruggedness 耐用性

Stomatal Responses 气孔响应
Stress 胁迫
　Concept 概念
Stressors 胁迫因子
Strip Bark 带状树皮
Stuntedness 生长畸形
Sub-alpine 亚高山
Subarctic 亚北极
Substrate Quality 基质质量
Subtropical 亚热带
Sugar 糖
Sugar Alcohols 糖醇
Summit Syndrome 高峰综合症
Supercooling 超冷
Symbiosis 共生

T

Taper 锥形率、树木形数
Temperature Zone 温度区间
Temperature(s) 温度
　Annual 年温度
　Inversion 逆温
　Minima 最低温
　Response 温度响应
　Threshold 阈值
Tree Crowns 树冠
Terminology 术语
Thawing Rates 融化速率
Thermal Acclimation 热驯化
Thermal Belts 热量带
Thermal Imaging 热影像
Thermal Sums 热量总和
Thermography 红外热像仪
Threshold Temperature 温度阈值
Throughfall 穿透雨
Timberline 林线
Tissue Costs 组织成本
Tissue Quality 组织质量
Topography 地形
Tracheid(s) 管胞
　Conduits 导管
　Size 大小
Tracheidogram 管胞形状
Tracking of Climatic Warming 气候变暖示踪
Tracking Temperatures 温度示踪
Transpiration 蒸腾作用
Transplanted 移栽
Transport 运输
Tree 树木
　Architecture 结构
　Mortality 死亡率
　Populations 种群
　Treeline 树线
　Advance 前进
　Algorithm 算法
　Climatology 气候学
　Ecotone 生态交错区
　Forming Genera 树线树木属
　Isotherm 等温线
　Patterns 格局
　Position 位置
　Shift 迁移
　Taxa 类群
Temperatures 温度
Theory 理论
Tree Ring 树木年轮
　Formation 形成
　Width 宽度
Tree Species 树种
　Limit 界限
　Line 线
Tropical 热带
　Mountain 山地
Treeline 树线